现代大气科学丛书

大气化学概论

王明星　郑循华　编著

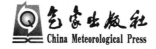

气象出版社
China Meteorological Press

内 容 简 介

本书以大众化的语言向管理干部以及非大气科学专业人士介绍大气化学这门新兴分支学科的发展进程、学科体系、研究内容、研究方法、已经取得的主要研究成就、存在的问题以及未来发展趋势和近期研究计划。全卷共分八章,第一、二、三章系统介绍大气化学基础知识,第四、五、六、七章分别介绍大气化学几个重要方面的最新研究进展和重要科研成就,第八章旨在介绍大气化学的发展方向和当前国际上的热点课题,供读者了解大气化学在当前国际上许多重大环境问题研究中的地位和作用。

图书在版编目（ＣＩＰ）数据

大气化学概论 / 王明星，郑循华编著. -- 北京 ：
气象出版社，2005.10（2022.7重印）
（现代大气科学丛书 / 黄荣辉主编）
ISBN 978-7-5029-4042-3

Ⅰ. ①大… Ⅱ. ①王… ②郑… Ⅲ. ①大气化学
Ⅳ. ①P402

中国版本图书馆CIP数据核字(2022)第122032号

大气化学概论
Daqi Huaxue Gailun

出版发行：气象出版社
地　　址：北京市海淀区中关村南大街 46 号　　　　邮政编码：100081
电　　话：010-68407112(总编室)　010-68408042(发行部)
网　　址：http://www.qxcbs.com　　　　E - m a i l：qxcbs@cma.gov.cn
责任编辑：李太宇　章澄昌　王苹苹　　　　终　　审：吴晓鹏
责任校对：张硕杰　　　　　　　　　　　　责任技编：赵相宁
封面设计：张建永
印　　刷：三河市君旺印务有限公司
开　　本：787 mm×1092 mm　1/16　　　　印　　张：12.25
字　　数：314 千字
版　　次：2005 年 10 月第 1 版　　　　　　印　　次：2022 年 7 月第 4 次印刷
定　　价：60.00 元

作 者 简 介

　　王明星，男，山东莱西县人，1944 年生，1967 年毕业于山东大学物理系，1976—1978 在英国牛津大学大气物理系进修。中国科学院大气物理研究所所长、研究员和博士生导师，中国颗粒学会副理事长、南京气象学院教授。主要从事大气辐射、气溶胶和气候变化等领域的研究。在大气辐射、大气成分遥感探测、气溶胶的物理化学特性和来源分析、大气温室气体浓度变化及其对气候的影响等领域的研究中成绩卓著，特别是在气溶胶和大气温室气体研究领域造诣较深。

　　郑循华，女，四川名山县人，1964 年生，农学学士，生态学硕士，大气物理学博士。中国科学院大气物理研究所研究员、博士生导师，主要从事大气化学研究，特别是在陆—气温室气体交换及其对气候变化的影响研究方面成绩显著。

序

大气科学是研究地球大气圈及其与陆面、海洋、冰雪、生态系统、人类活动相互作用的动力、物理、化学过程及其机理。由于人类的生产和生活活动离不开大气,因此,这门科学不仅在自然科学中具有重要的科学地位,而且在国家的经济规划、防灾减灾、环境保护和国防建设中都具有重要的应用价值。

随着人类生产活动的发展和科学技术水平的提高,特别是电子计算机和气象卫星及太空遥感探测大气技术的提高,大气科学得到了迅速的发展,它已形成了诸多分支学科,如大气探测学、天气学、气候学、动力气象学、大气环境学、大气物理学、大气化学等分支学科。为了回顾近百年来大气科学的发展成就以及展望21世纪初大气科学的发展、创新与突破,我们编写了这套《现代大气科学丛书》。它包括《大气科学概论》《大气物理与大气探测学》《大气化学概论》《大气环境学》《动力气象学导论》《现代天气学概论》《现代气候学概论》《应用气候学概论》共八卷。本书是其中的一卷。

在编写这套丛书时,内容力求简明扼要、通俗易懂,每部书的内容结构力求全面、系统。各卷还包括了对各分支学科的发展历程、研究方法和对今后的展望,以使读者对现代大气科学各分支学科有一个全面的了解。

由于我们学识有限,加之本套丛书涉及的内容较为广泛,书中难免有不妥之处,希望读者给予指正。

本套丛书得到了中国科学院大气物理研究所的大力支持和资助,在此表示衷心的感谢。

此外,《中国现代科学全书》编辑工作委员会对本套丛书的组稿和书稿的排版做了不少工作,在此给予说明。王磊和刘春燕两同志对于本套丛书书稿做了许多工作,鲍名博士在此套丛书出版的联系方面付出许多精力,也在此表示感谢。

《现代大气科学丛书》编辑委员会

主编　黄荣辉[*]

2005 年 5 月 18 日

---

[*]　黄荣辉,中国科学院院士

前　言

　　大气化学是大气科学的一门新兴分支学科。尽管它在过去四十多年里得到了飞速发展，但至今仍不够成熟，对于地球大气的化学过程至今还有许多未知的领域。与太阳系的其他行星大气相比，地球大气是一个非常特殊而又非常复杂的化学体系。目前的大气化学仅是对于这个复杂体系的某些方面进行了深入的研究，并取得了成果，对整个体系的系统研究才刚刚开始。

　　本书的宗旨是供管理干部以及非大气科学专业人士了解大气化学这门学科的发展进程、学科体系、研究内容、研究方法、已经取得的主要研究成就、存在的问题以及未来发展趋势和近期研究计划。本书的前身是气象出版社 1999 年出版的《大气化学》第二版。《大气化学》的第一版于 1991 年由气象出版社正式出版后引起了巨大社会反响，南京大学、中国科技大学、南京信息工程大学、成都信息工程大学等许多著名大学都用此书作为研究生教材和参考书。到 1997 年，第一版的所有印书全被售出，但仍有许多科研、教学工作者和学生迫切希望购到此书，为此，在气象出版社的组织和作者的共同努力下，如期出版了第二版。实际上，在过去几年时间里，大气化学研究已取得了许多重大进展，同时，作者及其学生们也取得了不少新的科研成果。于是《大气化学》第二版在保留原版基本结构和主要内容的基础上，除修改了原书中个别印刷错误外，还对一些数据和信息进行了更新，并增加了一些新的内容，以尽可能地反映大气化学研究的最新进展。但《大气化学》第二版是专业性很强的学术专著，不便于非专业人士阅读参考。为了符合《现代大气科学丛书》的出版宗旨，在不改变原书基本内容的基础上，用更通俗易懂的语言对原学术著作进行了改写。

　　《大气化学概论》的第一、二、三章系统介绍大气化学基础知识，第四、五、六、七章分别介绍大气化学几个重要方面的最新研究成果，第八章旨在介绍大气化学的发展方向和当前国际上的热点课题，读者可以从中了解大气化学在当前国际上许多重大研究项目中的地位及其发展方向。

　　尽管作者参阅了所有大气化学专著和大部分最新文献，由于学识水平有限，加上对自己研究成果的偏爱，本书难免偏颇，错误和遗漏之处也在所难免，恳请读者不吝指正。

作　者

2005 年 5 月于北京

目　　录

第一章　绪　论

第一节　引　言

大气化学是大气科学的一门新兴学科分支,也是现代一门很重要的边缘学科,其研究的最终目的是要认识全球大气的化学特性及其内在的变化规律,并能预测其变化趋势。大气化学的发展和日臻成熟标志着大气科学研究进入了一个新阶段。人类生活一刻也离不开大气,所以大气成了人类最早研究的对象,大气科学是最古老的自然科学学科之一。但是,直到大约50年以前,大气的化学问题还很少为人们所注意,大气科学的研究主要限于对大气中发生的一些宏观现象(如云、雨、风、雪、雹等等)的描述、其发生、发展规律的探讨以及预测、预报,这些基本上只涉及对大气中发生的物理过程的研究。过去人们一直把大气当作一个没有化学活性的系统来处理,从而形成众所周知的天气学、气候学、气象学和大气物理学。

尽管大气化学的研究可以追溯到100多年以前,它的真正发展却是从1929年对大气臭氧的观测和平流层臭氧光化学理论的研究开始的。到了20世纪40年代,由于物理学,特别是分子光谱学理论的发展以及光学测量和光谱分析技术的飞跃进步,使人们获得了许多前所未有的太阳光谱精细结构。从这些太阳光谱图中不断揭示出新的大气成分,使人们逐步认识到,大气是一个非常复杂的多相化学体系。它不仅包含了主要成分氮和氧,还有浓度很低的二氧化碳、水汽、各种惰性气体以及许多其他碳氢化合物和氧化物;不仅有简单分子还有许多复杂的大分子;不仅有气体成分还有固体和液体成分。更重要的是,这个化学体系是不稳定的。大气中存在着永恒的十分复杂的物质循环过程,这些过程既包括宏观的物理变化,也包括微观的化学变化。要进一步深入认识大气就不能不对大气化学过程进行研究。这一认识促使大气化学在过去50年里得到了飞速发展。

在过去50多年里,大气化学研究主要是围绕着一些紧迫的环境问题而在不同的学科领域里进行的。这包括:由于对平流层臭氧减少的担心而对平流层臭氧的系统观测和对臭氧光化学平衡理论的深入探讨以及对人类活动产生的一些化合物的光化学反应的研究;由于空气污染的威胁而对污染化学、城市光化学烟雾、酸雨形成过程等的研究;由于对二氧化碳增加将引起全球气候变暖的担心而对二氧化碳等"温室气体"的变化原因及未来变化趋势的探讨等等。毫无疑问,对这些问题的研究大大丰富了人们的大气化学知识,使人们对地球大气的认识逐步深化,为大气化学的进一步系统综合研究打下了基础。事实上,进入20世纪80年代以后,国际大气科学界就开始酝酿制定全球大气化学研究计划。因为科学家们在总结了过去的大气化学研究成果后得出了一个重要结论:要真正认识人类赖以生存的大气,为子孙后代保持一个良好的生存环境,就必须把整个地球大气以及与之有关的地表生物圈和海洋作为一个整体加以研究。这就是说,大气化学研究的对象不仅包括大气中的微观化学过程,还包括全球尺度的大气运动,大气与地表生物圈(包括人类自身)和海洋的相互作用以及地球与其他星体和空间的相互作用。这样,大气化学研究就比任何其他学科都更需要最广泛的国际合作和多学科联合研究,任何一个国家或一门单一学科都无力单独承担这一重任。

尽管大气化学在过去 50 年间有了很大的发展,但至今仍然是一门很不成熟的学科,尚未形成系统的理论体系。大气化学的研究内容十分广泛,它需要研究各种气体成分以及悬浮颗粒物的各种化学组分的形成、演化、迁移、输送和累积的规律与机制以及与此有关的现象和过程。大气成分的浓度差异极其悬殊,大到氮气的 78%,小到痕量成分的 10^{-15} 量级,要研究它们,需要使用完全不同的分析测量技术。例如,用常规化学分析技术可以研究大气主要成分,而对痕量成分的测量则必须利用现代物理、化学分析技术,如核技术、色谱/质谱技术、激光技术等等。另一方面,大气化学不仅要研究大气,还要研究生物圈和海洋,因为许多重要大气成分都有地表源,包括生物源和非生物源;海洋对它们的转化和累积也起着举足轻重的作用。所以,大气化学是涉及到大气动力学、大气物理学、海洋学、生物学等许多学科的边缘学科。

由于上述种种原因,要写一本系统的、完整的、内容全面的大气化学科普著作几乎是不可能的。因此本书对丰富的资料进行了精选和分别对待,在对大气化学研究的所有主要方面给出了一个大概的轮廓的同时,突出重点,着重讨论目前该学科研究的前沿问题和未来的发展方向。

第二节　大气化学的研究内容和研究方法

一、大气化学的研究内容

大气化学的研究内容十分广泛,这里只列出最主要的、当前正被广泛研究的领域。

（一）大气的化学组成及地球大气的形成和演变

地球大气的主要成分是氮气（78%）、氧气（约 21%）、惰性气体（<1%）和二氧化碳（约 3‰）。这样的化学组成在整个太阳系中是独一无二的。和与地球邻近的金星和火星的大气相比,地球大气中的氧含量高出后者约 1 000 倍,而二氧化碳含量却很低,仅为后者 1/1000 左右。这就是说,实际地球大气的化学组成与假设地球作为太阳的一个没有生命存在的行星（即"行星地球"）大气所应有的化学组成差别非常之大。长期以来,人们一直在探讨,地球大气的这种独特化学组成是怎样形成的? 是什么机制维持着这种气体的特殊混合比例并保持长期相对平衡? 尽管后面将会给出一些理论解释,但是在许多关键问题上仍有许多不解之谜,有关地球大气的形成和演化仍是大气化学的重要研究内容,也是地学的基础研究课题之一。

除了上述主要成分外,大气中还有各种含量甚微的气体和气溶胶粒子。而且,随着观测分析技术的进步还会发现一些前所未知的成分。另外,人类活动还会使大气中增加一些前所未有的化学成分,它们的加入将会改变大气原有组分的含量。这些微量成分的含量虽少,但它们在地球气候的形成、大气化学过程以及大气环境质量中的作用却是巨大的。事实上,正是这些微量成分才是大气中变化最明显、化学反应最激烈的成分,也是大气化学研究的主要对象。

（二）大气微量成分的浓度及其分布

对于大气的微量成分（包括浓度极低的痕量成分）的研究直到 20 世纪 70 年代才真正得到发展。迄今为止,很多微量成分的浓度还只是在个别地方的地面附近进行过测量。然而,由于这些成分在地球气候和大气环境中的重要地位,需要精确地知道它们的浓度和时空分布。因此,需要对其进行广泛的地面和空中测量,这涉及到许多现代微量分析技术和空间技术的发展。

另一方面,永远不可能在足够密集的观测网上观测微量成分浓度的时间和空间分布,因为有些微量成分的时空分布不均匀性实在太大,所以,最终要依靠数学模式来描述它们的时空分布。为了建立这样一个数学模式,需要详尽地研究影响大气微量成分空间分布的诸因子,这包括:

(1)微量成分的地表源(包括自然的和人为的生物源及非生物源)的地理分布与排放速率及其变化规律;

(2)微量成分(特别是长寿命化学稳定气体)的长距离输送过程;

(3)微量成分在大气中的转化过程,这包括均相和非均相化学过程及光化学过程;

(4)微量成分的清除过程,包括不可逆的物理、化学转化及其后的干、湿沉降过程。

(三)大气微量成分的自然循环过程以及人类活动对这些过程的冲击

大气中的所有微量成分几乎都经历着微妙的循环过程,即由源排放进入大气,在大气中转化成其他形态,又回到一个被称做"汇"的储库中,如此周而复始。大气微量成分的这些循环过程有些是封闭的,即源和汇平衡,大气微量成分处在动态平衡中不断更新自己的成员而保持其大气浓度不变;有些循环过程却是不封闭的,大气微量成分或因其源较强而浓度逐渐增加,或因其汇较强而浓度逐渐减少。现代人类活动已经对这些循环过程产生了明显的影响,有些已打破了原有的自然平衡,使封闭循环过程变成了不封闭循环过程。本书将着重介绍以下几种循环过程:(1)水循环,(2)碳循环,(3)臭氧循环,(4)氮循环,(5)硫循环。

(四)大气微量成分浓度的变化及其引起的地球气候变化和全球尺度环境变化

由于人类活动的影响,大气中某些微量成分的浓度已经和正在发生着明显的变化。因这些成分对地-气系统的辐射过程有巨大作用,其浓度变化将会直接引起地球气候变化。同时,一些大气成分浓度的变化将引起其他大气成分浓度的变化,从而直接影响大气环境质量,并间接影响气候。

大气微量成分浓度的变化是地球上最明显的全球尺度的变化,这种变化的时间尺度是几十到几百年。因此,大气微量成分浓度变化及其引起的地球气候和全球环境的变化成了20世纪80年代以来全球变化研究的重要课题之一。认识这种变化,正确地预测这种变化的发展趋势是关系到全人类生存条件的当代重大科研课题。

(五)平流层化学

平流层化学可能是大气化学最早的研究课题。自1929年Dobson臭氧仪问世以来,平流层臭氧的观测和平流层光化学理论研究一直是大气化学的重要研究内容。到了60年代末,由于担心氯氟烃(如氟利昂)对平流层臭氧的破坏,使平流层臭氧的研究得到了科学界和社会各界的普遍关注,平流层化学得到了空前的发展。有关的主要研究内容包括:(1)平流层臭氧含量及其垂直分布的全球观测;(2)平流层光化学理论;(3)人类活动产生的氯氟烃、甲烷及非甲烷烃的光化学反应理论以及有关反应速率常数的测定;(4)太阳活动与平流层臭氧光化学平衡的关系;(5)臭氧全球输送动力模式;(6)新的活性自由基的探讨;等等。

(六)气溶胶化学

大气气溶胶是大气科学最早的研究对象之一,因为它是惟一能够被人们直接看到的大气微量成分。但是长期以来,人们着重于研究气溶胶的物理特性,而对气溶胶化学的研究却极不充分,这是因为气溶胶在大气中含量很少,其化学成分又极为复杂,而且其化学过程都涉及到非均相反应。这些因素使得气溶胶化学研究成为极困难的任务。

气溶胶在云雾降水过程、大气环境以及辐射气候过程中的极端重要性一直激发着人们对气溶胶化学研究的浓厚兴趣。随着微量成分分析技术的发展和非均相化学理论的进步,气溶胶化学在过去 30 多年里有了很大的发展,成了大气化学的一个重要分支。其主要研究内容有:(1)气溶胶的化学组成及其谱分布;(2)气溶胶的形成和转化机制;(3)非均相化学反应过程;(4)气溶胶的辐射特性及其在地球气候系统中的作用;(5)气溶胶在云雾降水过程中的作用及其对酸雨形成的影响;等等。

(七)降水化学

云雾降水化学是大气化学的另一个开展较早的分支。但是早期的研究仅限于对降水化学成分的观测,对云雾降水过程中的化学问题研究得并不多。1956 年欧洲降水化学监测网观测到酸雨现象,又大大促进了降水化学的研究。20 世纪 70 年代,世界各国相继建立了降水化学监测网,开始了对降水化学的系统综合研究。当前的主要研究内容有:(1)云水采样方法的研究;(2)云水、雨水中微量成分的分析技术;(3)酸雨形成机制的研究;(4)大气酸性物质来源的探讨;(5)酸雨对生态系统的影响;等等。

(八)痕量成分的观测分析技术

大气中许多重要成分的浓度是极低的,这给观测分析带来了极大困难。事实上,大气化学的发展从来就是与痕量成分的观测分析技术的发展相关的。痕量成分的观测分析技术包括两个方面,一是样品采集技术,二是对样品的高灵敏度、高精确度分析技术。对于痕量成分,样品收集需要避免任何可能的污染,在有些研究中还需要在较短时间内收集较多的物质,这些都需要专门的研究。对样品的痕量成分进行定量分析需要利用现代高科技手段,这包括色谱/质谱技术、色谱/光谱技术、核技术、光电技术、光声技术和激光光谱技术等等。

二、大气化学的研究方法

大气化学作为一门现代边缘学科而有许多不同于其他学科的特点。它属于大气科学,因而具有大气科学的特征,即不大可能在实验室里进行总体实验,而需要进行现场观测实验和数值模拟实验。它又是化学,因而具有化学的特征,即对许多过程需要进行实验室实验。但是,大气中的化学过程与常规化学过程不同,它所涉及的反应物几乎都是浓度极低的,有着它自身的规律,需要特殊的实验方法;同时大气受太阳辐射的作用,它的化学过程大多数都直接、间接地与光化学反应有关。另外,大气化学涉及到生物圈和海洋,它需要引进生物学和海洋学的实验研究方法。特别重要的是,大气是超级流体,它使一切从静态实验室实验和现场定点测量所得到的规律的应用受到局限。大气化学的这些特点决定了大气化学研究不能只依赖一种方法,而必须将理论和数学模式研究、实验室实验研究以及现场观测实验研究紧密地结合起来。这三者是相辅相成、相互依赖、相互促进的。

理论和数学模式研究起着非常关键的作用。它一方面要指导实验室实验研究和大气现场观测实验,又担负着对实验室实验研究和大气现场观测实验研究结果的总结提高和系统化的任务。大气现场观测实验一方面要为理论模式提供某些必要的参数并最终验证数学模式的正确性,另一方面还要验证实验室实验研究结果在真实大气条件下的适用性。实验室实验研究一方面要为数学模式提供准确的化学反应速率常数、动力输送的某些必要参数,并判断化学反应的相对重要性,另一方面还要为大气现场观测实验提供可靠的观测技术和仪器的标定技术。

第三节　大气的组成

在地球系统的物质循环过程中,大气是最重要最活跃的一个环节。大气是许多物质的一个重要储库,它的许多重要组分是在其源和汇之间不断交换的。所以,在讨论大气的任何一个成分时,首先需要指明有关它的两个重要量,一个是它的浓度,即它在整个大气中的相对含量,另一个是它在大气中的平均停留时间,或者说该组分的所有分子更新一次所需要的时间,即通常所说的寿命。

在大气化学中,通常用两种方法来表示某种大气成分的含量。对于气体成分,最常用的方法是混合比法,分为质量混合比和体积混合比两种,后者也叫体积分数。对于理想气体(大气很接近理想气体),混合比具有守恒性质,即它们不因混合气体温度和压力的变化而变化。

百分率就是最常用的混合比,但大气中微量或痕量成分含量甚微,远低于百分率量级,因此,必须采用更小量级的混合比表示方法。

常用的混合比表示法如下:

(1)$\times 10^{-6}$,表示百万分率,即 1ppm 等于一百万分之一。通常用 ppmm 和 ppmv 或用 $mg \cdot kg^{-1}$ 和 $mL \cdot m^{-3}$ 分别表示质量混合比百万分率和体积混合比百万分率;

(2)$\times 10^{-9}$,表示十亿分率,即 1ppb 等于十亿分之一。通常用 ppbm 和 ppbv 或用 $\mu g \cdot kg^{-1}$ 和 $\mu L \cdot m^{-3}$ 分别表示质量混合比十亿分率和体积混合比十亿分率;

(3)$\times 10^{-12}$,表示万亿分率,即 1ppt 等于一万亿分之一。通常用 pptm 和 pptv 或用 $ng \cdot kg^{-1}$ 和 $nL \cdot m^{-3}$ 分别表示质量混合比万亿分率和体积混合比万亿分率。

由于上述表示方法在国际上继续被广泛采用,广大读者对新的表示方法还不太习惯,本书在以后的章节中仍然采用 ppmv,ppbv,pptv 来表示气体成分的体积分数。

另一种表示大气成分浓度的方法是用单位体积空气中所含某种成分的物质质量数来表示。气溶胶粒子的浓度常用这种方法表示。有时也用这种方法表示一些弱挥发性气体成分的浓度。常用的单位是 $mg \cdot m^{-3}$、$\mu g \cdot m^{-3}$、$ng \cdot m^{-3}$。不难看出,用这种方法表示的浓度会因观测时的大气状态差异而不同,因为观测时所采集气体样品的体积随着温度和压力的变化而变化。因此,为了使观测结果能相互比较,通常要把观测的浓度归一化到标准状态下的浓度,即把观测时的采样体积换算到标准状态下的体积后再计算浓度。

在讨论大气的组成时,经常把它的所有成分按其浓度分成三大类,即:

(1)主要成分,其浓度在混合比百分率量级,它们是氮气(N_2)、氧气(O_2)和氩(Ar);

(2)微量成分(有时也称为次要成分),其浓度在 1ppmv 到 1‰ 之间,这包括二氧化碳(CO_2)、水汽(H_2O)、甲烷(CH_4)、氦(He)、氖(Ne)、氪(Kr)等;

(3)痕量成分,其浓度在 1ppmv 以下,主要有氢(H_2)、臭氧(O_3)、氙(Xe)、氧化亚氮(N_2O)、一氧化氮(NO)、二氧化氮(NO_2)、氨气(NH_3)、二氧化硫(SO_2)、一氧化碳(CO)、二甲基硫(($CH_3)_2S$)、羰基硫(COS)、硫化氢(H_2S)、非甲烷烃(NMHCs)以及气溶胶等等。此外,还有一些大气中本来没有而纯属人为产生的污染成分,它们目前在大气中的浓度多为 pptv 量级,如氯氟烃(CFCs)、氢氟碳化物(HFCs)、全氟碳化物(PFCs)、六氟化硫(SF_6)等等。

在有些文献中,常把微量成分和痕量成分合称为次要成分或微量成分。事实上,成分的分类是或多或少带有人为性和任意性的。

在大气化学研究中,也经常按大气成分的寿命而把它们分为 3 类,即:

(1)基本不变的成分或称准定常成分,其寿命大于 1000 a,它们是氮气,氧气和几种惰性气体;

(2)可变的成分,其寿命为几年到十几年不等,它们是二氧化碳、甲烷、氢气、氧化亚氮和臭氧等;

(3)变化很快的成分,其寿命小于 1 a,它们是水汽、一氧化碳、一氧化氮、二氧化氮、氨、二氧化硫、硫化氢、气溶胶等等。

上述两种分类方法具有很好的相关性,除了几种惰性气体和人为产生的稳定成分以外,浓度和寿命是密切相关的,一般说来浓度越大的成分寿命越长。

还应当指出,上面的讨论仅限于大约 80 km 以下的均质大气层,这里的大气成分基本上(或绝大部分)都是处在中性分子状态。在 80 km 以上,大气成分大多数被电离成原子或离子状态,上面的讨论就不适用了。表 1.3.1 列出了一些大气成分的浓度及其寿命。这里没有列入那些纯属人为产生的、自然大气中本来没有的成分,因为它们种类繁多,而且其浓度和寿命均存在许多不确定性。但是,这些成分在大气化学中是极为重要的。事实上,这些人为产生的成分在大气中的化学转化过程及其对自然大气的影响一直是大气化学的最重要的研究内容之一。

表 1.3.1　大气的组成

成　分	体积分数	寿　命
氮气(N_2)	0.78083	$\sim 10^6$ a
氧气(O_2)	0.20947	$\sim 5 \times 10^3$ a
氩(Ar)	0.00934	$\sim 10^7$ a
二氧化碳(CO_2)	0.00037	$\sim 50 \sim 200$ a
氖(Ne)	1.82×10^{-6}	$\sim 10^7$ a
氦(He)	5.2×10^{-6}	$\sim 10^7$ a
氪(Kr)	1.1×10^{-6}	$\sim 10^7$ a
氙(Xe)	0.1×10^{-6}	$\sim 10^7$ a
氢(H_2)	0.5×10^{-6}	$6 \sim 8$ a
甲烷(CH_4)	1.7×10^{-6}	~ 10 a
氧化亚氮(N_2O)	0.3×10^{-6}	~ 150 a
一氧化碳(CO)	0.1×10^{-6}	$\sim 0.2 \sim 0.5$ a
臭氧(O_3)	$10 \times 10^{-9} \sim 50 \times 10^{-9}$	~ 2 a
水汽(H_2O)	$2 \times 10^{-6} \sim 1000 \times 10^{-6}$	~ 10 d
二氧化硫(SO_2)	$0.03 \times 10^{-9} \sim 30 \times 10^{-9}$	~ 2 d
硫化氢(H_2S)	$0.006 \times 10^{-9} \sim 0.6 \times 10^{-9}$	~ 0.5 d
氨(NH_3)	$0.1 \times 10^{-9} \sim 10 \times 10^{-9}$	~ 5 d
气溶胶	$1 \times 10^{-9} \sim 1000 \times 10^{-9}$	~ 10 d

在大气化学中我们不大关心氮气和氧气以及惰性气体等长寿命成分,而更着重于研究那些短寿命的微量成分和痕量成分。这些成分的源和汇以及它们在大气中的浓度均有较大的时空差异,它们在大气中化学性质非常活跃,参与着各种各样的大气化学过程。与此同时,许多微量或痕量成分还是辐射活性气体,它们对太阳辐射和地表红外辐射有很强的吸收作用。因此,虽然它们的浓度很低,但对地-气系统的能量收支及生物圈与大气的相互作用过程却有着不容忽视的作用,它们的变化将会引起一系列气候效应和环境效应。应当指出,微量和痕量气体的这种变化有些是自然现象,有些却是人为活动造成的。容易理解,因为它们浓度低,一个

小小的扰动就能引起它们的自然平衡状态的明显变化。所以人类活动的影响首先从这些微量和痕量成分的变化中显示出来。例如,大量燃烧化石燃料排放的二氧化碳以及森林砍伐和土地利用变化对二氧化碳吸收(汇)的作用,已经使大气二氧化碳浓度在过去 200 年间增加了 25% 以上(约 70×10^{-6})。然而,燃烧过程大量消耗氧气,同时森林破坏又减少氧气的生产量,这些作用却并未对大气氧气浓度造成太大影响。这就是说,对于长寿命且高浓度的成分,目前人类活动的强度与它们的自然源、汇的强度以及它们的自然储库的尺度相比,还是微不足道的。这就是为什么在讨论化石燃料燃烧问题时只注意二氧化碳问题而无需深究氧气的消耗。类似的现象也存在于其他微量和痕量气体的循环过程中,将在后面的章节中加以详细论述。

第四节 大气的结构

大气化学过程与大气的温度分布、气压结构和辐射特性有着十分密切的关系。因此,有必要从大气化学的观点出发来简要地讨论一下大气的宏观结构状态。

从地面到 $80 \sim 100$ km 高度,大气的气体成分基本上都以分子形式存在,而且大气的组成以及空气等效分子量随高度的变化不大。在大气化学中称这一层大气为均质层。在均质层中大气的主要成分是氮气和氧气,二者合起来占大气总量的 99% 以上,其他所有成分的总和还不到 1%。所以,均质层中大气的许多物理性质都可以用由 80% 的氮气和 20% 的氧气组成的合成空气来实验确定。均质层的空气等效分子量就很接近这种合成空气的分子量。一般取干燥空气的等效分子量为 28.973。在均质层中,尽管微量和痕量成分发生着许多化学变化,但大气成分的宏观分布主要取决于大气的动力混合作用。

在 $80 \sim 100$ km 以上,大气成分的分子有相当一部分被电离。事实上,在 60 km 以上,电离现象已在白天发生,只不过离子数量还不多。随着高度增加,离子数量越来越多,因而,大气的等效分子量随高度增加而有较大的变化,所以把这一层大气称为非均质层。在非均质层的下层,大气由分子和离子混合而成。大约在 300 km 以上,几乎所有的分子都被离解,大气主要由氧原子和其他离子以及电子组成,大气的等效分子量接近氧原子量。由于在 60 km 以上,电离作用已明显产生,在一些气象学和大气物理学著作中习惯把 60 km 以上的大气层称为电离层。在均质层中,大气的温度、压力和密度还有很复杂的变化。对于理想气体,密度与气压之间的关系由理想气体状态方程决定,即密度取决于空气的等效分子量,气压和气温。气压随高度的变化有相应的函数关系式来确定。因此,在任何高度上,只要确定了温度,就可以确定空气的密度。所以,通常都根据大气的温度分布再把均质层分为 3 层,即对流层(troposphere)、平流层(stratosphere)和中间层(mesosphere)。

对流层是大气中最活跃的一层,主要天气现象都发生在这一层。在对流层中,气温一般随高度递减,通常是每升高 1 km,温度下降 6.5 ℃。由于空气一般从高温处流向低温处,对流层大气容易产生较强的由下而上的空气垂直运动,即对流运动,从而大气将从地面获得的热量、水汽及其他源于地表的气体或颗粒成分向上输送。随着空气上升冷却,有时水汽会达到饱和而凝结成云,各种天气现象由此而生。对流层中云和降水的形成将加剧云区和降水云下的气溶胶粒子和许多气体成分的清除过程,大大缩短这些成分在大气中的寿命。对流层中也会因温度的水平分布不均匀而产生水平方向的运动,水平运动的速度通常随高度增加而增加。对流层中的垂直运动和水平运动都具有湍流运动特征。这种湍流运动有利于大气成分的混合和气溶胶粒子及一些微量成分的干沉降。由于云和降水引起的湿沉降和湍流运动引起的干沉降,对流层大气中的气溶胶粒子和其他微量气体成分的寿命一般都比较短。对流层顶的实际高度随纬度不同而不同,随季节变化而变化。平均而言,赤道附近的对流层高约 18 km,南极和北极地区约 8 km。在赤道和两极之间,对流层顶高度的变化往往是不连续的,常在中纬度某处形成一个或几个"缺口"。对流层顶的这种"缺口"在对流层与其上层大气的物质交换中起着非常重要的作用。对流层又常被分成边界层和自由对流层。靠近地表面的 1 到几公里以下的一层大气,由于受地表面状况的影响很大,形成一些与地面特征密切相关的特征,这一层被称为边界层。边界层以上的大气具有对流层的一般特征,被称为自由对流层。

在对流层顶以上到大约 50 km 左右的一层大气中,地表热辐射的影响很小,由于氧和臭氧对太阳辐射的吸收加热作用,使大气温度随高度增加而上升,这样的温度结构抑制了大气垂直运动的发展,大气只有水平方向的运动,这一层大气被称为平流层。在平流层中,物质只有水平方向的混合,垂直方向的物质交换主要靠分子扩散运动。这种扩散交换速率要比对流层中的对流交换速率慢得多。同时,平流层大气的水汽含量很少,只有在一些极端特殊的条件下才会形成稀薄的平流层云。因此,在平流层中,气溶胶粒子和其他微量气体的湿清除机制也不起多大作用。所以,这些物质在平流层中的寿命通常要比对流层中长得多。事实上,平流层中的任何大气成分都不会真正从大气中消失,而只会转化成其他形态的成分。平流层中某种特定成分的寿命主要取决于它的化学和光化学活性。一般情况下,平流层大气成分的浓度和寿命可以用光化学平衡理论近似地计算出来。在平流层底部,大气的水平运动速度较快,形成平流层的第一个高风速区。随高度增加,平流层大气的水平运动速度先是逐渐减少,然后又逐渐增加,到大约 50 km 处形成平流层的第二个高风速区。在这里,平流层的气温也达到了最高值,这里就是平流层顶。

平流层顶以上到大约 80 km 的一层大气叫做中间层。在中间层,温度随高度增加而下降,大气可发生垂直对流运动。到大约 80 km 处,气温达到极低值,并且比对流层顶的气温还要略低一些,是大气中最冷的一层,这就是中间层顶。在中间层大气中尽管水汽浓度很低,但由于对流运动的发展,在某些特定条件下仍能出现夜光云。在大约 60 km 的高度上,大气成分分子在白天开始电离,因此,60~80 km 之间是均质层向非均质层过渡的过渡层。

中间层顶以上的大气层称为热层。在热层中,大气温度随高度增加而急剧上升。气温的日较差也变得越来越大。到大约 1000 km,白天气温可达 1250~1750 K,而夜间的温度只有 500~1000 K。在热层中,空气分子几乎都被太阳辐射离解为原子、离子和自由电子,所以这一层也叫电离层。由于太阳辐射强度的变化,热层中各种成分的光致离解过程表现出不同的特征,因此,大气的化学组成也随高度增加而有很大的变化。这就是前面所提到过的非均质层的来由。由于在不同高度上电离程度不一样,有时又把几个电离程度较强的层次用特定的记号来标识。例如,80 km 左右的 D 层,100~120 km 左右的 E 层和 200~400 km 左右的 F 层。在夏季的白天,F 层还可分为 F_1 和 F_2 两层。很显然,电离层的结构与太阳活动关系极大。强烈的太阳活动引起的电离层变化常给短波无线电通讯带来麻烦。在热层中,大气十分稀薄,大气的密度已是很低了。到 120 km 以上,大气的密度已小到声波难以传播的程度。在 270 km 高度,大气的密度约为地面大气密度的 10^{-10},而在 370 km 高度,大气的密度只有地面大气密度的 10^{-11}。

在大约 800 km 以上的一层大气称为外层(exosphere)。在外层,大气极为稀薄,大气质点之间很难相互碰幢。一个向上运动的大气质点可以在重力的作用下未经相互碰撞而回到大气中来。但是,有些运动速度较快的大气质点有可能完全摆脱地球引力而逃到外部空间去。显然,外层的实际高度与大气质点的质量有关。最容易逃离大气的成分是氢原子,它在大约 500 km 的高度上就具有了一直向上运动直到离开大气层的能力。

上述这些大气的分层结构可以用图 1.4.1 简要地表示出来。

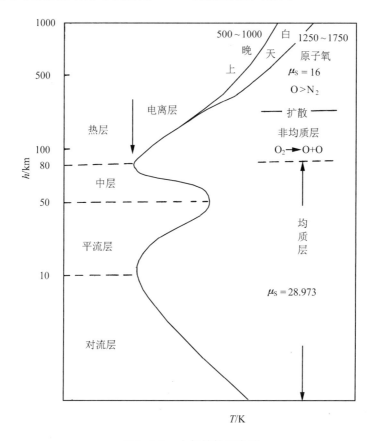

图 1.4.1 大气结构示意图

第五节 地球大气的形成和演化

一、行星大气及地球大气的独特化学组成

地球大气的主要成分是氮气和氧气。这是这颗星球上能够出现和存在高等生物最重要的条件之一。近十几年来的空间探测已经证明,地球大气的化学组成在太阳系九大行星的大气中非常特殊。金星和火星是太阳系中离地球最近的两颗行星,但是它们的大气化学组成却与地球大气的完全不同。金星大气的密度是地球大气的 90 倍,其中 90% 以上是二氧化碳,几乎不存在氧气。由于高浓度二氧化碳强烈的温室效应,使金星表面的温度极高,可达 750 K。火星大气非常稀薄,其密度仅为地球大气的 0.5%。但火星大气的主要成分也是二氧化碳,其浓度达 80% 以上。由于火星大气很稀薄,火星表面的温度比地球表面低,且有较大的日变化。

表 1.5.1 列出了地球及金星和火星大气的主要化学成分。金星和火星大气的成分是空间探测的结果。"行星地球"大气的成分是指用天体物理理论,把地球、金星和火星当作太阳系的"正常"行星,认为它们的大气形成过程遵循同样的规律,根据它们在太阳系中所处的位置以及它们的质量和轨道参数,由金星和火星大气组成推断出来的地球大气化学组成,这是"行星地球"大气处于光化学平衡态时的大气组成。实际地球大气是指在地球上实际看到的地球大气。表中还给出了"行星地球"与实际地球大气化学组成的差别。很显然,二者的差别非常之大,实际地球大气的二氧化碳浓度仅为"行星地球"大气的 10^{-3},而它的氧气的浓度却高了 700 多倍,氮气的浓度也高了 26 倍。这种在太阳系中显得"不正常"的地球大气是怎样形成的? 它又是怎样维持的? 这些问题长期使科学家们感到困惑。

近年来,英国科学家提出了一个 Gaia 理论,并用以解释地球大气的"异常组成"及其维持机制。Gaia 理论认为,是生物的出现和发展改变了地球原始大气的组成,是生物圈的自调节机制控制着大气的基本组成,使其在远离光化学平衡态的条件下仍能够长期维持。Gaia 理论还认为,一个星球的大气化学组成是否偏离平衡态是这个星球上有无生命存在的重要判据。

表 1.5.1 以气压表示的地球及其相邻行星的大气组成(hPa)

行星	金星	行星地球	火星	实际地球	实际地球/行星地球
CO_2	90,000	300	5	0.3	0.001
N_2	1,000	30	0.05	780	26
O_2	0	0.3	0.1	210	700

作为宇宙空间中现在已知的惟一有生命的星体,地球有它自己独特的生命史,在它形成和发展的某个时期,出现了孕育生命的特定自然环境。在诸多因素中,适当的地球质量、适当的地球尺度以及适当的日-地距离可能是重要原因。在万有引力的作用下,适当的地球质量导致了适当的日-地距离,使地球形成固体核心以后保持了适中的地表温度。适当的地球尺度和适当的温度又产生了有利的原始大气,并在一定的阶段出现了液态水。有利的原始大气和足够的液态水孕育了地球上的生命。地球上一旦产生了生命,它就与地球大气结下了不解之缘。正是生物圈和大气的相互作用最终造成了当今的地球大气组成和绚丽多彩的地表。下面几节还将较详细介绍在地球大气发展的几个重要阶段内生物活动的特殊贡献以及地球大气的组成对生物发展的反作用。

二、宇宙气体的消散

象太阳系的其他行星一样,地球在其形成之初,可能也是一个包含三相物质的弥散体系。在这个体系的中心部分主要是一些密度和几何尺寸都比较大的固体及液体粒子。离中心越远,粒子越稀薄,系统变成气体、固体和液体粒子组成的混合物。最外层则主要由气体成分组成。在宇宙空间里,物质世界的化学元素丰度随元素的原子量增加而减少。因此,行星地球在其形成之初,它的主要成分是原子量较小的元素,其中氢元素含量最大,其次是氦和碳等元素。气相物质主要由氢气和氦气组成,其次是甲烷(CH_4)、水汽(H_2O)、氨(NH_3)和硫化氢(H_2S)等含氢化合物。在行星地球逐步演化、固体核心逐步形成的过程中,其气相成分也不断向宇宙空间弥散而脱离了地球。据估计,地球形成之初的弥散体系总质量大约是其现有质量的 190 倍,主要是气相物质向宇宙空间的弥散过程造成其质量减少。地球的这一气相物质消散过程进行了大约 1 亿年。在这漫长的过程中,不同化合物的损失量是不相同的。一般说来,元素越轻,其损失量也就越大。但氢元素例外,因为它可以形成易于在其他固体粒子上凝结的水汽,所以其损失量较少。其他能生成弱挥发性化合物的元素,损失量也会相应减少。在地球的演变过程中,曾经出现过一段独特的时期,那时的温度和重力条件特别有利于水汽在固体粒子和固体地球表面凝结。因而,在这一时期,丰富的水汽变成了液态水,在固体地球表面累积起来。液态水的累积孕育了地球上的生命,生命过程又反过来进一步影响地球外层气相物质的演化。上述这种气相物质的消散过程,使得现在地球上较轻的元素(氢元素除外),特别是惰性气体元素的丰度大大减少,而较重元素的丰度却相对增加。氢元素大量转化成水而保留了较高的丰度。对于氮元素,地球固体矿物质中很少有它的化合物存在,现在地球上的氮元素丰度要比碳、氧、氢等其他大量生命元素低若干个数量级。然而,现在地球大气中氮气却占了 78%。行星地球大气中的氮气仅为实际地球大气的 3.84%。为什么现在地球大气中存在如此高浓度的氮气?这很可能是在地球的气相物质消散过程中液态水对氨的溶解吸收与生物转化两方面共同作用的结果。

与地球不同,对于太阳系内层(离太阳近)的行星,因强烈太阳辐射造成的表面高温而使气体消散过程较快,它们的表面又未形成水汽凝结的条件,因而,在短时期内就使其气相物质损失殆尽,特别是氢元素组成的化合物,消散得更彻底。对于外层(离太阳远)行星,宇宙气体消散缓慢,大气中仍能保留着较多的氢元素化合物。这也可能是今天观测到的木星大气化学组成的最好解释。木星大气化学组成的 99.5% 是氢和氦。

三、次生大气成分

在地球气相物质向宇宙空间消散的同时,地球中心部分的粒子体系却随温度降低而凝聚,逐步形成一个固体核心,并在地球的最表面形成了一个叫做地壳的坚硬外壳。在固体核心与地壳之间,是熔融状态的高温岩浆,地球的这一层流体物质被称为地幔。到了大约 45 亿年以前,地壳以外的气相物质已经很少,消散过程已经非常缓慢,而地壳内部的地幔反而开始向外释放气体。地幔向外释放气体的主要过程有两个:一是火山爆发;二是因热力过程或化学过程造成的固体吸附气体的再游离。区别于原始宇宙气体,我们称地幔释放的气体成分为次生大气成分。

地质学研究证明,在地球固体核心形成的早期,地幔上层的铁是处于还原态的。这说明,地幔早期释放的气体也是还原态的,而且绝不可能存在分子氧。许多其他证据也间接证明,地幔早期释放的气体主要是二氧化碳,甲烷,氨气和水汽。当然,这些次生成分也会向宇宙空间消散。与宇宙气体一样,水汽因凝结成水而消散较少,其他含氢成分因消散快而大量损失。当然,也与宇宙气体一样,氨气应当例外,它在大气中存留少,是由于被凝结水吸收的缘故。因此,这一时期地球大气的主要成分可能与其他行星一样是二氧化碳。这时的地球表面温度可能只有 $-15 \sim -10$ ℃。与其他行星不同的是,地球表面累积了液态水,大气中含有相当多的水汽。上述这种过程可能造成大气二氧化碳和水汽越来越多,大气的温室效应越来越强,地球表面的温度越来越高,大气成为控制地球表面的温度及其空间变化特性的重要因子。在大约 40 亿年前前后,地球大气中的二氧化碳浓度达到现有浓度的 10 倍左右,地表形成高达 300 ℃左右的高温。在高温、高湿条件下,大气的大量二氧化碳被地表矿物通过化学反应吸收固定,地表温度逐渐下降。当温度降低到一定程度,生命得以孕育并诞生。在生命诞生前后的一段时期内,大气的化学组成主要取决于气相物质的地幔释放过程、向宇宙空间的消散过程以及水汽的凝结和吸收溶解过程的协同作用。随着地球上生命的蔓延,尤其是绿色植物的发展,地球大气的化学组成逐渐过渡到由地表生物和大气的相互作用来决定。

大气中的水汽可能会由于太阳辐射的作用离解产生氧原子,并通过进一步的大气化学反应而生成少量的分子氧。这种光化学过程决定了生物圈出现以前大气中的氧气浓度。但是,氧原子对水汽离解所必须的太阳紫外辐射有很强的吸收。就是说,水汽离解的产物将反过来限制其他水汽分子的离解。这样,在一定的水汽浓度和太阳紫外辐射条件下,氧原子浓度也将达到某一平衡浓度。模式计算结果表明,由这样的光化学平衡态氧原子浓度所决定的氧气浓度是现在地球大气氧气浓度的千分之一。由于氧原子和氧分子可以吸收同样波长的太阳紫外辐射,若考虑到氧分子吸收太阳紫外辐射对水汽分子离解的影响,则以上光化学平衡所决定的氧气浓度可能还要低一些。不过,由于大气中氧分子的浓度很低,它对太阳紫外辐射的吸收所产生的影响也可能并不显著。

综上所述,地球在太阳系中的特殊位置和它自身的一些特殊条件使之在表面上形成了与其他行星不同的特点,即在某一特定时期地表累积了液态水,大气中积累了较多的水汽,并因此产生了少量的氧气。水孕育了生命,大气中的少量氧气保证了生命的发展和进化,形成了生物圈。正是生物圈的作用导致了地球大气的进一步演化,形成了今天的地球大气。应当指出,现在还不能定量地描述生物圈对地球大气演化的影响,下面将定性地论述一下生物圈在地球大气演化的一些关键过程中所起的重要作用。

四、生物活动在地球大气演化过程中的作用

(一)地球大气二氧化碳浓度的变化

前面已经提到,大约 40 亿年前前后,地球大气中二氧化碳的浓度曾高达现在浓度的 10 倍。高浓度的二氧化碳使地球表面保持了可能高达 300 ℃ 左右的温度。在这样的温度条件下,加上有充足的水分存在,二氧化碳溶解于水而产生的碳酸有可能与地表岩石中的硅酸盐矿物发生化学反应而形成碳酸盐矿物。这一过程可在很大程度上降低大气二氧化碳的浓度,同时导致地表碳酸盐累积。这可能是地壳中碳酸盐大量存在的主要原因之一。这一过程使地幔释放的绝大部分二氧化碳(99％以上)变成碳酸盐累积在地壳中。与地球不同,金星表面的温度高得多,没有水分存在,不能形成碳酸,硅酸盐矿物又不能与干燥的二氧化碳气体发生化学反应,因而,大多数的二氧化碳只能作为气相物质留在大气中。这可能是地球大气的二氧化碳含量远低于金星大气的最重要原因。

地球大气二氧化碳浓度降低的另一个原因是陆地绿色植物的吸收。地球的陆地绿色植物大约出现在 4 亿多年以前。绿色植物在太阳辐射的作用下从大气中吸收二氧化碳生产有机物。这些绿色植物生产的有机物的一部分成了动物的食品,动植物的腐败又使有机物的一部分变成二氧化碳回到大气中。绿色植物在吸收固定大气二氧化碳的同时,其根系分泌的有机酸类物质造成地表岩石的进一步风化,岩石风化过程也大量吸收大气二氧化碳并转化成碳酸盐矿物。随着绿色植物的发展,地球大气的二氧化碳逐渐减少,地表上已积聚起相当多的有机物(包括动植物体、腐殖质)以及从有机物转化成的煤、石油、天然气、泥碳。死亡动植物体腐败向大气排放的二氧化碳逐渐增多。到大约 4 亿年左右,绿色植物光合作用和岩石风化过程从大气中吸收的二氧化碳与动植物呼吸和死亡动植物体腐败向大气排放的二氧化碳达到了某种微妙的平衡,生物圈对大气二氧化碳的调控作用总体上来说已经很少了。但是,绿色植物的生长过程呈现很强的季节变化。受这种季节变化的影响,大气二氧化碳的浓度也呈现出明显的季节变化。绿色植物从春天开始从大气中吸收的二氧化碳多于排放的二氧化碳,使大气二氧化碳在秋末达到了极小值。秋天绿色植物死亡后,生物圈从大气中吸收的二氧化碳又小于它向大气排放的二氧化碳,使大气二氧化碳浓度在春末达到极大值。由大气二氧化碳的这种季节波动可以计算出,生物圈每年由大气吸收的二氧化碳约为 4 800 亿吨。它向大气排放的二氧化碳也差不多是这一数值。

通过生物圈与大气的长期相互作用过程,大气二氧化碳的体积分数从 30 亿年前的约 $3\,000\times10^{-6}$ 一直下降到 280×10^{-6} 左右。由生物与大气环境间复杂的反馈机制建立的大气与生物圈之间稳定的二氧化碳自然平衡,使 280×10^{-6} 左右的大气二氧化碳体积分数一直维持到 19 世纪工业革命以前。有研究指出,从 38 亿年前地球上生命诞生到现在,太阳增热了 25%,对于行星地球,这一变化可使其地表温度增加 18 ℃。然而事实上,地表温度并没有因为太阳对地球表面的持续加热作用而大幅度上升,这是因为生物圈与大气环境之间形成了有效的自调节机制,从而克服了太阳加热作用引起的环境波动,持续维持着适宜的生物生存条件和生物圈自身的繁荣。当然,生物圈对其生存环境的自调节能力也是有一定限度的,当人为的或自然的破坏程度超过了生物圈的自我调节能力所能及的程度时,必然导致某些生态系统乃至整个生物圈的崩溃。工业革命以后,随着人口增加和工业发展,人类活动已开始打破二氧化碳的自然平衡。土地利用变化和草原、森林植被的人为破坏减少了植物吸收大气二氧化碳的量,大规模地开采和燃烧化石燃料、水泥生产等人为活动将地质历史时期被植物吸收和矿物风化吸收固定的二氧化碳以很快的速率释放出来,这两方面的人为活动使生物圈(包括人类本身)向大气排放的二氧化碳量超过了它从大气中吸收的二氧化碳,导致大气二氧化碳体积分数再度上升,到 1998 年已达到 365×10^{-6},比工业革命以前增加了 26%。

(二)当今地球大气中氮气浓度的形成

实际地球大气与平衡行星地球大气在化学组成方面的另一重要差别是它的氮气浓度高。一种学说认为,地球大气中的氮气是由次生大气中的氮气积累起来的。诚然,氮气化学稳定,在水中的溶解度很低,火山爆发排放到大气中的氮气可以较多地在大气中保留、累积。但是,这同样也适用于其他行星。因此,次生大气成分累积理论并不能解释地球大气与其他行星大气的差别。事实上,在有氧气存在的条件下,次生大气中的氮气容易在辐射作用下发生光氧化生成氮氧化物(NO_x)。这些氮氧化物很容易溶于水而在海洋、湖泊中累积。这种过程显然将使大气中的氮气浓度降低。但是,这类过程在金星和火星等其他行星大气中进行缓慢一些,因为那里没有水来消耗光化学产物——氮氧化物,氮气和氮氧化物将很快达到光化学平衡而实质上停止消耗更多的氮气。这就是说,如果没有其他过程参与,地球大气中的氮气理应比由金星和火星大气推测出来的平衡行星地球大气中的氮气还要少一些。这显然与实际情况相悖。

这里给出一种最有可能的解释:地球气相物质消散过程中液态水对氨的溶解吸收作用及其后的生物转化作用共同导致了地球大气中高浓度的氮气。首先,水汽凝结和液态水累积使原始地球大气中的氨几乎全部被水收集。然后,生命的诞生与发展使被水收集的氨转化为长寿命的氮气,从而形成大气中氮气的高浓度。通过生物与大气环境间的长期相互作用建立起来的复杂反馈机制,使大气中氮气的高浓度得到长期维持。

由于存在液态水,无论是地球形成之初宇宙气体中的氨,还是地幔释放出来的氨,都很容易被吸收和溶解,并很容易通过化学反应生成水溶性的铵盐和硝酸盐。这一过程使原始大气中含量并不算高的氨气不能消散到宇宙空间,而是在地球上保留下来。随着其他的气相组分逐渐消散,氨几乎可以全部被水收集,并以铵盐和硝酸盐形态存储在地球表面的水体中。这个过程相当于对原始地球大气中的氨态氮素进行了浓缩。生命从水中诞生以后,随着微生物的大量繁殖与广泛扩散,水体中的铵盐首先被硝化微生物氧化,进而被反硝化微生物还原成氮气,并释放到大气中。具体来说,在有氧气存在的情况下,硝化微生物可通过一系列的生物化学反应过程将铵盐转化成亚硝酸盐或硝酸盐,在此过程中,有一部分氮素将形成中间产物一氧化氮(NO)或氧化亚氮(N_2O)气体并直接排放到大气中;在缺氧条件下,反硝化微生物通过一系列的生物化学反应将亚硝酸盐或硝酸盐转化成氮气、氧化亚氮或一氧化氮而排放到大气中。在反硝化作用产物中,最主要的成分是氮气,它才是微生物反硝化反应的最终产物,氧化亚氮和一氧化氮只是中间产物。在严格缺氧的环境中,几乎不能形成反硝化作用的中间产物。在自然水体环境中,绝大部分参与反硝化作用的氮素最终都形成氮气排放到大气中。这表明,当初被水浓缩并存放在自然水体中的氮素,绝大多数都可以通过微生物反硝化作用转化成氮气返回大气。由于从原始地球表面消散到宇宙空间的气相物质质量约为当今地球质量的190倍,不难想像,从那些被消散的气相物质中浓缩出来的氨态氮素的量是相当可观的,而且这些氮素最初都以铵盐或硝酸盐形式保存在地表水体中,其绝大部分都可能被反硝化微生物还原成氮气释放到大气中,从而在地球大气中累积了高浓度的氮气。从以上分析看来,当今地球大气中高浓度氮气的存在是不难理解的。

地表生物圈通过微生物硝化和反硝化作用使氮素不断从生物圈流向大气,同时,生物固氮和闪电作用却又使大气中的氮素不断流向地表生物圈。这就是由生物和大气的相互作用构成的氮素生物地球化学循环。氮气既是这个循环的起点,也是这个循环的终点。在常温下,大气中的氮气是化学惰性的。但在闪电过程形成的高温条件下,大气中的氮气可以与氧气发生氧化反应生成一氧化氮或二氧化氮。这些产物以后的行为就和作为微生物硝化或反硝化作用中间产物而排放到大气中的氮氧化物一样,可以通过一系列的大气化学反应转化成无机的硝酸盐或有机的硝酸酯,然后通过干沉降或湿沉降过程到达地面和植物叶面,为植物提供氮素营养。这些过程是自然生态系统中绿色植物的主要氮素营养来源。大气中氮气进入生物圈的另一条重要的自然途径是生物固氮,即固氮细菌直接吸收大气中的氮气并将其转化为植物或微生物可吸收利用的氮化合物形态。氮素是蛋白质的重要组成成分,因而是绿色植物不可缺少的养分。植物在利用水和二氧化碳进行光合作用生产有机物的同时,也从土壤和水中或从植物叶片表面吸收含氮离子,并在植物体内将其转化成复杂的硝酸盐、铵盐或含氮有机物积存起来。在死亡动植物体腐败的过程中,这些氮化合物有一部分又回到土壤和水体中,另一部分则可能被硝化或反硝化微生物转化成气态氮化合物或氮气而排放到大气中。生物与大气环境间存在着复杂的反馈机制,尽管目前人们对这些机制还缺乏足够的认识。长期以来,正是这些机制维持着氮素生物地球化学循环过程中各个流通量和储库间稳定的平衡,从而使大气中氮气和氧气的比例始终分别保持在78%和21%。

综上所述,液态水的形成和生命的出现是地球区别于其他行星的重要特征,这两个特征也是地球大气中积累高浓度氮气的前提,原始地球气相物质消散过程中地表液态水对氨的吸收富集过程以及生命诞生以后氮气的微生物生成过程形成了地球大气中高浓度的氮气,地表生物与大气的相互作用建立了氮素循环过程各流通量与储库间稳定的动态平衡,从而长期维持着地球大气中氮气的高浓度。

（三）地球大气中氧气浓度的变化

实际地球与行星地球大气化学组成的最重要差别应该说是氧气浓度的差别。地球上的生命发展史与它的大气氧气浓度的变化紧紧地联系在一起。地球现在之所以成了宇宙空间的一个特殊星体,在很大程度上起因于其大气中出现了高浓度的分子氧。关于地球大气中氧气的产生及浓度增加过程已进行了许多研究,文献多有记载。研究证明,行星地球大气形成以后,地球大气中氧气浓度增加的最主要原因是植物的光合作用。光合作用的基本机理是:在太阳光的作用下,在植物的叶绿体内,二氧化碳和水发生反应,生成有机物和氧气。尽管植物的光合作用产生氧气,能进行光合作用的植物本身却离不开氧气。在完全无氧的环境中不可能出现绿色植物。地球大气中氧气的增加与绿色植物之间的关系仍有许多疑问有待解决。

首先,地球上的生命始于一个无氧环境。生命起源于大约 38 亿年以前。在那时,地球大气中氧气浓度是很低的,大约只有现在浓度的千分之一,主要是由水汽的光化学过程产生的。在这样低的氧气浓度条件下,由氧气的光化学过程产生的臭氧(O_3)浓度更低。另外,在光化学平衡条件下,臭氧浓度极大值高度也与氧气的浓度有关,氧气的浓度越低,臭氧浓度极大值高度也越低。因此,那时少量的大气臭氧主要集中在大气的近地层。强烈的太阳紫外辐射可穿过大气直接到达地面,因而陆地表面和海水表层不存在产生生命的条件。生命只可能出现在水面下 10 m 深处。在那里,不利于生命存在的短波紫外辐射已被吸收,而生命所需要的波长大于 $0.29\ \mu m$ 的太阳辐射仍能保持足够的强度。在这样的条件下,水体吸收的一些还原态气体成分在辐射作用下产生了简单的有机质,生命从这里开始。

生活在水中的这种低级厌氧生物也能释放氧气。这样,到了距今大约 6 亿年时,地球大气中的氧气浓度达到了现在浓度的百分之一。人们把大气氧气的这一浓度看做是生物发展史上的第一个关键浓度,因为在这一氧气浓度条件下,大气臭氧浓度明显增加,使达到水面的太阳紫外辐射大为减少,生物得以出现在水面上。这种水面生物已开始能吸收大气二氧化碳并释放氧气。水面生物生长较快,因而此后的大气氧气浓度增加较快。到了大约 4 亿年以前,大气氧气的浓度达到了现在浓度的 1/10。这一大气氧气浓度被看做是生物发展史上的第二个关键点。在这样的氧气浓度条件下,大气臭氧浓度有较大增加,且其极大值高度上升到了大约 20 km。在 20 km 左右的大气臭氧层对太阳辐射的吸收从根本上改变了大气的结构,形成了对流层和平流层。这使陆地表面形成了产生生物的条件。因而生物从海洋上了陆地,出现了陆地绿色植物。此后,绿色植物的光合作用大量向大气输送氧气,使大气氧气的浓度进一步增加,并曾一度达到了比现有浓度还高的程度。随着绿色植物在地面产生的有机物的累积和大气氧气浓度的增加,有机物腐败氧化所消耗的氧气也随之增加。最后,光合作用产生氧气与氧化作用消耗氧气之间达到了某种平衡,尽管也出现小幅度的波动,但大气氧气的浓度仍保持在一定的水平上。大气氧气的寿命约为 1000 a。图 1.5.1 简要地表示出了大气中氧气的上述变化过程。

简而言之,生命出现和生物圈的形成在地球大气的演变中起了重要作用。适当的日地间距离使固体地球表面形成了恰当的温度条件,这一温度条件使水汽得以凝结,液态水在地表累积,水汽光解产生了小量的氧气,水的累积和小量的氧气为生命的出现创造了条件。生物的发展使大气中氮气和氧气增加,二氧化碳减少,最后形成了现代的特殊地球大气和生物圈。在人类活动的影响达到相当重要的程度以前,是生物圈的调控作用维持着这种特殊地球大气的相对稳定。

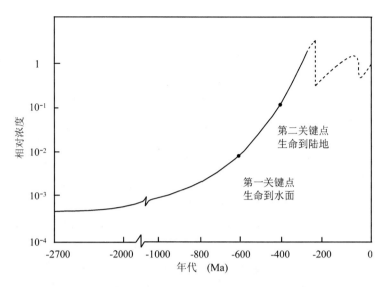

图 1.5.1　地球大气中氧气浓度的变化过程
（以其现在的浓度为 1 单位）

第二章　控制大气化学成分的关键过程

　　控制当今地球大气化学成分的关键过程包括大气成分的地表源排放、长距离输送、均相和非均相化学反应以及清除过程,下面对每个过程分别进行论述。

第一节　地表源

　　大气化学成分的源与汇是相对于大气系统以及物质形态而言的概念。汇是指某种大气化学成分彻底从大气系统中消失。一种化学成分无论是移出大气到达地面或逃逸到外部空间,还是在大气中经化学过程不可逆地转化为其他成分,对该种化学成分而言都构成了汇。如二氧化碳被地表植物光合作用吸收是大气二氧化碳的汇,氧化亚氮在大气中发生光化学反应而转化为一氧化氮是大气氧化亚氮的汇。与汇相反,源则是指一种大气化学成分从地表进入大气系统或者在大气中由其他成分经化学过程转化而来。如地面燃烧过程向大气中排放二氧化碳,对大气二氧化碳构成了源;闪电过程使大气中的氮气氧化成一氧化氮,对大气一氧化氮也构成了源。大气化学成分的源有自然源和人为源之分,后者是人为活动引起的。无论是自然源还是人为源,都可以分为地表源和非地表源。闪电过程使大气中的氮气氧化生成一氧化氮,这是大气一氧化氮的非地表自然源;超音速或亚音速飞机在高空排放一氧化氮,这可以称为大气一氧化氮的非地表人为源。地表源又有生物源与非生物源之分。生物源通常是指通过生态系统中的生物过程产生并排放的大气化学成分,而非生物源则包括除生物过程以外的所有其他过程的排放。无论是非生物地表源还是生物地表源也都可以分为自然的和人为的两大类。地表源增加被认为是目前有些大气化学成分,尤其是温室气体浓度逐渐上升的主要因素。下面分别介绍各种温室气体成分的源与汇。

一、生物源的重要性

　　绝大多数大气化学成分都有地表源,并且既有生物源,又有非生物源。人们早就意识到地表生物源对大气的重要影响,但对生物源的定量研究却是 20 世纪 80 年代的事。近 20 年来,大气化学家和气候学家都在致力于研究复杂的生物过程到底在多大程度上影响气候。生物化学家一直注视着地-气交换过程中的生物活动,并且提出大气环境在很大程度上受生物圈控制。

　　在第一章中已经从大气主要成分的演变中看到了生物在影响或控制大气组成中的重要作用。生物圈的重要作用也可从海-气之间处于非热力平衡中体会到。因为地球表面的 70% 是海洋,如果没有生物圈的话,地球大气中许多寿命较长的气体与海洋之间应当接近热力学平衡状态,至少在近地层和海面之间应当如此。但是,实际计算表明,大气中的氮、氧、甲烷、一氧化氮和氨气等许多成分的实际浓度都要比海洋-大气处于热力学平衡条件下的平均浓度高出好几个量级。

　　碳同位素的一些实验资料也证明了生物圈对大气的重要影响。在大气核实验广泛开展之前,大气甲烷中的 ^{14}C 含量是新鲜生物体 ^{14}C 含量的 80%。这表明大气甲烷的将近 80% 来自生物过程。大量地质样品的氧同位素分析已证明大部分氧也来自生物过程。

另外还有许多事实证明生物圈在元素循环过程中的重要作用。生物过程能将许多元素的固体或液体化合物变成挥发性气体而参与元素循环,也能将大气中的气体成分转化成液体或固体化合物而回到地面。例如,有些生物能把大气氮转化成土壤中的含氮有机物、铵盐或硝酸盐,而另一些生物又把土壤中的这些氮化合物转化成氨、一氧化氮、氧化亚氮或氮气排放到大气中,从而构成大气和生物圈之间的氮素循环。同样,生物过程也在全球硫循环中起着重要作用。许多生物过程向大气中排放硫化氢(H_2S)、二甲基硫(DMS)等气体化合物,这些还原性气体硫化物成分在大气中很快被氧化成二氧化硫(SO_2)气体。也有许多生物能吸收大气二氧化硫(SO_2),使之形成生物体中的硫酸盐。生物圈还是大气中卤素甲烷(CH_3Cl、CH_3Br、CH_3I等)的最主要源。当然生物过程在大气水循环中也有重要作用。

尽管从总体上认识到生物圈对大气化学成分的重要影响及其对元素循环过程的重要调控作用,但对不同生态系统的影响强度却缺乏应有的定量概念。例如,生物过程在大气硫循环中起着重要作用,但却不知道到底有多少地面硫酸盐沉降物来自生物源。各种生态系统控制大气成分的能力的定量研究正是当今大气化学最重要的研究领域之一。

二、生物源的特点

生物源产生大气成分的过程,本质上是由生物参加并伴随着能量转化的一系列大气成分的氧化-还原反应过程中必不可少的环节。下面就以大家最熟悉的光合作用及其反过程为例来讨论生物源的这一特点。尽管现在还不完全清楚生命过程的奥妙和光合作用的细节,但却知道光合作用及其反过程实质上是一系列复杂的氧化-还原过程。光合作用实质上是绿色植物的叶绿素吸收大气二氧化碳并在太阳光能的驱动下发生了二氧化碳的还原反应,其结果是把含能量较低的二氧化碳转化成了富含能量的碳水化合物$(CH_2O)_n$,并同时生成氧气(O_2)。碳水化合物所含的能量也就是常说的生物质能,它是一种可直接被生物生理活动利用的能量状态。光合作用的反过程是呼吸作用,其化学反应的实质是碳水化合物被氧化成二氧化碳,在此过程中,碳水化合物所含的能量被释放出来,供生物生长等生理过程利用。在呼吸作用过程中扮演氧化剂的化合物有硝酸盐(NO_3^-)、亚硝酸盐(NO_2^-)、硫酸盐(SO_4^-)、水(H_2O)、氧气(O_2)等等。硝酸盐或亚硝酸盐在将碳水化合物氧化成二氧化碳的同时,自身被还原成气体成分NO_2、NO、N_2O 或 N_2,若这种碳水化合物的氧化过程是为微生物的生长等生理活动提供能量,就是通常所说的微生物反硝化作用。类似地,硫酸盐在氧化碳水化合物的呼吸作用过程中,自身被还原成硫化氢(H_2S)、二甲基硫等气体成分。在缺养条件下,通过微生物的中介作用,碳水化合物被水分子中的氧所氧化而转化成乙酸等简单有机酸或二氧化碳,并同时产生氢气(H_2),在缺氧条件下,二氧化碳很容易被还原性极强的氢气还原成甲烷。这就是在稻田等缺氧环境中甲烷的产生过程。综上所述,光合作用实质上是绿色植物从大气中吸收氧化态气体成分二氧化碳和中性气体成分水汽,或称为大气二氧化碳和水的生物汇;呼吸作用的结果是向大气中释放 N_2O、NO、N_2、H_2S、CH_4、DMS 等还原态气体成分和 CO_2、挥发性有机酸等氧化态气体成分。也就是说,大气化学成分的生物源过程实质上是生物呼吸作用过程。光合作用与呼吸作用相耦联的结果,使主要生命元素能够通过一系列氧化还原反应在大气与生物圈之间循环,使生物质能态与非生物质能态之间以及不同生物质能态之间相互转化,正是这样的物质循环与能量转化机制在维持远离热力学平衡态的大气-生物圈系统长期繁荣与稳定方面起着极其重要的作用。

生物源的另一特点是,它的作用受到许多因素的限制。除了像一般化学过程一样首先受到初始反应物浓度的限制外,一些与上述反应无关的微量矿物元素常可影响生态系统对大气的贡献。一些大气成分的浓度本身也可以成为影响生态系统的限制因子,某些大气成分浓度的变化有可能改变某些有关的生物种群的数量。有些大气成分的产生过程可能同时涉及到好几种生物活动过程,这些过程可能互相促进,也可能互相竞争或相互制约。产生 CH_4 过程是这种现象的一个最好事例。在缺氧条件下,有机物被细菌分解最终生成二氧化碳和甲烷,但是没有一个细菌族可以独自完成这一过程,整个过程的最后一步是由产甲烷菌完成的。但产甲烷菌只能利用有限几种简单的化合物,必须有许多其他菌种参与发酵过程把复杂有机物转化成简单化合物。这是一个连锁过程,一种发酵细菌的产物是另一种细菌的食物,直到最后生成能被产甲烷细菌利用的简单化合物。除了构成上述细菌体系生存发展的宏观环境的任何条件外,任何足以影响整个细菌锁链上任何一个微观环节的因子都能从根本上改变生态系统的宏观效果——向大气排放甲烷。而且,与产甲烷过程无关的、能生活在同一生态系统中的其他细菌家族还可能与产甲烷细菌竞争而限制生态系统的甲烷排放。

生物源的第三个重要特点是它对元素同位素的选择性。例如,产甲烷细菌倾向于使较轻的稳定同位素富集,即生物产生的甲烷的 $^{13}C/^{12}C$ 和 D/H 要比热力学过程产生的甲烷的相应比值低。这一点一定不要与放射性同位素混淆。例如,生物过程产生的甲烷的 ^{14}C 含量远高于煤、石油等化石燃料燃烧产生的甲烷,这是因为 ^{14}C 的半衰期较短,仅为 5 730 a,而化石燃料在地层中存放的年代久远,通常在几百万年的时间尺度以上,到化石燃料被开采利用时,其中的 ^{14}C 已差不多衰变殆尽。生物过程通常在从几个月到最多几百年的时间尺度上发生,其 ^{14}C 还没来得及衰变。因此,常可根据大气甲烷的 ^{14}C 含量来判断生物过程对大气甲烷的贡献。但这和生物过程对稳定同位素的选择性完全是两回事。

三、对全球大气有重要作用的地表生物源

地球上存在着许许多多不同特点的生态系统,我们有必要判定,哪些是对全球大气有重要作用的生态系统。从大气化学的观点看,下列判据是判定生态系统重要性的条件:(1)覆盖较大的地域;(2)有很高的初级生产率;(3)有很快的化学元素循环率;(4)存在缺氧条件;(5)局地种群数量有较快的变化;(6)其生物过程能够触发不可逆过程;(7)对人类生存有重要意义;(8)具有独特的性质;(9)其过程未被很好研究。根据上述判据选出了 20 种重要生态系统,下面结合它们所涉及的大气成分分类进行简要介绍。

1. 苔原和其他极地生态系统

苔原和较高纬度带上的极地森林约占全球陆地的 14%,大部分分布在北半球。这一生态系统的光合作用总产量约占陆地植物总产量的 10%。这些地区长期处在霜冻条件下且透水性差,因而是甲烷、还原态硫化物、反硝化过程产物等还原性气体的主要源地。

因为这一生态系统的经济价值较低且人烟稀少,它们过去很少被研究。因此对这一生态系统对全球大气的影响还知之不多。

2. 中纬度森林

中纬度森林主要包括太平洋两岸的中纬度针叶林和针阔混交林、北美西部针叶林和针阔混交林、西伯利亚针阔混交林、美国加尼福尼亚针叶林以及中国北部针叶林和针阔混交林。这些森林是大气氨气、一氧化碳和非甲烷烃类化合物的源。有些森林可能是大气二氧化碳的汇。

这一生态系统经济价值较高,过去已有较好的研究基础。不同类型的森林地区都曾设立了生态研究实验站,但对其大气成分排放却研究不多。选择有代表性的地点进行大气成分测量将是非常有意义的工作。

3. 热带森林和热带草原

热带森林和热带草原主要分布在南美洲北部,亚洲南部和大洋洲北部。这是地球上最重要的一类生态系统,分布地域广,植物生长快,产量高,物质循环周期短,存在许多无氧环境,它们是许多重要大气成分的源。

全球热带森林面积大约有 $9 \times 10^6 \sim 11 \times 10^6 \ km^2$,与我国的国土面积相当,包含了全球总生物量的 60%,主要分布在热带湿润地区。这里年平均温度在 $24\ ℃$ 以上,从无霜冻,降雨量在 $1000\ mm$ 以上,森林四季常青或部分常青。热带森林是大气甲烷、一氧化碳、氧化亚氮、非甲烷烃类及挥发性含硫气体的重要源。它还可能对降水中的有机酸有重要贡献。另一方面,热带森林还是大气二氧化碳、硫化物以及气溶胶粒子的重要汇。这一生态系统的重要性还在于,它是当今地球上变化最快的区域。每年约有 2% 的热带森林被砍伐,土地变成农田或牧场,树木被用作木材或燃料,土地表面植被的巨大变化和树木的大量燃烧对全球气候和环境造成威胁。因此,这一生态系统成了举世瞩目的研究对象。但是,对森林的气体排放研究非常困难,这需要在树冠上和树冠下的空气中安装仪器测量大气成分的浓度和输送通量,并且对单株树排放的气体进行采样和分析,还要对森林上空云和降水的化学进行研究。

热带草原主要分布在热带干旱地区。这一生态系统的特点是植物生长快,周期短。如果不发生永久性变化,它对大气的影响可能比较小,因为它与大气构成相对封闭的物质循环。它可能是大气二氧化碳的重要来源,其中的白蚁还可能是大气甲烷和一氧化碳的重要来源。

4. 海滨沼泽、港湾和大陆架环境

海滨生态系统的特点是生物产量高,物理变化和化学变化活跃,淡水冲刷、潮汐力和风力引起较强的输运力。这一生态系统的分布范围不大,但它可能是大气甲烷、氧化亚氮和还原态硫化物的重要来源。它向大气的气体排放表现出较大的时间变化率和空间不均一性。

5. 海洋

海洋覆盖了地球 70% 的表面,但大部分海洋的生物活动较弱。在大多数海域,表面层分布着一些短寿命的生物体,它们也能进行光合作用生产有机物,但它们很快死亡腐败,而后大部分有机物又转化成气体放回大气,只有一小部分以固体颗粒物的形式输送到深海。所以,从总体上说,海洋是大气成分的一种大面积、低强度的源,这种低强度源较难测量。有限的实验结果表明,海洋可能主要向大气排放还原态硫化物,如硫化氢(H_2S)、硫化碳(CS_2)、二甲基硫(DMS)及甲烷的硫氧化物等。

海洋对大气二氧化碳的调控作用很强,但这主要是通过化学过程,生物过程的作用则是第二位的。

6. 稻田

淹水稻田分布地域较广,生物产量较高,而且存在无氧环境,因而是大气甲烷等还原性气体的重要源之一。随着人口增长,世界稻田面积以大约每年 1.3% 的速率从 40 年代初期的 $8 \times 10^5\ km^2$ 增加到了 1995 年的 $149 \times 10^4\ km^2$。

稻田对大气化学成分的影响主要表现在对大气甲烷的重要贡献。近十几年的野外测量表明,全球稻田每年向大气排放的甲烷约为 $35 \times 10^6 \sim 6 \times 10^7\ t \cdot a^{-1}$,大约相当于大气甲烷总来源的 8%～13%。稻田向大气排放甲烷的能力主要取决于当地的农作物方式、土壤特性、气候状况和水稻品种。

稻田还对大气一氧化碳、氧化亚氮和氨气有一定贡献。

7. 反刍动物及家畜废弃物

反刍动物及饲养家畜废弃物是大气成分的另一种与人类活动有关的生物源。这一生物源的重要特点是分散在世界各地人口密集的地区,但就一个局部地区来说可能又相对集中在一个较小的范围。反刍家畜的胃及其粪便等废弃物是大气甲烷的重要来源。据估计,全球家畜及其废弃物每年向大气排放的甲烷约为 $8×10^7$ t,约占全球大气甲烷总来源的 16%以上。

家畜饲养场所可能还是大气中氨气及氮氧化物的重要来源。

四、地表非生物源

地表非生物源也可分为两类,一类是与人类活动无关的自然源,另一类是人为源。自然的地表源包括地幔缓慢排放和火山爆发排放;人为源主要是工业生产和燃烧过程。现分别介绍如下:

（一）地幔排放

地幔排放是许多大气成分的源。在第一章里已经看到了地幔排放在地球大气演变中的重要作用。但是对于较短时间尺度的大气化学问题,地幔排放可能并不重要。因为其强度非常小,而且其变化要在万年以上的时间尺度才会显现出来。

（二）火山爆发排放

火山爆发实际上是突发性的地幔排放。火山爆发在向大气输送大量水汽、二氧化碳、二氧化硫及其他一些硫化物等化学成分的同时,还直接喷出大量的固体或液体粒子。这种火山直接喷出的粒子和火山喷出的气体在大气中转化成的粒子可以被输送到高空,是平流层气溶胶粒子的重要来源。重要火山爆发以后常在全球范围观测到平流层气溶胶明显增加,而且这种影响常可持续好几年。

火山爆发是较强的偶发性事件,它对大气成分的影响难以准确估计。有些资料给出,火山平均每年直接向大气排放的气溶胶粒子约为 $0.25×10^8$～$1.5×10^8$ t。每年排放的气体最终转化成大约 $1×10^8$～$2×10^8$ t 的气溶胶粒子。这些估计数字可靠程度较差,大致有两方面的原因,一是火山爆发事件有很大的年际变化率;二是对单个火山排放物质的估计也没有准确可靠的方法。

（三）生物质燃烧

生物质燃烧源包括一个巨大的人为燃烧排放源和小量的自然林火。它不能算是生物源,却与生物过程和生物圈有密切关系。在热带森林和热带草原地区,为开垦耕地而燃烧大量林木和草;在许多地区,生物质被用作工业和民用燃料;在有些农业区,农业废弃物被燃烧以整洁地面、消除病虫源或用草木灰作含钾肥料;世界上经常有自然或人为引起的山火烧掉大量森林和草原。据现有资料估计,地球上进行生物质燃烧的地区面积达 $3×10^6$～$7×10^6$ km²,每年燃烧的生物质总量达 $4.4×10^9$～$7×10^9$ t。尽管这一数字的准确性有待进一步证实,但生物质燃烧对大气碳循环和其他物质循环的影响却可以肯定是相当巨大的。

生物质燃烧是一种高温过程,在燃烧过程中,生物质很快被转化成气相和颗粒态物质排放到大气中。所产生的颗粒物几乎包含生物质中含有的所用化学分成,但以碳黑为主;所生成的气体包含了碳、氢、氧、氮、硫、磷和卤素等各种元素的化合物,其中有稳定的化学成分,也有光化学活性成分。稳定化学成分主要有二氧化碳、甲烷、氧化亚氮和氯化甲烷,也能产生苯(C_6H_6)和其他环烃类物质。光化学活性成分有一氧化氮、二氧化氮、一氧化碳、羰基硫(COS)等,这些物质可能引起臭氧浓度增加,或产生光化学烟雾的主要成分过氧乙酰硝酸酯(PAN)。

（四）工业排放

自19世纪工业革命以来,工业排放对大气和生态环境的影响越来越严重,从区域尺度发展到了全球尺度。工业活动除使大气中原有的化学成分浓度改变外,还向大气排放其原来没有的化学成分,如氟利昂或其替代物,如氢氟碳化物(HFC_s)和全氟碳化物(PFC_s),另外还有六氟化硫(SF_6)。这些大气中原来没有的气体成分本身具有很强的辐射活性,同时它们在大气中的寿命较长,大约有1/3的成分可在大气中滞留50～3000 a,另有将近一半的成分,其寿命大约为3～10 a。因此,这些成分在大气中积累,将对气候产生影响。此外,这些物质的光化学反应产物直接对平流层大气臭氧造成威胁。工业排放最多的成分是二氧化碳,主要是通过化石燃料燃烧和水泥生产过程大量排放。此外,化石燃料燃烧过程以及工业生产过程也排放甲烷、氧化亚氮等长寿命温室气体以及二氧化硫、一氧化碳、一氧化氮等短寿命的化学活性气体。工业排放的温室气体成分可直接对气候造成影响,氮、硫氧化物可造成降水酸化,碳氢化合物和氮氧化物在一定条件下会生成光化学烟雾,直接危害人体健康。工业生产还直接排放多环芳烃和其他固态致癌物质。

工业排放的特点是源比较集中,对其排放量较易定量估计。

五、地表生物源排放通量的测量方法

（一）箱法

箱法常用来确定来自土壤、水体和小型植物群落的微量气体成分排放通量。箱法分为静态箱法和动态箱法两种。

静态箱法比较简单,箱体一般用化学性质稳定的材料制成,其容积和底面积都准确知道。箱子底面开口,上面有盖,自动采样箱的盖子可灵活开启和关闭。测量开始时,用箱子将要测量的地面罩起来,箱盖关闭,每间隔一段时间对箱内待测气体的浓度测量1次。然后根据箱内气体浓度随时间的变化来计算被罩表面的排放通量,即单位时间、单位面积上排放的被测气体质量数。

静态箱法的明显缺点是破坏了被测表面上空气自然湍流状态和温度、湿度状况,这种改变可能明显影响地面与大气之间的气体交换而使测得的排放通量值偏离实际情况。为了克服这些缺点,发明了动态箱法。

所谓动态箱法,就是将静态箱相对两侧开口,一侧为入口,另一侧为出口,并设法制造流量适当的似稳气流,并使其平稳地通过箱内被测表面上方。似稳气流的主要判据是入口的气流流量与出口的气流流量相等,箱内不出现明显对流。气流的大小以保证箱内外的贴地层空气状况没有明显差别为限。这样,通过测量入口和出口处空气中的气体浓度,就可以确定被罩表面的气体排放通量。

动态箱法原则上能测量所有表面的实际排放通量,但在实际应用中却有许多困难。首先,似稳气流的产生需要很严格的设计;其次,在排放通量较低时,入口和出口处的气体浓度差别不大,要求浓度测量的精度很高,这对许多气体都是困难的。所以静态箱法仍被广泛采用,并在静态箱法的基础上发展了微量气体排放通量的自动采样分析方法。自动方法无需在实验室做大量的样品分析测试,可在无人职守的情况下进行连续观测,适合于过程机理研究中的长期观测和采集高密度数据的短期观测,而且也可以在偏僻地点进行较长时期或高频度的观测实验。基于箱法的自动观测仍是目前评价温室气体排放的时间变异性的最有效观测方法。

大气化学研究需要的是大面积生态系统的总体贡献,而箱法实际上只测量一个小小的面积。在大气化学的研究尺度上,这一小面积可以称为是一个点。生态系统的巨大空间分布不均匀性使箱法测量结果的代表性成了问题。但对这个问题有一条最经济有效的解决途径:在具有代表性的小面积上,用箱法对气体排放机制进行深入系统的研究,并以此为基础建立可描述排放过程和机制的数学模式,再用模式去计算大范围生态系统的气体排放通量。这种将实验和模式有机结合的研究方法正被广泛接受和采用。

(二)微气象学方法

地表源释放出的气体,最初是靠分子扩散和其他作用力冲出贴地层,到达湍流层后由湍流输送过程送进自由大气。湍流输送的机制是单个涡旋的位移。测量近地层的湍流状况和微量气体的浓度变化可以得到有关地表气体排放通量的信息。这种依据微气象学测量推导地表气体排放通量的方法通称为微气象学方法。这种方法要求被测表面大尺度宏观均匀,测点上风向相当大的区域内气体排放通量均匀,在测量周期内大气状态基本不变。在风速不大,地势平坦,下垫面均匀的条件下,可认为测点附近的物质垂直输送通量不随高度变化,因而在一定高度上测量的气体输送通量能够代表地表气体排放通量。一般把地面以上物质垂直输送通量不随高度而变化的大气层称为常通量层,也叫等通量层或均匀通量层。经验证明,常通量层的高度是测点上风向水平均匀尺度的 0.5%。例如,有一个长 200 m 的水平均匀区,在其下风向的常通量层高度为 1 m。微气象测量必须在常通量层内进行。按照测量参数的不同,微气象学方法可以大致区分为下列几种:

(1)涡度相关法

这种方法是根据某个特定高度上被测气体的平均浓度和浓度脉动量以及垂直平均风速和垂直风速脉动量计算该气体的垂直输送通量。垂直平均风速通常小于 1 mm/s,目前的气象观测仪器尚很难对它进行直接测定,只能根据热量和水蒸汽通量估算。根据感热通量和潜热通量测量值,就可以确定热量和水蒸汽的垂直输送通量,再利用垂直风速脉动和该气体的浓度脉动测量值,就可以推算被测气体的通量。如果测点是在常通量层内,这一垂直输送通量就可以代表地表的被测气体排放通量。

涡度相关法要求在<0.1 s 的时间尺度内测定微量气体浓度和风速,这就要求必须采用快速响应测量仪器。然而,对于许多微量气体成分,目前的技术手段尚难以做到如此快速地测量其浓度变化。对于氧化亚氮气体,最近几年国际上刚研制成功一种可调谐二极管激光检测器,在稳定的天气条件下可以做到对氧化亚氮气体浓度进行精确快速测量。但这种仪器的造价很高,暂时难以推广应用。

即使可以做到对以上各个物理变量进行快速精确测量,涡度相关法也不是对所有微量气体成分都能进行垂直输送通量的准确估计。对于像氨气那样背景浓度低、通量大的微量气体,只要能快速准确地测量垂直风速脉动和浓度脉动,就能较为准确地估算其垂直输送通量。相反,对于像氧化亚氮、甲烷和二氧化碳等本底浓度高、通量相对较小的微量气体,根据热量和水汽通量估算的通量值往往偏高。几种重要微量气体相比,尤其氧化亚氮的结果可靠性最差,甲烷居中,二氧化碳较好。这说明,就当前的检测技术而言,尚不适宜用涡度相关法观测氧化亚氮气体的排放通量。

(2)梯度法

梯度法是在假设常通量层内,来源于地表的大气微量气体成分沿垂直浓度梯度方向湍流扩散传输的前提下,根据待测气体的湍流扩散系数和垂直浓度梯度,由气体扩散方程计算微量气体的垂直输送通量。其中的湍流扩散系数取决于风速、地面粗糙度、距离地面的高度以及大气稳定程度。在中性大气条件下,可以认为热量、水汽、动量和微量气体的传输机制相似,即湍流扩散系数相同,微量气体的湍流扩散系数可以由风速的垂直分布来确定。但是,当大气不处在中性条件时,如果温度梯度大于 0.01 ℃/m,物质的湍流扩散就与动量和热量的湍流扩散不同,微量气体的湍流扩散系数就不能由风速的垂直分布确定。当空气中出现逆温时,大气很稳定,几乎没有垂直混合作用,微量气体的湍流扩散系数无法用风速的垂直分布来确定。在一般情况下,用风速的垂直分布来确定微量气体的湍流扩散系数时,需要进行大气稳定度订正。订正系数的值取决于大气稳定程度。

采用梯度法,需要至少在两个高度上测定气体浓度的变化,才可求出垂直通量。

早在 30 多年前,梯度法就被用来观测某些表面上的二氧化碳通量,现在仍然普遍采用。但由于传感器的局限性,用梯度法观测其他微量气体通量的结果并不理想。严格说来,梯度法的两个测量高度应处在常通量层内,但微量气体的常通量层高度很小,通常 100 m 范围的均一下垫面上的常通量层高度仅有 0.5~1 m。实际上,即使是贴近地面的大气层,微量气体的浓度梯度也很小,只有把两个测量高度的垂直间隔扩大到至少 3 m 左右,目前的仪器才能检测到微量气体的浓度变化。这就是说,若采用梯度法观测除二氧化碳以外的其他微量气体通量,就目前的微量气体检测技术水平而言,必须要求一块直径至少好几百米的均一下垫面。然而,实际的下垫面状况却很难满足这一要求。国外学者曾先后用梯度法观测过农田的氧化亚氮等气体的通量,但所得的结果绝大多数都异常地偏高 1~2 个数量级,可靠性极差。对于氧化亚氮气体,其背景大气浓度约 320×10^{-9} 体积分数,要精确测量低于 1×10^{-9} 体积分数的浓度梯度,要求浓度测量精度必须至少达到 0.1‰。常规的红外在线气体分析技术尚难以达到这样高的分辨率。虽然目前的气相色谱分析技术已具备这样的分辨能力,但是响应速度太慢,且运行条件苛刻,很难在梯度法中采用。虽然近几年研制成功的可调二极管激光传感器的响应时间可以缩短到 1 min(分钟),浓度分辨率可达 $0.25 \times 10^{-9} \sim 1 \times 10^{-9}$ 体积分数,无论分辨率还是响应时间都已满足了梯度法的要求,但是昂贵的造价却限制着它的推广应用。

(3)Bowen 比法

Bowen 比法实际上也是一种梯度法,只不过它不是通过测量风速的垂直分布,而是通过测量温度和绝对湿度的梯度、地面净太阳辐射通量和土壤热通量来估计微量气体的湍流扩散系数。然后由精确测量的微量气体浓度梯度和湍流扩散系数计算微量气体的垂直输送通量。这种方法实质上也是用近地面大气的热量或水蒸汽的湍流扩散系数来代表微量气体的湍流扩散系数。从理论上讲,只有在微量气体、热量和水蒸汽具有相似传输机制的大气条件下,才可以认为它们的湍流扩散系数相等。在下垫面粗糙度、仪器的检测精度和灵敏度都满足要求的情况下,也只有在中性大气条件下,Bowen 比法才适用。因此,这种方法的局限性在于它不仅对大气条件和下垫面要求苛刻,而且要求精确测量的变量较多,任何一个变量的测量精度和准确度不够,都会影响微量气体通量值的可靠性。国内外学者曾经尝试用 Bowen 比法观测农田的氧化亚氮排放通量,但所得结果也异常偏高或偏低。

（4）质量平衡法

质量平衡法的测量原理类似于动态箱法。它测量的是穿过一个垂直平面的水平通量,然后再推导出微量气体的垂直输送通量。设想观测点上风向一定尺度均一下垫面排放的微量气体毫无损失地由稳定气流携带着移过观测点所在的垂直平面。在这样的前提下,只要在均匀排放表面下风方向边缘上,测量一定垂直高度范围内的时间平均风速和微量气体时间平均浓度的垂直分布,就能计算出该表面的排放通量。测量的高度应包括整个受表面排放影响的范围,在这样的高度范围内,微量气体浓度明显高于其大气背景浓度。通常,此高度大约为上风向排放表面水平尺度的1/10。

质量平衡法的局限性在于它不仅要求精确测量上风向和下风向的微量气体浓度垂直分布,而且在利用测量结果计算通量的过程中会产生较大的误差。因此,质量平衡法更适用于大气背景浓度小而被测表面的排放通量较大的情况。也就是说,质量平衡法不大适合于甲烷、氧化亚氮等微量气体排放的观测。但对于观测施氮肥农田等表面的氨气排放通量却较为适合,目前已经被广泛应用于农田氨挥发的实验研究中。

（5）涡度累积法

涡度累积法是近年内提出的一种微气象学方法,它将很可能被广泛应用于微量气体通量观测中。与前面几种微气象学方法不同,涡度累积法既不需要测定浓度或风速的垂直分布,也不需要确定微量气体的湍流扩散系数,它所要求的不是快速响应传感器,而是快速采样技术。涡度累积法要求以与垂直风速成比例的速率,在一定高度上将风速向上和向下时的空气样品分别采集在两个容器中,然后可以在理想的实验室条件下测定两个容器中微量气体的平均浓度,并根据向上和向下两个风向的微量气体浓度差和采样高度上的垂直风速标准差计算微量气体垂直输送通量。涡度累积法的优点是不需对微量气体的浓度波动进行订正,可以借助于飞机或气象塔来测量微量气体通量。

（6）Lagrangian 法

Lagrangian 法提供了一套推导植物冠层内的微量气体通量以及它们的源汇分布的办法。这套方法要求测定冠层内微量气体平均浓度的垂直分布、湍流特征以及相应的 Lagrangian 尺度。Lagrangian 法是一套将计算与观测相结合的方法,其优点是冠层内的微量气体浓度变化较大而易于测定。该方法在冠层内微量气体的观测中比较有应用前景,尤其可用于通过植物叶片排放或吸收的气体,如二氧化碳。

（7）对流边界层平衡法

白天,陆地表面的热辐射引起比夜间更强的对流湍流,使对流层厚度增大 1 km 以上,这时的边界层称为对流边界层。近地面几十米以上的对流边界层,其气体湍流混合很好,使温度和微量气体浓度比较均一。对流边界层平衡法就是将对流边界层当成一个巨大的"自然箱室",通过收支平衡估算微量气体通量。由于小尺度的下垫面不均一性不影响对流边界层的性质,用此方法获得的是非均一陆地表面上的微量气体的宏观排放通量。对流边界层平衡法要求比较精确地确定对流边界层内和以上的微量气体浓度以及对流边界层的厚度。

从上面的讨论不难看出,地表生物源排放通量的测量是一个非常复杂、非常困难的工作,无论是箱法还是微气象学方法都存在其固有的局限性。箱法对表面状态的要求不太高,但其测量结果的推广经常受到责难,而且它不能用于如森林那样以大型植物为主的下垫面。微气象学方法虽然避免了箱法的根本局限性,但它对地表均匀性、大气状态以及传感器的灵敏度和响应速度的要求却非常高,目前的测量技术水平尚难以满足。因此,地表生物源排放通量的准确测定仍是今后大气化学的最重要前沿研究课题之一。

第二节　微量成分的长距离输送

大气化学研究的最终目的是要认识全球大气的化学特性及其内在的变化规律,并能预测其变化趋势。要达到这一目的,固然要着重研究有关化学成分在大气条件下的化学行为,但这种化学行为与大气的物理过程的联系也是不能忽略的。大气化学与大气物理学的密切关系是显而易见的。在大气化学的早期研究阶段,也就是着重于大气污染化学研究的时期,大气化学的野外实验就把化学研究与气象学研究紧密地结合起来。在那时,所关心的问题是由局地污染源排出的污染物如何在扩散过程中同时进行化学反应。当时的污染物及其化学反应产物的扩散输送距离仅局限在区域尺度。

后来,发现污染问题的空间尺度远远超过了特定的都市尺度范围。例如,尽管产生硫化物和氮氧化物的主要工业区处在美国中部,然而由这些污染物形成的酸雨的影响范围却是整个美国和加拿大。类似的情况也发生在欧洲。在那里,一些国家的酸雨显然是由另外一些国家的工业排放造成的。这样,大气化学问题就成了超越国界的国际问题,化学物质的中距离输送问题就成了酸雨等大气化学问题的重要研究方面。

进入 20 世纪 80 年代,化学物质全球范围输送的证据不断被揭示。在没有人烟的北极地区,每年都能观测到由欧洲和北美工业污染物形成的北极霾,其浓度甚至可达到中纬度地区气溶胶的浓度。在大西洋东岸,经常观测到撒哈拉沙漠的尘埃,亚洲的沙漠尘埃也经常光临太平洋中部的岛屿。在南极观测到的大气臭氧破坏现象也已被证明与北半球中纬度地区排放的氯氟烃化合物关系密切。南极臭氧洞形成机制的探索可能是大气化学过程研究与大气物理过程研究必须紧密结合进行的最好例子。氯氟烃化合物的光化学分解产物将会使大气臭氧破坏早已被理论和实验反复证实。但是,大气化学家长期以来感到困惑的问题是为什么主要在北半球中纬度地区排放的氯氟烃没有使北半球臭氧浓度大幅度下降,却使南极地区臭氧浓度大幅度下降。近十几年对南极和北极地区大气温度结构和水汽分布的研究逐步揭开了这个谜。在南极上空的臭氧浓度最大值高度上,温度特别低,经常出现低于 −80 ℃的极端低温。这种低温和相对较多的水汽形成了数量可观的冰晶。这些冰晶和低温条件同时发生,特别有利于氯氟烃的光化学产物对臭氧的破坏过程。这就造成了南极臭氧浓度最大层的臭氧明显减少,从而使气柱臭氧总量下降幅度很大。另一方面,越来越多的研究证明,大气环流特征的分析以及臭氧在全球范围输送的特点对其分布的影响,也是进一步研究南极臭氧洞形成机制和未来发展趋势所不可缺少的手段。受太阳活动及其他日-地关系参数变化影响的大气温度结构和大气辐射强度分布的变化,很可能是气柱臭氧总量年际波动的主要原因。

上面这些事例告诉我们,大气化学成分实际上是在全球范围内输送和转化的。

要彻底弄清大气成分的化学行为,需要在全球尺度上研究它们的分布和输送。这首先要对温度场、辐射场、气压场和环流特征等全球大气物理特征有比较深刻的了解。在这方面,大气物理学在过去二十来年里的长足进步为大气化学研究奠定了基础。大气化学家可以充分利用大气物理学家已取得的光辉成就。现在,已经有许多数值模式能够描述大气温度场、气压场在三维湍流大气中的分布。这些模式有的是几百至几千公里的区域尺度,有的是全球尺度。它们都可被用来研究大气化学成分的长距离输送问题。但至今还没有足够的化学资料能够验证模式计算结果的可靠性。因此,在长距离输送领域必须开展以下几个主要课题的研究:

(1)获取某些特定化学成分的空间分布资料,以描述重要输送过程的宏观特征,并验证和改进动力学模式在模拟化学成分长距离输送方面的能力。

(2)获取在大气主要化学循环过程中起重要作用的那些大气成分的空间分布资料。

(3)对重要微量气体,尤其是温室效应气体的浓度和空间分布及其长期变化趋势进行定量,并正确解释这种变化的原因,提高对未来变化的预测能力。

为了开展上述 3 项研究,首要的先决条件是建立全球尺度的大气化学监测网。这个监测网应当由 3 个不同类型的子系统组成,即全球分布监测网,地表源、汇监测网和长期变化趋势监测网。监测是许多学科发展的基础,但却往往被轻视。在大气化学研究过程中,已经相继建立了一些监测网、站。在长期变化趋势监测中最成功的例子是大气二氧化碳浓度监测。在夏威夷 Mauna Loa 观测站,自 1958 年以来连续不断地记录了大气二氧化碳浓度的资料,为全人类留下了一份宝贵财富。近十几年,在联合国环境保护署支持下建立了一个全球环境监测系统。其目的是,监测食品、水体和大气中对人体有害的污染物,监测能引起气候变化的大气变量,监视污染物的长距离输送。在这个监测系统下面,由世界气象组织主持建立了大气污染背景监测网,它由三类不同等级的监测站组成,即区域本底站和全球基准站。区域本底站建在相对干净的地方,远离大城市,其观测项目包括降水化学成分、大气混浊度和气溶胶。全球基准站则建在人迹罕至的偏远地区,它们的监测项目均包括降水化学成分、大气混浊度、气溶胶、大气二氧化碳、甲烷、氧化亚氮、臭氧、二氧化硫和氮氧化物。此外,世界各国都建立了许多国家级的环境监测网、站。

现有的一些环境监测网为全球尺度的大气化学监测网提供了一定的基础,但需要进一步设计与改进。全球大气背景站应当致力于监测大气化学成分浓度的长期变化,这需要在这些监测站安装精密稳定的仪器。更重要的是建立各种大气成分的精确、稳定的标准物系列。无论是全球基准站,还是区域本底站,最重要的是要建立统一的标定系统和观测规范。在这方面,世界气象组织的全球臭氧监测网已经提供了一个范例。对其他大气成分亦应设立类似的观测网。对不同的大气成分可能有不同的考虑,但有些基本原则应是相同的,应当有许多站,或者说大多数站同时监测各种大气成分,最终构成统一的大气成分全球分布监测网。地表源、汇监测网则应结合生态系统实验站建立。本章第一节介绍的各种生态系统的特点是站点设计的依据。另外,地表源、汇监测网的建立要结合对特定生态系统的综合观测研究逐步完成。

总之,研究大气化学成分的分布和长距离输送要借助于大气物理学的成就。在利用大气动力学模式研究大气化学成分的长距离输送时,首先要用一些特定化学成分的分布资料验证已有模式的正确性,然后才能用于其他大气成分。用于检验模式的可以是已有相当好的浓度分布观测资料且化学变化比较简单的那些成分。当然,在应用大气动力学模式来研究大气化学成分的输送问题时,关键问题还不在动力模式本身,而在于化学成分的化学转化过程。这一点将在下一节中讨论。

第三节 均相和非均相化学过程

如本章第一节所述,地表生物过程和地球化学过程不断向大气排放微量气体和气溶胶粒子。地面排放的这些化学成分中,由碳、氮、硫等主要生命元素组成的那些大多数属于还原态成分。与此相反,当这些元素组成的微量化学成分再回到地面时,大多数都变成了氧化物形式。导致微量成分这种氧化变化的大气化学过程是非常复杂的,它包括均相气相过程、均相液相过程以及非均相过程。所有这些过程都可能包括化学和光化学过程。本节只讨论这些过程的主要方面。

一、均相气相过程

(一)氢氧化合物(H_xO_y)的光化学转化

大气中的大多数均相化学过程都直接或间接地与太阳紫外辐射的大气吸收有关。换句话说,大气中的均相化学过程都与光化学反应有联系。关于光化学的系统知识将在第六章中详细讨论,本章只简单地涉及到一些结论性的东西。

对于大气中的化学转化过程,氢氧自由基(OH)是一种最关键的成分,它是大气中的一种极其重要的氧化剂。由 OH 自由基发起的一系列化学反应,是许多还原性气体转化成其氧化态的主要途径。

OH 自由基的主要产生过程是从臭氧的光解开始的。通常,在一定波长的太阳紫外光照射下,臭氧光解产生激发态原子氧。当这种激发态氧原子与水分子相遇,立即发生化学反应而生成 OH 自由基。

在对流层大气中,OH 自由基首先易与一氧化碳和甲烷发生反应,产生的氢自由基(H)和 CH_3 自由基一般会很快与氧分子结合,分别形成 HO_2 自由基和 CH_3O_2 自由基,它们的一部分又会与一氧化氮(NO)或臭氧反应而回到 OH 自由基。

OH 和 HO_2 自由基都能与 NO_2 发生反应,生成硝酸气(HNO_3)或 $HONO_3$。生成 $HONO_3$ 的反应是一个可逆过程,温度是控制反应方向的决定因子。在较高的温度条件下,生成的 $HONO_3$ 会很快分解成 HO_2 和 NO_2;而在 0 ℃ 以下的低温条件下,温度越低,$HONO_3$ 在大气中的寿命越长,反应越是主要向生成 $HONO_3$ 的方向进行。因此,在高空较高的高度上,由于温度很低,生成 $HONO_3$ 的反应可能使一系列反应终止。OH 与 HO_2 自由反应生成的 HNO_3,一部分会被光解再生成 OH 自由基,但大部分被干、湿沉降过程送回地面。

CH_3O_2 的化学反应更为复杂。它可与 NO 反应生成甲醛(CH_3O)和二氧化氮(NO_2),也可与 HO_2 反应生成甲酸(CH_3OOH)。哪一种反应更重要,这要看大气中的 NO 和 HO_2 浓度的比值。简单的化学动力学计算证明,在 27 ℃,且 NO 和 HO_2 浓度的比值为 1.0 时,以上两个反应同等重要。对于 CH_3O_2 与 NO 的反应,生成的甲醛可与氧气(O_2)反应生成 CH_2O 和 HO_2 自由基,CH_2O 自由基又可以被光解成 CHO 和 H 自由基,CHO 被 O_2 氧化成一氧化碳(CO),同时生成 HO_2 自由基,这一系列反应的最终结果是产生 CO,并增加了 HO_2 自由基。但是,如果 NO 浓度较低,则反应生成 CH_3OOH,并可能通过非均相反应过程而清除。

氢氧化物(H_xO_y)光化学循环过程的复杂性还在于,OH 自由基发起的一系列反应产生的一些自由基又反过来加入 H_xO_y 的光化学循环。最典型的例子是非甲烷烃(NMHC)与 OH

自由基的反应。非甲烷烃的化学通式可以表示为 C_xH_y，其中的 x 和 y 均大于1。顾名思义，非甲烷烃就是除甲烷以外所有只含碳和氢两种元素的有机化合物。非甲烷烃在大气中的化学反应过程要比上述的甲烷反应过程复杂得多。对流层中最主要的非甲烷烃有两类，即异戊二烯和萜烯，它们的分子式分别表示为 C_5H_8 和 $(C_5H_8)_n$，其中 n 是大于1的整数，是由植物排放到大气中的。

它们在大气中可很快与 OH 自由基反应而降解，但反应过程十分复杂，降解反应过程中生成的一氧化碳和臭氧这两个重要产物可能再影响 H_xO_y 循环。

还应当强调指出，有关非甲烷烃的化学过程，有许多问题尚未完全弄清。因此，关于 H_xO_y 循环过程尚有许多细节需要进一步研究。有关 OH 自由基在对流层大气化学中的核心作用也还缺少现场观测资料的支持。

(二)氮氧化物(N_xO_y)的光化学转化

大气中存在的氮氧化物主要有 N_2O、NO、NO_2、NO_3、$HONO$、N_2O_5、HO_2NO_2 等，其中除氧化亚氮(N_2O)是长寿命气体成分外，其他均为短寿命气体成分。从氢氧化物的上述反应过程可以看出，氮氧化物的光化学循环过程是与氢氧化物的光化学循环过程交织在一起的。

在白天，由于二氧化氮(NO_2)吸收了一定波长的太阳光，不断光解产生一氧化氮(NO)和臭氧(O_3)，而这两个产物又会相互反应再生成 NO_2，并同时放出热量，从而构成了一个封闭的循环过程。在这个封闭的循环过程中，没有化学成分的净生成或净消失，只有光能转化成了热能。而在晚上，一氧化氮和臭氧作用生成二氧化氮的反应仍在进行，但二氧化氮光解的反应却完全停止。因此，如果没有其他的源和汇的影响，大气中二氧化氮的浓度应当是白天低、晚上高，而一氧化氮却与此相反。当然，一氧化氮和二氧化氮与氢氧化物的反应，使这一平衡进一步复杂化。各种反应生成的二氧化氮被光解，也可以与 OH 和 HO_2 自由基反应形成硝酸。生成硝酸的反应可导致氮氧化物被干、湿沉降过程从大气中清除。二氧化氮还有第三种可能的反应途径，即与臭氧反应生成三氧化氮(NO_3)，三氧化氮可能被光解再回到二氧化氮，也可能与二氧化氮反应生成五氧化二氮(N_2O_5)。三氧化氮和二氧化氮作用生成五氧化二氮的反应是可逆的，五氧化二氮可以通过热力学过程分解。但有一部分五氧化二氮可直接与液态水反应生成硝酸。在白天，三氧化氮的主要损失途径是光解。而在夜间，三氧化氮的光解反应完全停止，五氧化二氮与水反应生成硝酸的反应成了三氧化氮夜间损失的惟一途径。这一途径损失三氧化氮的多少，应当取决于空气中水分的多少。尽管如此，这一条途径只造成一部分三氧化氮的损失。所以在夜间三氧化氮是大气中重要氮氧化物成分。

二氧化氮的另外一类重要反应是与有机酸类化合物反应，生成过氧乙酰基硝酸酯(PAN)，这是光化学烟雾的重要组分，(详见第五章)。这一反应可能构成大气氮氧化物的重要汇。像氢氧化物的光化学循环一样，氮氧化物的光化学循环过程也确实只被实验室的实验证明是重要的，许多反应尚缺乏大气实验资料。尽管如此，根据上面的讨论可知，大气中的一氧化氮和二氧化氮处于接近光化学平衡状态，它们的大气浓度可由光化学反应动力学理论求出。

(三)臭氧(O_3)的光化学循环

臭氧的快速光化学循环过程与氮氧化物和氢氧化物的光化学循环交织在一起。臭氧与一氧化氮和二氧化氮的光化学反应构成一个封闭循环过程，其中没有化学成分的产生和消失，只有光能转化为热能。但是，如果一氧化氮经其他途径转化成二氧化氮而不消耗臭氧分子，则会造成臭氧产生。例如，当一氧化氮与 HO_2 和 CH_3O_2 自由基作用生成二氧化氮的反应比较重要时,就会有臭氧的光化学产生。这种情况一般出现在都市污染大气中。这可能就是都市污染大气中臭氧浓度比自然干净大气中高的主要原因。

至于在自然干净大气中臭氧是否也会由光化学过程产生的问题,至今还没有弄清。OH自由基的基本形成途径是要消耗臭氧分子,但这一途径是否能代表臭氧的一个汇,还得依赖于其后的 HO_2 和 CH_3O_2 自由基的光化学过程。如前所述,HO_2 和 CH_3O_2 自由基是 OH 自由基与一氧化氮和甲烷反应的产物。如果 HO_2 与 CH_3O_2 自由基主要转化成易被降水清除的过氧化氢或双氧水(H_2O_2)和甲酸(CH_3OOH),则上述由臭氧生成 OH 自由基的过程确实构成臭氧的一个汇。但是,如果大气中存在足够多的一氧化氮,使 HO_2 和 CH_3O_2 自由基主要与一氧化氮反应而产生二氧化氮,大气中就会有臭氧的光化学产生。

二、均相液相转化过程

与在气相中一样,在液相中也存在很复杂的化学转化过程,而且这些转化过程大多数也是氧化过程,所涉及的氧化剂主要是 OH 自由基和过氧化氢自由基以及臭氧。当然,液相中的化学过程通常要比气相过程复杂得多。在液相中,不仅有一步性基本反应,而且大量存在快速离子平衡反应。反应不仅涉及中性分子和自由基,还涉及离子和离子自由基。液相中最重要的氧化剂可能是过氧化氢。在大气条件下,过氧化氢本身是以液体形式存在的。

大气中的液相化学过程比普通的液相化学过程更为复杂,因为大气中的液相介质是以不同尺度的气溶胶粒子形式存在的。大气中的液态粒子可以分成两大类,一类是云滴、雾滴和雨滴等降水粒子,另一类是在晴空条件下存在的液体粒子。它们的共同特点就是有一个固体核心或浓度很高的溶液核心。降水粒子的尺度通常为 $2 \sim 80 \ \mu m$,少数雨滴可达几个毫米,而晴空大气粒子的尺度为 $0.001 \sim 10 \ \mu m$。单位体积大气中的粒子数随粒子大小的分布也有很大的变化范围。粒子尺度的分布和变化对大气中的液相化学过程的影响,可以说是目前最不清楚的领域,也是当前大气化学的最重要研究内容之一。

过去,液相大气化学过程主要是在实验室里研究的,通常在封闭的反应器里进行。典型例子是二氧化硫在液相中的氧化过程研究。通常在反应器里注入二氧化硫与水的混合物,然后注入氧饱和溶液,或臭氧饱和溶液,或 H_2O_2 溶液,分别观察其二氧化硫的氧化情况。根据实验结果,对于二氧化硫在液相中的氧化,氧气、臭氧和过氧化氢都可能起重要作用,而且反应速率都与溶液的酸碱度有关,尤其臭氧的氧化作用对酸碱度的变化最为敏感。但这里存在一个最大的问题,那就是,不知道这种实验室测量结果与大气液态粒子中的实际情形到底有多大差别。引起差别的因素很多,除了前面提到的粒子尺度的影响外,实际大气中的粒子都含有各种各样的杂质,而这些杂质有可能成为许多液相化学过程的催化剂。这种催化过程的具体问题将在后面的有关章节中再讨论。

在液相中,也同均相气相化学过程一样,存在各种不同化学过程的相互影响。例如,含碳、氮、硫的各种不同化合物的反应可以同时发生,并且同时进行着快速平衡化学反应和由化学反应速率决定的基本化学反应,一种反应的中间产物直接参与另一种反应,各种化学反应交织在一起,构成一个极其复杂的化学反应网。液相中的氧化剂可以来自液体气溶胶粒子对过氧化氢、臭氧、OH 和 HO_2 自由基的吸收,也可以来自液相中过氧化氢和臭氧的光解反应。除了由这些氧化剂引起的一系列还原态成分的氧化反应外,大气中的液相化学反应显然还应包括二氧化氮和三氧化氮等氮氧化物的反应,也包括各种可溶性含氧有机物的反应。

除了对液相粒子尺度的影响和各种不同成分的化学反应的相互影响缺乏足够的认识外,至今对实际大气的液相体系中所发生的许多化学反应的重要性还不能确定,因为这些反应的速率常数还没有测定过,甚至还没有在实验室里进行过实验。另外,对于决定反应速度另外的重要因子——反应物和产物的浓度,也还没有准确测量过。

均相液相化学过程与气相化学过程一样,不仅有许多大气现场研究工作要做,还有许多实验室的基础工作要做。

三、非均相化学转化过程

非均相化学反应是指在两相物质界面上发生的化学反应。大气中的非均相化学反应主要发生在气-液、气-固或液-固界面上。

界面过程的重要性是显而易见的。在所有多相体系中,不同相物质体系之间的相互作用总是先要通过联结它们的界面。尽管界面层可能在质量上只占两相总质量的很小一部分,但其作用却可能是很大的,甚至是决定性的。一个众所周知的例子是水汽凝结和过冷水滴变成冰晶。在这两种相变过程中,界面起了决定性作用。在大气中,水汽必须找一个表面为依托才能开始凝结发生相变,这种表面就是气体与液体或固体粒子之间的界面。通常称这种导致水汽凝结的液体或固体粒子为凝结核。凝结核表面的物理、化学特性决定了凝结开始时的大气湿度和以后的凝结速度。若没有凝结核,即使大气中相对湿度达到400%,也不会形成水滴。然而,在尺度较大的盐粒子表面上,相对湿度只要达到75%,凝结就开始发生。同样,如果没有凝结核,纯水滴在 0 ℃以下仍然不会冻结,称之为过冷水滴。只有在存在固体核心时,过冷水滴才会冻结成冰粒。水汽直接转化成固体冰粒亦有类似的特点。

上述例子是纯粹的物理变化,化学变化也有类似的情形。例如,二氧化硫气体不会侵蚀光滑的大理石表面,但如果在大理石表面上存在固体或液体粒子,大气二氧化硫将使大理石很快被破坏。其基本原因是,有些固体或液体粒子的表面能够大量吸附大气二氧化硫和水汽。二氧化硫和水汽以及其他大气氧化剂在这些粒子的表面上发生化学反应,生成液态硫酸,这种液态硫酸会很快侵蚀光滑的大理石表面。这一过程已被许多观测事实证实。

在界面上发生的化学过程通常是用反应物、产物和中间产物的浓度随时间的变化来描述的。但是,界面上发生的化学过程极为复杂,要了解其细节需要进行理论的和实验的研究。对于大气中的非均相化学过程,至今也还只有宏观的现象描述,尚未揭开其具体物理、化学过程的奥秘。例如,固体或液体表面对气体或液体的吸收或吸附过程是非均相过程,但并不了解这些过程在原子和分子水平上的变化细节。表面上的化学反应可以不是催化反应,处在不同相的物质同样作为反应物参与反应;也可以是催化反应,表面上的某些物质不参与反应,而是作为催化剂起作用。界面过程还可以从总体上是非均相的,而局部又是均相的。比如,在液滴表面上发生的非均相过程向液滴内部输送气相或液相物质,这是非均相化过程,而它们在液滴内部却发生着均相化学反应。液滴内部的这种均相化学反应与普通的均相反应过程不同的是,它们与界面上的非均相过程有直接联系,而且在很大程度上受其控制。

大气中经常发生的一类非均相化学过程是气-粒转化过程,其细节将在第四章中讨论。

第四节　清除过程

广义地说,上节所讨论的化学转化过程也是清除过程。化学反应中反应物变成了产物,反应物所表现的那种物质形式消失了,变成了另一种形式的物质。对于反应物而言,已构成了清除过程,亦即前面所说的汇。但是,对于整体大气来说,大气中的化学转化过程并没有造成物质彻底从大气中消失,也就没有构成清除过程。这里所讨论的清除过程将限定为使物质彻底移出大气的那些过程。当然,这些过程必然是与前面所讲的输送和化学转化过程紧密地联系在一起的。对于许多大气成分来说,清除过程是从化学转化过程开始的。

清除过程是维持大气成分相对稳定的重要因子。若没有清除过程,许多大气成分将因地表源的不断排放而迅速累积,但事实并非如此。通常把清除过程区分为两类,即干清除过程和湿清除过程。但是,有些过程难以划归于这两种过程的任何一种。简单地说,在没有降水的条件下,通过重力沉降作用和湍流输送作用将大气微量气体或气溶胶粒子直接送到地球表面而使之从大气中消失的过程,称为干清除过程,有时也称为干沉降过程;通过降落的雨滴、雪片、霰粒等水汽凝结物把大气微量成分带到地面而使之从大气中消失的过程,称为湿清除过程,有时也称为湿沉降过程。雾滴截获过程,海浪溅沫的冲刷过程以及与露水的形成有关的清除过程,则难以划归于上述两种过程的任何一种。没有形成降水的云的生成、发展和消失过程有点像大气中的化学转化过程,它对整体大气而言不构成清除过程,但却使许多大气成分的物理、化学特征发生了巨大变化,这种变化可能很大程度地改变大气成分的寿命。所以,讨论湿清除过程时就不能不涉及云中的过程。

在许多情况下,干清除过程和湿清除过程是同时起作用的。要定量地区分干、湿清除过程的贡献并不是一件容易的事。只是为了叙述的方便,才把干、湿清除过程分别加以讨论。

一、干清除过程

(一)气溶胶粒子的干清除过程

气溶胶在大气中的行为与微量气体不同,它们的清除过程也差别很大,难以一般化地统一描述。在没有降水的条件下,气溶胶粒子可通过湍流扩散作用和重力沉降作用输送到地表。它一旦到达地表就可被地表物体的固体或液体表面吸附而从大气中消失,完成其干清除过程。但是,实际过程并非如此简单。通常,在地表物体的固体或液体表面上都有一个特殊的流体层,称为片流层。尽管片流层只有大约 1 mm 厚,气溶胶粒子穿过这一层的机制却并不清楚。对于较小的粒子,湍流扩散作用和重力沉降作用只能把粒子输送到片流层边界上方。粒子必须依靠其他作用力越过片流层到达物体表面。这些作用力可能包括热致漂移力、光致漂移力和分子扩散力等等。它们的作用机制至今还没有完全弄清楚。

若不考虑植被或建筑物等复杂地表物体垂直方向的表面对粒子的截获作用,则气溶胶粒子的干清除过程可以简单地用干沉降通量来衡量。气溶胶粒子的干沉降通量定义为单位时间单位表面积上沉积的气溶胶粒子的质量数,常用单位是微克/平方厘米·秒,记为 $\mu g \cdot cm^{-2} \cdot s^{-1}$。气溶胶粒子的干沉降通量由重力沉降通量和向地面的湍流输送通量构成,前者取决于地表附近一定高度上气溶胶粒子的湍流扩散系数和气溶胶粒子的浓度梯度,后者取决于气溶胶粒子的降落速度和地表附近气溶胶粒子的浓度。气溶胶粒子的降落速度与粒子的大小、密度和形状有关。对于大粒子,重力沉降起主要作用,而对于小粒子,则是湍流输送起主要作用。

重力沉降过程遵从斯托克斯方程,因而,只要知道粒子的直径和密度,重力沉降速度就能够很容易地计算出来。

目前尚不能从理论上计算气溶胶粒子的湍流扩散系数。与微量气体一样,在实践中常用动量或热量的湍流扩散系数来近似地代替粒子的湍流扩散系数,通过测量确定了不同高度上的平均风速、风速脉动值和气溶胶粒子浓度,就可以计算气溶胶粒子的湍流沉降速度。

利用本章第一节所讨论的测量源排放通量的方法,原则上也能测量气溶胶粒子向地球表面的沉积通量,并由此计算出其干沉降速率。在早期,曾简单地用显微镜片或其他可以称量或计数的平面收集器,水平放置在待测表面上来测量气溶胶粒子的沉积速率。这种简单方法准确性极差,因为收集器表面上的片流层结构与实际表面可能完全不同。而且它只测量到大粒子或称降尘的沉积速率。

气溶胶粒子的干沉降速率与粒子大小和密度有关,而且其湍流扩散系数还取决于粒子的大小和形状。因此,根据测量的平均风速、风速脉动值和气溶胶粒子浓度计算的湍流沉降速度,只不过是在特定大气条件下的粗略近似值。更困难的是,大气气溶胶粒子的大小尺度变化范围很大,要测量气溶胶粒子干沉降速率随粒子大小尺度的变化极为困难。用第一节所讲的各种通量测量方法一般也只能测量各种不同尺度粒子的平均沉降速率。只有在粒子尺度很大时,用以上方法计算的气溶胶粒子沉降速率和测量的结果才比较接近,这正与前面的理论分析是一致的。

问题的复杂性还在于,气溶胶粒子的干沉降速率不仅取决于粒子大小、形状、密度等气溶胶本身的属性,还取决于温度结构、气压场、湿度场和大气稳定度等大气的属性以及植被状况、地物分布等地表特征。

在复杂地表上,还必须考虑水平方向上的运动和碰撞,即在地表物体垂直表面上的碰撞和收集。对于气溶胶粒子在垂直表面上的沉积速度,目前还不能写出解析表达式。要测量这种碰撞过程的清除效率也非常困难。比如要测量一片森林或一片建筑物对气溶胶的清除作用,所能用的方法只有在第一节中介绍的质量平衡法,即测量林外上风向和下风向气溶胶浓度之差。不难看出,这种测量方法本身存在着许多固有的误差来源。首先森林或建筑物本身不仅仅是气溶胶的汇,它们还是气溶胶的源。其次,测量的结果包括了垂直表面和水平表面共同作用的结果。

综上所述,气溶胶粒子的干沉降速率取决于气溶胶本身的属性、大气的状态和地表特征。因而实测结果可能因时间、地点不同而有很大差异。根据现有的一些测量结果估计,对于粒径为 1 μm 的干粒子,其干沉降速率约为 0.1 cm · s^{-1}。

(二)微量气体的干清除过程

与气溶胶粒子不同,对于微量气体,重力沉降过程不起作用,主要清除机制是湍流扩散和分子扩散的作用。第一节所讨论的各种测量微量气体排放通量的方法都完全适用于微量气体干沉降通量的测量。微量气体的干沉降通量与一定高度的微量气体浓度之比即为干沉降速率。干沉降速率与气体种类和表面的物理、化学特性有关,当然也与大气的状态有关。大气的状态主要决定微量气体分子向表面的输送,而气体种类及表面特性决定着到达表面的微量气体分子能否被表面有效吸收和向地物内部输送。

一般说来,在中性大气条件下,弱挥发性的气体以及容易与表面发生化学反应的气体干沉降速率较大。在有植被的陆面上和水体表面上,许多微量气体的干沉降速率也较大。

对于不同微量气体在不同表面上的干沉降理论研究和实际观测都还刚刚开始。已有的少量实测资料差别很大。例如,二氧化硫在不同表面上的干沉降速率在 $0.14 \text{ cm} \sim 2.2 \text{ cm} \cdot \text{s}^{-1}$ 之间变化。对硫化氢(H_2S)和二氧化氮,相应的干沉降速率分别为 $0.015 \sim 0.28 \text{ cm} \cdot \text{s}^{-1}$ 和大约 $0.01 \text{ cm} \cdot \text{s}^{-1}$。

像第一节中所讲的源排放通量的测量一样,微量气体干沉降的测量也遇到了许多技术困难。微气象技术看来更适宜于干沉降通量的测量,是当前研究的重点,主要是发展高灵敏度、高准确度和快速响应的仪器和高精度、高稳定度的各种标准气体样品,以实现对低浓度气体的微小变化和快速变化的测量。

二、湿清除过程

湿清除是许多大气成分有效的快速清除过程。通常把湿清除过程分为雨冲刷和水冲刷两类。把最终形成降水的云的云中过程所造成的大气微量成分清除叫作雨冲刷,而把云底以下降落雨滴对大气微量成分的清除叫做水冲刷。没有形成降水的云对整体大气没有构成清除作用,但对局地大气化学成分的转化却起着重要作用,可能间接地对某些大气成分的清除有重要贡献。云一旦形成降水,它对大气成分的清除作用是雨冲刷和水冲刷共同起作用的结果,很难区分开来。所以下面将把两种过程放在一起讨论。

(一)气溶胶粒子的湿清除

气溶胶粒子的湿清除过程是从云开始形成的那一时刻开始的。实际上,气溶胶粒子是云形成的必不可少的条件。物理学研究证明,在没有任何杂质的清洁大气环境中,凝结形成冰核所需要的水汽过饱和度为320%,或者相对湿度超过420%。但实际大气中的水汽过饱和度极少达到1%,通常只有千分之几。在实际大气中,气溶胶粒子总是存在的。当空气的相对湿度达到某一临界值时,有些气溶胶粒子就开始活化,水汽开始在这些粒子上凝结。气溶胶中这些能活化的粒子为凝结核。不过,凝结核是一个相对的概念,因为在低过饱和度条件下不能活化的粒子在较高的饱和度条件下有可能活化。一个粒子开始活化成为凝结核的最低相对湿度,即临界相对湿度。临界相对湿度的高低取决于粒子的物理、化学特性,即粒子的大小、形状、化学组成、表面吸湿性及可溶性等。一般说来,粒子越大,或吸湿性越强,或溶解度越高,其临界相对湿度就越低,反之亦然。理论计算证明,要使直径为 $0.001\mu m$ 的不溶性干粒子活化成凝结核,所需要的相对湿度高达 300% 以上;直径为 $0.1\mu m$ 的,活化所需要的相对湿度为101%;直径为 $0.5\ \mu m$ 的食盐粒子在相对湿度只有 80% 时就可以活化,而同样直径的硫酸粒子,活化所需要的相对湿度只有 40%。一般说来,在大气过饱和度为 0.5% 时,直径大于 $0.04\mu m$ 的所有可溶性粒子和直径大于 $0.2\ \mu m$ 的所有不溶性干粒子都可成为凝结核。当凝结核逐步凝结长大形成云并形成降水时,这些粒子将全部被清除。如果云不形成降水,这些粒子虽未被从大气中清除,但它们在云消散后已完全改变了原来的面貌。换句话说,云形成以前的气溶胶粒子消失了,云滴蒸发消散以后留下了新的气溶胶粒子。一般说来,新的气溶胶粒子比原来的粒子尺度偏大。

当凝结核凝结长大,并在大气中出现云以后,那些不能活化为凝结核的小粒子会通过碰撞、凝并过程被已形成的云滴吸收。小粒子在云中有较强的布朗运动,粒子越小,布朗运动越激烈,越容易与云滴碰撞,被吸收的机会也就越多。

在湍流大气中,还有气溶胶粒子和云滴的湍流碰并而引起的小粒子损失。

在实际大气中,云滴浓度和气溶胶粒子浓度一样在变化,因为云滴一旦生成,它们立即开始发生碰撞、凝并。云滴的碰并增长和凝结增长一样,是云生成和发展的重要机制。在有云形成时,云区的气溶胶粒子绝大部分被云滴吸收。剩下的少量气溶胶粒子是直径为 $0.1~\mu m$ 左右的不溶性粒子。

云形成降水后,云中吸收的气溶胶物质随雨滴降落到地面而完成清除过程的同时,雨滴在下降过程中将继续吸收云下的气溶胶粒子,这一过程叫水冲刷。对于云下的气溶胶粒子,下降雨滴相当于一系列小的撞击收集器。雨滴下降相当于气流携带气溶胶粒子向上冲向静止的收集器。很显然,雨滴对气溶胶粒子的收集效率首先取决于雨滴的大小,因为雨滴大小不仅决定了雨滴下降速度,还决定了雨滴扫过的气体体积。当然,收集效率随粒子尺度变化而变化。在雨滴大小和下降速度给定的条件下,只有直径大于某一定值的粒子才能被雨滴捕获,较小的粒子将随气流绕过雨滴。经验证明,若雨滴直径在 $50\sim2~000~\mu m$ 之间,那么粒子半径大于 $10~\mu m$ 的气溶胶粒子会百分之百地被收集;随着粒子半径减小,收集效率也迅速减小,如粒子半径为 $5~\mu m$ 的收集效率为 50%,而粒子半径为 $2~\mu m$ 时,收集效率仅 10%。这就是说,在云滴以下,只有那些尺度很大的巨粒子才能被有效地清除。根据雨滴半径、粒子半径、气溶胶粒子的密度、平均收集效率、降雨开始前云下气溶胶粒子的浓度和雨滴浓度,可以计算出降水滴中和云下大气中的气溶胶粒子浓度。

总之,湿清除过程能有效地清除所有尺度的可溶性粒子以及极小的和极大的不可溶粒子,所以这部分粒子在大气中寿命较短。只有半径大约为 $0.1~\mu m$ 左右的不可溶粒子最不容易被湿清除过程清除。前面讨论干沉降过程时已经知道,这种粒子的干沉降速度最慢。因此,这部分粒子是大气中寿命最长的粒子。因为气溶胶粒子是大气中许多化学反应过程的终极产物,气溶胶的上述这些特点在许多大气化学过程中起着重要作用。

(二)微量气体成分的湿清除

云滴形成以后,它们将吸收大气中的各种微量气体,在云形成降水以后,这些微量气体被带到地表,这就是微量气体的雨冲刷过程。降水滴在下降过程中还将继续吸收云下的微量气体并把它们带到地面,这就是微量气体的水冲刷过程。

如果被吸收的微量气体不与云滴物质发生化学反应,或只是发生快速平衡的可逆反应,则问题比较简单。在这种情况下,微量气体的湿清除效率完全由它们在水中的溶解度决定。由于微量气体一般都和水滴处于接近平衡状态,只要知道了大气中微量气体的浓度,就很容易计算出它们在水滴中的浓度,它们的清除效率也就很容易计算了。

但是,在实际大气中有许多微量气体能与降水滴中的物质发生复杂的化学反应,其清除过程也就复杂化了。已经讨论过二氧化硫的均相液相化学反应,现在仍以二氧化硫为例讨论一下这类气体的湿清除过程。除了化学反应过程不同外,其他这类气体的湿清除过程均遵守类似的规律。为了叙述方便,下面将把这一类气体叫做反应性气体。这一称呼没有任何实质性的科学意义。

反应性气体的湿清除效率是由下列 3 个因素决定的:(1)气体向水滴表面的输送速度;(2)气体向水滴内部的扩散速度;(3)气体在水滴中的化学转化速度。前两个因素是由微量气体、空气和水的物理性质决定的,在实际条件下,这两种过程比云滴形成过程和雨滴下降过程要快,一般可用平衡态理论处理。第三个因素主要是由微量气体和水滴中所含其他化学物质的浓度和性质来决定的。如果反应速度较慢,可以达到物理平衡,湿清除效率将主要由化学转化速率决定。如果反应速度很快,则达不到物理平衡态,清除效率主要由前两个因素限制,这种情况在实际大气中并不多见。

对于二氧化硫,气体向水滴的输送速度和气体在水滴内部的扩散速度均比水滴内部的化学反应速度快。气相二氧化硫与溶液中的二氧化硫、亚硫酸氢根和亚硫酸根可在不到 1s(秒)的时间内达到平衡,二氧化硫的湿清除效率很容易根据平衡态理论计算出来。但问题是,溶液中二氧化硫溶解后产生的亚硫酸将被进一步氧化成硫酸。如上节所述,在均相液相反应的研究中,是以硫酸的生成速率来度量这一化学转化过程的速度的。到目前为止,只知道氧气、臭氧和双氧水都是重要的氧化剂,也知道了在不同条件下它们的相对重要性,但是,对具体的化学反应细节并不清楚,甚至不知道是亚硫酸根还是亚硫酸氢根被氧化。最近的一些实验室研究证明,亚硫酸根可与水中吸收的氧气直接发生反应,其反应速率常数与温度和液体的酸碱度有关。当液体为酸性,温度为 25 ℃时,反应速率常数与氢离子浓度成反比。当溶液中存在金属离子时,反应的速率可能显著增加,增加的幅度与离子的种类和浓度有关。

硫酸氢根可被臭氧氧化。Carland 等人的实验发现,在臭氧浓度为 0.05×10^{-6} 体积分数,溶液中硫酸盐的生成速率与硫酸氢根的浓度成正比。实验还发现,臭氧的氧化过程也可被溶液中的金属离子催化和加速。

在溶液呈酸性时,主要的氧化剂是双氧水。

对于湿清除过程来说,具体的化学反应细节并不重要,只需要准确知道亚硫酸盐向硫酸盐转化的总转化速率。在水滴溶液中,亚硫酸盐及其氧化产物处于动态平衡中,因而,只要有一个亚硫酸根转化成了硫酸根,原来的平衡态就被打破,为了再回到平衡态,必须有另一个大气气相二氧化硫分子被水滴吸收,这样,二氧化硫的湿清除效率就会加大。要定量地处理这一过程需要更多的理论和实验研究,以获取精确的化学速率常数。

如果云不形成降水,则在云蒸发消散后,不起化学反应的那些气体完全恢复了原来的浓度。而发生化学反应的那些气体却部分地转化成了固体粒子,例如二氧化硫气体转化成了硫酸盐粒子。

三、雾和露

雾和露的形成可以对大气微量成分构成清除。但它们与上面所讨论的干沉降过程和湿清除过程都不相同。

雾滴可能包含浓度很高的污染物成分。雾滴形成的物理过程和云滴本质上没有差别,雾滴对大气微量气体和气溶胶粒子的吸收机制也和云中的过程完全一样。所不同的是,雾在近地层大气中形成,在雾的寿命时间尺度内,许多雾滴可因重力沉降和湍流输送作用到达地面而起到了对微量气体和气溶胶粒子的清除作用。同时,雾滴也很容易被植物、建筑物等地表物体的垂直表面所截获,构成另一类清除过程。在大面积森林地区,这类清除过程可能是很重要的。另外,雾的形成可改变地表物体表面的物理化学特征,从而改变气溶胶粒子和微量气体的干沉降过程,至少可以改变其干沉降速率。

露的形成主要是改变地表物体表面的物理化学特性,从而改变干沉降速率。大的露滴也可能直接吸收气溶胶粒子和某些可溶性微量气体。

对雾和露的清除作用至今还没有太多的定量研究。

四、湿清除过程的实验研究

从上面的讨论看出,如果大气中的气溶胶粒子的浓度及其随大小尺度的分布、微量气体成分浓度及其空间分布、云滴和雨滴浓度及其随大小尺度的空间分布都能准确测定,则可以从理论上计算降水过程对气溶胶粒子和微量气体的清除作用。但是,由于气溶胶粒子的尺度范围很大,气溶胶粒子浓度随大小尺度的分布形式以及气溶胶的化学组成极为复杂,且因时间和空间而有很大的变化范围,云滴和雨滴也是类似的情形,因而,要从理论上计算湿清除作用是极为困难的。如果再考虑到气溶胶粒子和降水滴的复杂形状,如液态雨滴或雨滴只是近似为球形,雪、雹、霰等的形状是极不规则的,理论计算就更加困难了。

尽管最近十几年里,已经发展了许多模式来计算不同的降水云对气溶胶粒子和微量气体的湿清除作用,但目前获取定量资料的主要手段还是观测实验。模式本身也需要实验资料来验证。

测量降水前和降水后大气中的气溶胶粒子和微量气体的浓度分布以及地面接收的降水中的化学成分,有可能得出一次降水的总的清除效率。同时在降水云中和云四周观测气溶胶粒子和微量气体的浓度,并同时在不同高度上收集云水和雨水样品并分析相应的化学成分的含量,则有可能区分云中过程和云下过程的相对贡献。但是,在分析研究观测资料时还必须注意到雨滴在下降过程的蒸发和某些化学成分的进一步反应。

比较早期的云水和雨水化学成分测量是前苏联科学家在前苏联的欧洲部分进行的。根据测量结果,在北部干净地区,云水成分和雨水成分相差不多,只有硫酸盐和硝酸盐在雨水中的浓度远高于在云水中的浓度。表明这两种化学成分的云下冲刷的效率较高。西部地区的硫酸盐浓度在云水和雨水中都很高,但差别并不很大;硝酸盐浓度也高,且云水中和雨水中相同。这可能是由于在污染地区,大气二氧化硫和氮氧化物浓度很高,导致云水中硫酸盐和硝酸盐的浓度也很高,从而致使云水中的化学反应变慢,云下清除过程的作用已不明显。但这两地区都有一个共同现象,即云水中的氯离子浓度比地面雨水中的高。这说明氯离子在雨滴下降过程中损失了,而且在干净地区损失更大。原因是在干净地区的云水中酸性物质较少,保留了较多的氯化物;而在雨滴下降过程中收集到的酸性物质可能与氯化物反应生成氯化氢气体而挥发掉。

另外一种不可忽视的因素是,降水云滴中离子的总浓度要比一般云滴中离子总浓度小。这是很容易理解的,因为降水总是要从那些首先吸收了较多的水分、增长迅速的云滴开始。在这些云滴中,离子浓度显然因水分稀释而降低。但是观测表明,在干净地区,云水中的金属离子浓度明显高于雨水中,同时,云水中离子总浓度也略高于雨水中的离子总浓度。德国科学家在德国南部的实验也得到类似的结果。这些实验事实还说明降水中的金属离子主要来自云滴的形成过程,雨滴在云下的冲刷作用是次要的,原因是大气中的这类物质主要存在于气溶胶粒子中,云滴对气溶胶粒子的收集效率高于雨滴的收集效率。

为进一步研究上面这些问题,还进行了一些在云中不同高度和云下不同高度上采样观测实验。这些实验确实发现云底处云水和雨水中离子总浓度明显低于较上层云中和地面雨水中的离子总浓度。但是,由于在不同高度上进行云水和雨水采样的技术性困难,要进一步作出定量的分析尚需进行更多的实验。

湿清除过程还可以通过测量在1次降水过程中雨水化学成分随时间的变化来加以研究。德国科学家曾经多次观测过地面气溶胶粒子和微量气体的浓度在雨前和雨后的差别,观测结果给出,所有物质雨后的浓度都大大下降了,且溶解度越高的物质浓度下降越多。这也符合前面所讲的湿清除理论。

综上所说,这些大气中的实验测量只是定性地支持这里概述的大气微量成分湿清除理论。为了进一步证明上述理论,尚需大量的实验来获取不同大气条件下大气中的微量成分浓度与降水水溶液中相应物质浓度之间的可靠定量关系,特别需要云中和云下不同高度上的观测。

第三章　大气微量化学成分的循环过程

除了一些惰性气体以外,地球大气中的绝大多数微量和痕量成分都在地球表面上有源和汇。这些大气成分从地面源排放到大气中,在大气中经过一系列物理的和化学的变化后,又以可能完全不同的形式进入地表汇,从而构成了许多微妙的物质循环过程。这些物质循环过程大多数是不封闭的,物质循环过程中各个贮库的物质贮量以及各贮库之间的物质流通量都随时间的推移而变化。由于大气是超级流体,它作为物质循环圈上的一个物质贮库而有许多独特的性质。大气中的微量和痕量成分在发生化学变化的同时又在全球尺度上被输送。大气化学不仅要研究这些微量和痕量成分在大气中的化学变化,还要研究它们在大气中的输送和分布,以及它们在源和汇之间的交流。也就是说,大气化学研究的是整个物质循环过程,这包括水循环、氢循环、碳循环、氮循环、氧循环、硫循环等等。

应当指出,物质的地球化学循环是一门古老的学科,而且地球化学家、生物学家和大气化学家从各自不同的角度研究了这些循环过程,给出了不同的物质循环图像。本章将从大气化学的观点一般地论述在人类活动的冲击达到明显程度之前(亦即 19 世纪工业革命之前)物质循环的一般规律。有些比较特殊的问题,如氧循环问题、气溶胶问题和人类活动的影响问题将放到后面的有关章节专门论述。这里只讨论在几千年以内的中、短期时间尺度,不考虑更长期的物质循环特征。例如一般不考虑沉积物中的过程,在必须考虑沉积物时也只讨论它与大气的直接交换过程。

第一节　水　循　环

没有人怀疑水在地球环境中的重要性,水循环可能是被不同领域的科学家研究得最多的一种物质循环过程。大气水一直是气象学家最重视的研究对象。水以气体、液体和固体三种相态出现在大气中,三相之间的转化历来是气象学的重要研究内容。而这里将把水作为大气中的一种化学物质来讨论它的循环特征。

一、大气水的源

大气水的源主要在地表,这包括江、河、湖、海等液态水体以及土壤水分的蒸发和陆地植物叶片的蒸腾。在地表与大气的交界面上,通常保持着比大气水汽压高的蒸汽压,所以水汽不断地离开地表向大气输送。水汽压是一个用水汽膨胀所产生的压力大小来表征空气中水汽含量的概念,蒸汽压特指湿度较大的表面上的水汽压。全球平均来说,每年约有 1 m 厚度的水从地表输送到大气。事实上,水体和湿地表面上的水汽压经常保持在饱和水汽压(液态水蒸发和水汽凝结达到动态平衡时的水汽压)的水平上,以保持这些表面与其相邻的贴地层大气之间的水汽平衡。而在大气中,输送和清除过程使大气水汽压一般低于饱和水汽压。同时,地表平均温度一般比其上的空气温度高。因而地面水汽压和混合比浓度一般高于其上的大气。这样形成的水汽压梯度或浓度梯度将能驱动水分子离开地面。水汽离开地面向上输送的通量可以根据微气象理论由表面温度下的饱和混合比浓度、参考高度上空气的水汽混合比浓度以及风速计算出来。在陆地表面上,参考高度通常取 2 m,而在海面上通常取 10 m。

大气中的水分,有 75% 是按照上述过程从水体表面输送来的,其余 25% 则是来自陆地表面,其过程和机制更复杂。陆地表面上水汽的输送过程可大体分为两种,一是非生物过程蒸发,二是生物过程蒸腾。非生物过程的蒸发与上面所讨论的水面蒸发过程类似,但更为复杂一些。首先,保留在相对干燥的表面上的水分受到表面张力和其他较强的束缚力的限制,因而这种表面上的水汽压一般低于饱和水汽压,从而使水汽输送速率低于由水面的输送。其次,由土壤或其他物体内部向表面输送水分的速率进一步限制着由干燥表面向大气的水汽输送速率,也使这些表面的水汽输送速率低于由水面的输送。生物过程的蒸腾主要通过陆地植物叶片的气孔。一般说来,植物气孔能产生相当大的阻力来防止水分扩散,使得植物内部保存液态水,而叶面上的空气中却保持着远小于叶面温度下所决定的饱和水汽压。气孔的这种扩散阻力随环境条件变化而有较大的变化。比如,当根系因土壤干燥而不能提供足够的水分时,气孔的阻力将随之加大以减少水分蒸腾。因而,植物可通过变化气孔的扩散阻力来调节其体内的水分含量,以使之维持在适宜于植物生理活动的水平。同时,植物气孔还是二氧化碳、氧气以及其他气体成分出入植物体的主要通道。

水体表面的饱和水汽压以及地表的蒸发过程均随温度变化而有较大的变化,温度越高,饱和水汽压越高,蒸发越快。因此,热带地区地表水汽蒸发速率要比中高纬度地区快,植被蒸腾也有类似特点。当然,由地面向大气的水汽输送量还与风速等大气参数有密切关系。

甲烷的氧化是大气水汽的另一个可能来源,但它相对于巨大的水汽地表源来说,是微不足道的。

二、水汽在大气中的输送和分布

由地面蒸发和蒸腾作用产生的水汽主要通过湍流扩散作用穿过边界层到达自由对流层。在自由对流层里,水汽被大气风场和湍流扩散作用在垂直和水平方向上大范围地输送和重新分布,直到它通过气-粒转化过程凝结成水滴或冰晶而被降水过程清除。水汽在对流层大气中的平均寿命约为 10 d。在这段时间里,它可以在大气中水平输送到几千公里以外,也有一小部分可垂直输送到平流层。在平流层中,水汽的寿命更长,因而可在全球范围内输送。全球平均而言,气柱水汽总量为 27 kg·m^{-2}。因为热带地区的地表水汽蒸发和蒸腾速率比中高纬度地区要高得多,而热带和中高纬度之间降水速率的差别却要小得多,所以从总体上来说,热带地区气柱水汽总量远高于中高纬度地区。水汽总是大量地由热带地区向中高纬度地区输送。水汽的这一输送机制,使热带地区大气的一部分热量被水汽携带到中高纬度地区的大气中,因此,根据辐射对流平衡计算出来的中高纬度地区大气温度要比实际温度低一些,而在热带地区却正好相反。换句话说,水汽从热带向中高纬度地区输送减小了大气在水平方向上的温度梯度。水汽的这种输送过程与水汽浓度的全球分布是完全一致的。地域间对流层大气中水汽的混合比浓度可相差 4 个数量级。在热带地区的近地面大气中,水汽的混合比浓度可达百分之几,而两极地区的近地面大气却在千分之一以下,在对流层顶附近,甚至只有百万分之几。尽管混合比浓度变化如此之大,大气的相对湿度却相差不大,这是大气运动的结果,因为大气运动使水汽混合比浓度的空间差异与空气饱和水汽压的空间差异差不多保持一致。从全球平均来看,任何时刻都差不多有一半空气向上运动,一半向下运动。向上运动的气体因冷却相对湿度升高并达到或接近 100％,而向下运动的空气因变暖而使相对湿度下降,可降到 10％ 以下。若将二者平均起来,则全球平均的大气相对湿度可能在 50％～60％。根据这一理论,在自由对流层中的任何给定地点,水汽混合比浓度在短时间内的变化可能保持在 10 倍以内。

水汽的上述宏观输送和分布特征受到局地范围的气-粒转化过程以及降水清除过程的强烈影响。由于局地范围或区域范围内大气状态的变化,水汽可在较小的区域内转化成液体或固体粒子,即形成云或雾。液态或固态水粒子在大气中的寿命要比水汽短得多,平均只有几个小时。在这样短的时间内,它们最多在大气中移动几百公里。因此,水汽的空间分布因局地大气状态变化而引起的水汽转化而变得非常复杂。这是气象学的研究内容,这里不可能详细讨论它。

平流层大气中水汽含量很少,且没有明显的季节和空间差异。尽管水汽在平流层大气的化学中起着重要作用,水汽从对流层向平流层的输送对水循环的作用却是可以忽略不计的。

三、水汽在大气中的化学变化和它的汇

水汽在大气化学中的最重要作用是产生 OH 自由基。如第二章中所述,OH 自由基的最主要来源是水汽光解,而 OH 自由基的形成对许多大气化学过程都起着重要作用。

液态水既是许多液相化学反应的载体,也是许多非均相化学过程的媒介。在这些化学转化过程中,水本身也可能成为反应物或产物。这些过程在许多元素的循环过程中起着重要作用。例如,水可以吸收大气二氧化硫,使之转化成液相或固相的硫酸或硫酸盐;水吸收大气中的氨气,使之转化成液相或固相中的铵盐;水吸收大气中的氮氧化物,使之转化成硝酸或硝酸盐;水还吸收大气中的二氧化碳和大气中的许多微量气体。有关这些过程的细节将在相应元素的循环中再详细论述。

水在气相和液相中的化学变化在大气化学中具有重要作用,但对水循环的影响却微乎其微。上述化学过程中有些可能构成大气水的源和汇,但这在水循环通量和贮库中的作用都是可以忽略不计的。大气水的最重要汇是气-粒转化过程及其后的降水清除。简而言之,大气的运动造成由地面蒸发产生的水汽再凝结成液体水滴或固体冰粒,它们随后被降水过程送回地面。一般说来,由于对流层大气中温度随高度递减,水汽的饱和混合比浓度也随高度增加而急剧下降。因此,上升气流将在某个高度上使水汽的混合比浓度接近其饱和值。在这种情况下,水汽将在微米量级的凝结核上开始转化成液相水滴或固相冰晶。其后,这些水滴或冰晶继续凝结增长。当其尺度达到几微米时,便开始通过碰并机制继续增长。在长大到几百微米时,其重力沉降速度一旦超过上升气流的速度,它们便会离开云层下降。如果云下相对湿度足够大,或尺度足够大而使下降速度足够快,水滴在到达地面之前不能完全被蒸发便形成了降水,地面蒸发的水最终又回到了地面,构成了水的循环。当然,这一情景是对全球总体而言的,通常在一个地方蒸发的水汽,一般要在相当远的地方降落下来。这种水循环过程主要发生在对流层大气中,向平流层的输送只占很小的一部分。

第二节　氢循环

一、大气中氢的浓度和分布

氢是宇宙中最丰富的元素。在当代地球系统中,氢的含量仍然很高。但是,自然界的氢元素绝大部分以水和碳氢化合物的形式存在,以气相分子氢(H_2)的形式存在的量却很少。第一次成功地对大气氢气浓度进行测量是在 1923 年,当时测得大气氢气浓度约为 $0.5\ mL \cdot m^{-3}$。其后,又多次在污染大气、北半球及南半球海洋大气中对氢气的浓度进行了测量。近代的许多测量都已证明,氢气浓度在污染大气中较高,在南半球干净大气中较低。对于近地面大气层,污染大气中氢气的平均浓度约为 $0.800\ mL \cdot m^{-3}$,而北半球和南半球干净大气分别为 $0.575\ mL \cdot m^{-3}$ 和 $0.550\ mL \cdot m^{-3}$。平均来说,北半球大气氢气浓度为 $0.576\ mL \cdot m^{-3}$,而南半球则为 $0.552\ mL \cdot m^{-3}$。虽然氢气浓度在水平方向上分布不均匀,但它在垂直方向上却较好地混合了。对氢气浓度垂直分布的测量发现,从地表直到平流层下部,氢气的浓度几乎没有什么变化。

二、大气氢气的源和汇

大气氢气的主要源包括海洋表面、土壤表面、人类活动以及大气中的光化学过程。

首先,近几年的测量发现,海水中的氢气含量是大气氢气与海水保持平衡时所应有的含量的 3 倍。这就是说,表层海水中氢气是过饱和的。尽管人们普遍认为海水中氢气过饱和的原因是海洋微生物的作用,但是至今还不完全清楚其中的缘故。不论具体过程如何,现代测量确认,表层海水中存在氢气产生过程,致使表层海水中氢气过饱和。因此,氢气不断地由海洋表面向大气释放。就全球总量而言,海洋每年向大气排放 4×10^6 t 氢气。

实验证明,土壤微生物活动能够产生氢气,并向大气释放。但是土壤微生物的产氢过程要求很严格的温度和其他环境条件,满足这些条件的土壤并不多。最近十几年,在各种生态系统中进行的观测实验表明,尽管个别地方的土壤确实向大气排放氢气,但从全球尺度来说,土壤是氢气的汇,而不是源。全球陆地土壤每年吸收的氢气大约为 31×10^6 t。土壤吸收氢气的机制目前尚不完全清楚,但是许多实验证明,氢气在土壤中会很快被氧化。产氢土壤向大气排放的氢气量远小于吸氢土壤吸收的氢气量。对全球产氢土壤的排放量至今尚无定量估计。

人为排放已成为大气氢气的一个重要来源。人类活动排放的氢气主要来自汽车尾气。在汽车尾气中,氢气的体积混合比浓度可达 $1\% \sim 5\%$。据估计,在全球范围内,目前每年人为地向大气排放的氢气达 13×10^6 t。

外部宇宙空间是地球大气中氢气的一个重要源,也是一个重要汇。这也是氢气与其他大气微量气体不同之处。太阳发出的质子束不断地到达地球,来自太阳的这些质子到达大气后可捕获电子而成为氢原子,这些氢原子的一部分有可能变成氢气。这一大气氢气的来源可能刚好与从上层大气中逃逸到外部空间的氢气相当。在第一章里曾经提到过,大约在 $400 \sim 500\ km$ 高度上,大气的密度已相当稀薄,主要以原子或离子及自由电子存在的空气质点之间发生碰撞的机会已非常小,向上运动的质点最终是在地球引力的作用下返回大气。但有些以较大的速度向上运动的质点,有可能一直向上运动,并最终完全摆脱地球引力而脱离地球大气,把这一层大气叫做逃逸层。不难理解,最有可能摆脱地球引力的首先是氢原子。理论计算表明,在400~500 km高度的逃逸层大气中,氢原子最容易逃逸出地球大气。氢原子在逃逸层的逃逸通量必须由自下而上的氢原子输送通量来维持。大气下层向逃逸层输送的氢原子主要来自平流层中甲烷和水汽的光解。对流层中的氢气也比其他微量气体更容易被直接输送到平流层中。太阳输送到大气的质子和大气向外逃逸的氢原子总量相当,而且绝对通量与大气氢的其他源和汇相比较小,其影响主要涉及上层大气,所以,它们作为大气氢的源和汇可能并不重要。但它们对大气的长期变化以及大气与外部空间的关系却有着不可忽视的作用。

大气氢的另一个重要源是大气中的光化学过程。大气中产生氢气的光化学过程主要有两个:一是水汽吸收太阳光后可被光化离解成氢气和氧原子;二是甲烷被 OH 自由基氧化而生成的产物甲醛(CH_2O)吸收太阳光后光化离解成一氧化碳(CO)和氢气。后者可能是大气中更重要的光化学产氢过程。考虑到有关化学反应速率及有关化学成分的浓度,模式计算得出,全球每年由水汽光解和甲烷氧化产生的氢气总量为 7×10^6 t。

氢气的光解也构成大气氢气的汇。每年光解造成的全球大气氢气损失大约为 5.5×10^6 t。

综上所述,大气氢气的总源强为 24×10^6 t·a^{-1},而其总汇强为 365×10^5 t·a^{-1}。显然这二者是不能平衡的,其原因主要是未对产氢气土壤的排放作出估计。根据上一节讨论的大气氢气浓度的历史记录资料,大气氢气浓度似乎还有所增加,至少是没有明显降低。因此可以认为产氢气土壤可向大气排放约 13×10^6 t·a^{-1} 的氢气,或者大气中尚有其他未被认识的氢气源。不论属于那种情况,有关氢气源和汇的研究仍需进一步的现场观测实验。

三、大气氢气的化学转化

氢气是一种化学活性气体。在对流层大气条件下,它能够缓慢地被氧气氧化,最终生成水汽。氢气还能够与 OH 自由基发生反应,生成水汽和氢原子。这一过程产生的氢原子也是一种化学活性的自由基。它可能两两结合生成氢气分子,或参与其他的化学反应过程,如与臭氧(O_3)反应生成氧气和 OH 自由基。氢原子与臭氧的反应在整个大气中都可能发生,但特别重要的是在中层顶附近。在中层顶附近,氢原子与臭氧反应产生的 OH 自由基处在振动激发态。这种激发态 OH 自由基将在近红外波段发射较强的辐射,对中层顶附近的能量平衡有重要贡献。

大气中氢气与 OH 自由基反应产生的氢原子还可以与其他许多大气成分发生反应。这类反应包括:氢原子与氧气(O_2)反应生成过氧化氢(HO_2)自由基,与二氧化氮(NO_2)反应生成 OH 自由基和一氧化氮(NO),与 OH 自由基反应生成氢气和氧原子,与 HO_2 自由基反应生成氢气和氧气,以及与亚硝酸气反应生成氢气和二氧化氮。我们还不太清楚这类化学反应在实际大气中的重要性,因为对这些反应的速率常数还缺乏较为准确的实验资料。这类反应主要涉及含氢自由基(OH、HO_2 等)和氮的氧化物,它们在实际大气中的地位和作用不仅取决于它们的反应速率,还取决于实际大气中上述反应物的其他化学过程的相对重要性。这几个化学反应本身也相互制约。它们的净效果是否会构成对含氢自由基的化学和氮氧化物的化学的明显影响有待进一步研究。总起来说,氢气在大气中的浓度尽管很低,它在许多大气成分的化学转化过程中的重要作用却是显而易见的。它的最主要作用可能是对大气化学中的关键成分 OH 自由基的浓度的影响。

大气氢气的总含量估计为 2.04×10^8 t。根据前面讨论的源和汇的强度,大气中氢气的寿命约为 6~8 a。

第三节　碳循环

一、碳循环概况

大气中主要的含碳化学成分有二氧化碳(CO_2)、一氧化碳（CO）和甲烷（CH_4），其次还有一些痕量有机气体和含碳的气溶胶粒子（主要化学成分是元素碳和有机碳）。

毫无疑问，二氧化碳是大气中最重要的含碳成分。大气二氧化碳总量约为 25×10^{11} t，它比其他所有含碳成分的总和还多几百倍。就物质循环来说，碳循环的主要环节是二氧化碳的循环。但是，在大气条件下，二氧化碳是化学稳定的，它的循环是在源和汇之间的物理输送，其他化学成分的化学转化对二氧化碳循环可能并不重要，例如，一氧化碳氧化生成二氧化碳的过程是一氧化碳的重要汇，但并不是二氧化碳的重要源，因为由一氧化碳生成的二氧化碳只相当于大气二氧化碳总来源的千分之几。

甲烷和一氧化碳是大气中的两种重要的化学活性含碳化合物。这两种化合物在大气臭氧和氢氧化物（H_xO_y）的化学中起着重要的作用，因为它们都与 OH 和 HO_2 自由基有着密切的关系。甲烷的光化学氧化可以产生一系列含碳化合物（如 CH_2O、CHOOH、CH_3O_2OH 等），它们影响着氢氧化物（H_xO_y）和氮氧化物（NO_x）的化学转化过程。在最终被氧化成二氧化碳之前，这些化合物可被非均相化学过程从大气中清除。此外，大气中存在许多种非甲烷烃类化合物（简称 NMHC）。这包括自然环境中排放的挥发性有机物（简称 VOC_s），如异戊二烯、萜烯、二甲基硫（简称 DMS）、溴甲烷等，以及人为排放的氯氟烃（CFC_s）、氢氟碳化物（HFC_s）、全氟碳化物（PFC_s）等。这些含碳化合物在大气中的含量虽少，但它们的作用却是巨大的。大气中还存在元素碳、颗粒态有机碳，它们的化学过程也越来越引起人们的重视，因为它们是大气气溶胶中对辐射过程影响最大的组分。

因为具有化学活性的含碳大气成分在碳循环中的地位和作用及其在大气中的化学行为与二氧化碳显著不同，把碳循环分成反应性碳循环和二氧化碳循环两部分来加以讨论是恰当的。对于前者，将讨论它们的源和汇，并着重讨论它们在大气中的化学变化；而对于后者，将把注意力集中在它的循环过程。

碳循环过程已经越来越严重地受到人类活动的扰动。人类活动对碳循环过程的冲击的明显结果是大气二氧化碳以及甲烷、一氧化碳、氯氟烃、氢氟碳化物、全氟碳化物等含碳化合物浓度增加，这将对地球气候和生态环境造成一系列严重影响。这一问题成了当今世界上最引人注目的重大问题。在第五章中将详细讨论人类活动对碳循环冲击造成的严重后果。

二、反应性含碳化合物的循环

（一）大气甲烷（CH_4）

1. 大气甲烷的浓度和分布

大气甲烷是大气中最值得重视的一种含碳化合物。它和二氧化碳、水汽等气体一样，对红外热辐射具有很强的吸收能力，是大气中重要的辐射活性气体，因而对地球系统的能量收支和对地球气候的形成都有重要影响。同时，甲烷又是化学活性气体，在大气中易被氧化而产生一系列氢氧化物和碳氢氧化物，这些化合物在许多大气成分的化学转化中扮演着重要角色。尽管大气甲烷如此重要,对它的研究却并不很充分。直到 1948 年,才从太阳吸收光谱的分析中确定大气中存在数量可观的甲烷,而人们真正系统地研究大气甲烷已是 20 世纪 80 年代的事。

较为准确的大气甲烷浓度测量资料来源于气相色谱仪测定。1972 年进行的一些测量给出,那时北半球地表大气甲烷平均浓度约为 $1.41 \text{ mL} \cdot \text{m}^{-3}$,南半球约为 $1.30 \text{ mL} \cdot \text{m}^{-3}$,1984 年在不同纬度带上的 23 个观测站给出的结果是,全球地表大气甲烷平均浓度为 $1.625 \text{ mL} \cdot \text{m}^{-3}$,国际气候变化协调组织(IPCC)2001 年给出的 1998 年全球地表大气甲烷平均浓度为 $1.745 \text{ mL} \cdot \text{m}^{-3}$。近年来分析南极冰岩芯气泡的结果证明,在距今 3 000 多年以前直到大约 150 a 以前,大气甲烷的浓度一直保持在 $0.6 \sim 0.8 \text{ mL} \cdot \text{m}^{-3}$。就是说,在过去 $100 \sim 200$ a,大气甲烷浓度发生了明显变化。关于这一变化的原因及其影响,将在第五章中再详细讨论。本节将着重讨论大气甲烷的现状。

除了上述的浓度长期变化趋势外,大气甲烷浓度还具有明显的季节变化。一般地,大气甲烷浓度的季节变化最明显的特点是 1 年内有两个极大值和两个极小值。第一个极大值也是最大值的 1 个极大值,通常出现在秋末,第二个较小的极大值通常出现在春季;第一个最小值通常出现在夏天,第二个较大的最小值出现在冬末春初。目前对次极大和次极小的成因尚不很清楚,但主极大和主极小则是由其源和汇活动的季节性决定的。通常,1 年之内地表大气甲烷浓度的波动范围是 $\pm 20 \text{ mL} \cdot \text{m}^{-3}$,这相当于其平均浓度的 1/80。

为了研究大气甲烷浓度的地理分布,美国大气海洋局的全球气候变化监测计划设立了 23 个甲烷监测站。这些站大部分分布在南极到 76°N 之间的海岛和沿海的无污染地区,站与站之间的纬度间隔最多不超过 10°。这 23 个站同时利用类似的设备采集大气样品,所有样品都送到美国玻尔德的中心实验室,用气相色谱法测定样品中的甲烷浓度。从 1983 年开始,每周测量 1 次。

测量结果给出,大气甲烷年平均浓度地理分布的最大特点是,南北两半球浓度存在巨大差别,且在北半球,浓度随纬度升高而缓慢增加。与此同时,北半球测站的资料的离散度很明显地普遍偏高,这反映了在这些测站大气甲烷浓度的时间变化率较高。由于北半球沿经线方向的大气甲烷浓度分布不均,气团在南北方向上的移动使北半球测站的甲烷浓度发生明显变化。而在南半球,由于浓度分布均匀,气团运动不引起测站甲烷浓度的明显变化。

观测结果还显示,高山站测量的甲烷浓度明显低于同纬度接近海面高度的站上的观测值。这一点很容易理解,因为大气甲烷源于地表,大气中的甲烷浓度必然随高度而递减。观测资料还表明,大面积苔原可能是大气甲烷的一个值得重视的源。

在低层大气中,甲烷浓度在纬圈方向上分布均匀。这可能是大气在纬圈方向上混合较好的缘故。

有限的观测资料给出,甲烷浓度在对流层中几乎不随高度而变化,而在对流层顶以上,甲烷浓度随高度明显下降。在平流层下部,浓度下降较快,在平流层中上部浓度下降较慢,在平流层上部浓度可能又较快地下降,但观测资料不多。

综上所述,在整个对流层大气中,全球平均甲烷浓度为 1.745×10^{-6} 体积分数(1998 年),北半球浓度明显比南半球高,且随纬度增加浓度逐渐增加,南半球甲烷浓度低且分布均匀。在对流层顶以上,甲烷浓度随高度明显下降。根据这些浓度资料,模式算出,大气甲烷总含量约为 4.8×10^{9} t(1998 年)。

2. 大气甲烷的源

20世纪80年代初,当发现大气甲烷浓度在逐年明显增加时,大气甲烷源和汇的探索成了普遍关心的研究课题。通过大气甲烷浓度分布的观测和大气甲烷中碳同位素的研究可以判断大气甲烷的源和汇。近十几年对大气甲烷中^{14}C的观测研究表明,大气甲烷的大约80%来自地表生物源。在第二章中已经一般地介绍了对地表生物源微量气体排放的观测实验方法。在过去的十几年中,已经用各种方法对大气甲烷的生物源进行了研究。表3.3.1列出了综合的研究结果。表中所列每一种源的年排放率都有一个很大的变化范围。这正反映了当前对大气甲烷源的认识水平。回忆一下在第2章所讲的源排放通量测量方法的固有缺陷,特别是测量结果的外推中所遇到的巨大困难,每一次观测所得结果的离散性就不难理解了。

表 3.3.1 大气甲烷的源(单位:$10^6 t \cdot a^{-1}$)

源	海洋	湖沼	苔原	森林	稻田	动物	白蚁	燃烧	其他
年排放率	5~20	100~200	1.3~13	10	20~40	65~100	0~150	30~110	20~90

下面将以稻田排放为例较详细地介绍生物过程向大气排放甲烷的特征以及要获取全球范围排放资料的困难。这里介绍的问题对其他生物源普遍适用,尽管具体细节可能有些差别。

在生态系统中,甲烷的产生和向大气的排放有着共同的特点,即甲烷产生于严格的无氧环境,输送过程中有相当一部分在越过有氧环境时被氧化,剩余的部分被排放到大气中。大气甲烷的生物排放源主要是一些浅水生态系统和特定的无氧环境,如沼泽地、水稻田和反刍动物的胃。图3.3.1形象地表示出了有植被的浅水水生态系统中甲烷的产生和输送过程。这种生物源的甲烷排放量取决于水下无氧土壤层中甲烷的产生速率、水下有氧土壤层甲烷的氧化速率以及由产地向大气输送的速率。

如图3.3.1所示,在有植物生长的浅水生态系统(如水稻田)中,水体和表层土壤是有氧环境,是造成甲烷氧化的区域;离活根表面较远的较深层土壤是无氧区,甲烷在那里产生。但在深层土壤中,活的植物根表面会形成一薄层氧化膜,这里也有可能使甲烷被氧化。在这种生态系统中,甲烷的产生和氧化都涉及到复杂的细菌活动。在深层土壤的无氧环境中,厌氧细菌的活动首先使土壤有机质腐败,产生乙酸或产生氢气和二氧化碳。乙酸或氢气和二氧化碳都可以在产甲烷细菌的作用下产生甲烷。在深层土壤中产生的甲烷通过3个途径输送到大气中。如果土壤中甲烷产率特别高,则会形成富含甲烷的气泡,气泡上升过程中有一部分甲烷在越过有氧的土壤和水层时被氧化,另一部分随着气泡在水面炸裂而喷射到大气中。土壤中产生的甲烷可以被植物的根系吸收,然后沿着植物的养分输送渠道穿过植物叶片上的气孔排放到大气中。由于植物根系表面存在一个氧化膜,甲烷进入根系组织之前就有一部分被氧化了;在植物体内也存在有氧环境,也可能有一部分甲烷被氧化。土壤中产生的甲烷也有可能通过分子扩散过程输送到大气中。但是,分子扩散过程在土壤和水体中都比较缓慢,而且输送途径上有较厚的有氧土壤层和水层,有相当大一部分甲烷将在输送途中被氧化。所以,分子扩散作用的输送效率是很低的。实验表明,在一般水稻田中,通过水稻植物体的输送是甲烷输送的最主要途径。实验证明,气泡输送排放要占生育期总排放量的24%~40%,植物体输送排放的贡献大于55%,而分子扩散排放途径的贡献小于5%。同时,在水稻的不同生长阶段,植物体和气泡对甲烷排放的相对重要性是不一样的。在水稻分蘖期以前以及成熟期,以气泡途径排放为主,相反,在水稻旺盛生长期,则以植物体途径的排放占主导地位。

深层土壤中甲烷的产生涉及到很复杂的微生物家族,经历着一系列很复杂的化学反应过

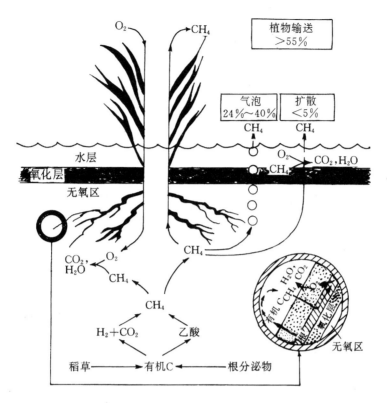

图 3.3.1 有植被的浅水生态系统中甲烷产生、输送和转化过程

程。没有一种细菌能够独自完成从有机物分解到甲烷产生的全过程。产甲烷细菌只能利用很少几种简单的化合物,例如,氢和乙酸,必须由多种其他细菌参与发酵过程逐步把复杂有机物变成这种简单的化合物,才会有甲烷产生。这是一个连锁过程,一种细菌发酵分解的产物是下种细菌发酵过程的反应底物,直到最后形成产生产甲烷的细菌可以利用的氢和二氧化碳或乙酸。细菌种类和有机物中碳和氢的流程在不同生态系统中是不同的。这取决于生态系统中可被利用的有机物质的种类。所以现在不能一般地写出整个反应过程的细节。不过,在一般生态系统中,有机物主要来自死亡的植物体、植物根系的分泌物以及土壤小动物和微生物,其主要成分是糖类和核糖核酸。所涉及的主要菌种包括:糖类水解发酵细菌,氢还原细菌、产乙酸细菌和产甲烷细菌。其中第一种细菌首先把复杂分子水解发酵生成较小的分子,例如,乙醇或短链脂肪酸。这类水解产物可能有两种不同的命运。当发酵环境中的氢气较少时,它们可被氢还原菌利用产生氢气和二氧化碳;氢气和二氧化碳可被产甲烷细菌利用而产生甲烷和水。如果发酵环境中的产乙酸细菌比较丰富,则水解发酵产物可能被产乙酸细菌利用而转化成乙酸。乙酸可在产甲烷菌的作用下发生脱羧反应而生成甲烷和二氧化碳。有些有机物中富含甲基化合物,它们在水解发酵的初期就被转化成甲醇游离出来。甲醇可被产甲烷细菌利用产生甲烷和二氧化碳。

上述复杂的产甲烷过程受到许多因素的制约。首先,不同菌种之间存在竞争。只有少数细菌能利用乙酸,但争夺氢气的菌种却很多,而氢气本身又是乙醇、脂肪酸和许多其他物质腐败转化的控制因子。这些物质只有在环境氢气含量很低时才能发酵,氢气含量提高常常是发酵过程中断的信号。氢气含量低时的发酵过程是由氢离子还原菌完成的,这种细菌与利用氢气的产甲烷菌共生。实际上,产甲烷菌在这个系统中充当了活的电子受体,它把二氧化碳还原成甲烷。产甲烷菌的作用有可能被其他菌种所取代。不同菌种收集氢气的能力不同。一般说来,这种能力受电子受体的氧化-还原势能和与氢气反应的自由能变化控制。例如,在有硫酸盐存在时,硫酸盐还原菌可与产甲烷菌争夺氢气而降低甲烷产率。用乙酸的硫酸盐还原菌也能与产甲烷细菌争夺乙酸而降低甲烷产率。其次,可被利用的有机物供给显然是甲烷产率的重要控制因子。一般说来,甲烷产率受产甲烷菌的食物(即含碳有机物)供给量限制。因而,有机物增加将使甲烷产率增加。在有植物的自然浅水生态系统中,土壤中的有机物主要来自植物根系。生态系统中增加电子受体(如硫酸根、硝酸根等)有可能抑制甲烷的产生,因为这些电子受体会影响产氢气过程。土壤中的硝酸盐和硫酸盐增加都将会使甲烷产率减少。大部分产甲烷菌是对温度变化很敏感的,所以,温度是控制土壤中甲烷产率的重要环境条件。大多数产甲烷细菌的最佳繁殖温度为 $30 \sim 40$ ℃,对于一些耐高温的菌种,最佳温度为 $40 \sim 70$ ℃。与甲烷产生过程有关的其他细菌(如发酵菌、产乙酸菌等)也都对温度变化很敏感,它们的最佳适应温度可能与产甲烷细菌不同。所以不容易一下子给出甲烷产生的最佳温度范围。在通常的有植物生长的浅水生态系统中,土壤温度一般低于 35 ℃,在这样的条件下,温度上升会引起甲烷产率上升。如果有机物质供给充分,土壤和水的酸度适当,则土壤中甲烷的产率取决于土壤温度。温度每升高10 ℃,土壤甲烷产率将增大 $2 \sim 3$ 个数量级。

甲烷在土壤和水体以及植物体内的氧化过程至今还未完全弄清。这种过程可能包括直接氧化反应和细菌活动。所有氧化甲烷的细菌都需有氧环境。控制甲烷氧化的主要因子是生态系统的结构和甲烷的输送路线。产率低而输送路线长时,甲烷被氧化的概率就很高。产率很高,产生的甲烷不能靠分子扩散来稀释时,就会有富含甲烷的气泡产生。气泡一旦离开深层土壤,就可较快地通过有氧区,其中的甲烷被氧化的机会较少。当产率很低时,没有气泡生成,分子扩散也受到流体静压力的限制,扩散输送速率很慢,则大部分甲烷将被氧化,植物的氧气输送系统在把土壤中产生的甲烷输送到大气中的同时,也把氧气输送到土壤中,在植物根的周围形成一个附加的有氧-无氧界面。因为植物的根是聚集富含甲烷的气泡的一个重要场所,根系周围的有氧环境有可能成为深层土壤中甲烷被氧化的重要场所。水生植物控制甲烷氧化速率的能力取决于植物体内的气体输送系统和根系的呼吸作用,因为这二者决定了根系周围有氧环境中氧气的多少。根系周围的好氧细菌也能使根系周围的有机物氧化,这一过程可与甲烷氧化细菌争夺氧气而使甲烷氧化速率降低。植物体内的输送管路中存在着有氧环境,甲烷也有可能在植物体内被氧化。

这种复杂的甲烷产生、氧化和输送过程决定了生态系统甲烷排放率的复杂变化。生态系统甲烷排放率将随土壤的理化特征(包括温度结构、有机质含量、酸碱度等)、植物种类和生长状况而有很大的变化。这给定量地确定生物源的总排放量带来了巨大的困难。对任何地点的测量都需要长期连续进行。在将一个地点的测量结果外推时需要格外小心。

通过多年中国稻田甲烷排放的连续观测,发现稻田甲烷排放速率有 4 种不同类型的日变化规律。第一种也是最主要的一种是下午最大值型,这种日变化在浙江、四川、湖南、江苏都能经常观测到,并且和水温、土壤浅层及空气温度的日变化一致。

第二种是夜间至凌晨出现排放最大值,这是比较少见的一种,只在浙江省夏季观测到,这是植物体在炎热夏季的中午为防止植物体内的水分散失而关闭气孔,堵塞了甲烷向大气传输的主要途径,未能排出的甲烷在晚上随着气孔的开启排向大气,从而出现了甲烷排放率在夜间的极大值。但在湖南地区,夏天的炎热程度不亚于杭州,却始终没有测量到这种夜间极大值型的日变化形式。

第三种型式是一日内下午和晚上出现两次极大值,这种情况在杭州地区的晚稻和第二种型式一起常被发现。一个出现在午后 3 时到 6 时的土壤温度最高时,另一个恰恰出现在午夜以后土壤温度最低的阶段。这两个峰值排放率的相对强度因时因地而有很大的变化。杭州的早稻田中一般夜间排放峰值更高一些,但对于杭州的晚稻田,特别是 8 月份,有时不出现午后极大排放,只有夜间峰值。无论那种情况,都可用上面讲的甲烷产生、输送、转化机制定性地加以解释。在大约 50 ℃以下,温度越高越有利于细菌活动,深层土壤中甲烷的产率越高,所以在午后 3 时到 6 时之间的排放率峰值是由土壤中的高甲烷产生率形成的。但是土壤中的高温也有利于甲烷的氧化过程,所以如果没有高输送效率保证,土壤中的高甲烷产率便不会产生高排放率。在中国杭州,夏季气候炎热,中午的强太阳辐射使水稻的生物活动减弱,通过水稻体内的气体交换也变得缓慢,有些品种的水稻甚至在中午强辐射和高温下将气孔完全关闭以避免体内水份过度散失,这也就完全阻断了甲烷的输送通道。所以在午后土壤中甲烷产率高时反而不出现高排放率,有时甚至出现排放率极低值。另一方面,通过植物体内的气体交换效率下降也阻止了氧气由大气向土壤的输送,使土壤中甲烷氧化层缺氧,氧化速率下降。这样,午后到前半夜土壤中甲烷将会累积起来,在土壤中形成较大范围的高甲烷浓度区。当气温逐渐降低,水稻气孔逐渐重新打开时便会有大量甲烷排放到大气中。因此,在午后不出现峰值排放或午后峰值不太高时,往往出现很高的夜间排放峰值。当关闭气孔而使植物体排放能力下降时,甲烷可以通过其他的路径排放出来(如气泡),甲烷排放日变化表现为第 2 种型式还是第 3 种型式取决于植物体和气泡排放的相对大小。

第四种变化型式是在特殊天气条件下发生的,即在阴雨天气,冷空气过境时,甲烷的排放毫无规律。

甲烷排放率的日平均值在水稻生长期间波动较大,其变化形式在不同地区是不同的,这取决于水稻种植系统类型(例如早稻、晚稻等)、稻田耕作方式(例如施绿肥、前茬种小麦、垄作、冬水田等)、土壤特性、天气状况、水管理方式、水稻品种以及施肥情况等。图 3.3.2 是中国早晚稻田的甲烷排放率的季节变化实例。

稻田甲烷排放率在水稻生长期内有三个峰值,但强度和时间有所不同。第一个峰值出现在水稻生长的初期,大约是插秧后二周左右,这可能是刚淹水后土壤中的有机物质发酵剧烈,导致土壤中产生较多甲烷的结果。第一个峰值的大小与插秧前耕入土壤中的新鲜有机质数量和这一阶段的温度高低有关。通常第二个峰值最大,出现在水稻生长最旺盛的分蘖至开花期,甲烷的季节排放总量也在很大程度上取决于这一个峰的峰面积大小。第三个峰值出现在水稻成熟期,这与根的分泌物和根系残落物的腐败有关。发生显著的稻田甲烷排放季节变化的原因是土壤中的甲烷产生过程和植物体的传输能力有季节变化。如第二个峰值的产生,是因为水稻分蘖至开花期阶段的土壤温度、有机质状况以及植物体生长状况的共同作用,使这个时期既适宜于土壤产生甲烷,又有利于植物体传输和排放甲烷。

对晚稻甲烷排放率季节变化的研究揭示了一些以前未被注意的现象。研究发现,在浙江和湖南两省,晚稻甲烷排放率的季节变化很相似,通常在水稻移栽后的几天内甲烷排放就达到最大值,以后随着水稻生长,排放率逐渐降低。这一相对简单的变化形式与影响甲烷产生和排放的因素有关。首先,空气温度在 7 月末达到最高,当水稻开始生长时,淹水的土壤中有丰富

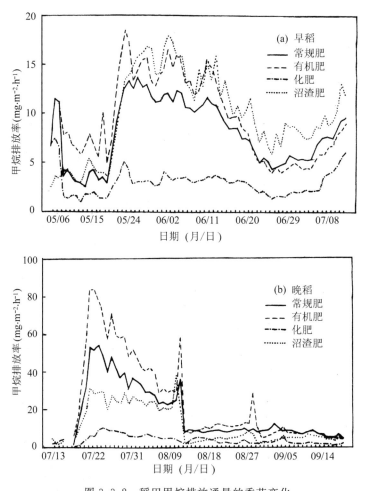

图 3.3.2　稻田甲烷排放通量的季节变化
（a）早稻的季节变化与施肥影响；（b）晚稻的季节变化与施肥影响

的有机质,使甲烷有较高的产生率,这已在甲烷产生的实验中观测到。其次,水稻植物体还太小,主要的传输途径是气泡,这个时期气泡在稻田中随处可见。通过计算甲烷排放量和产生量的比率,晚稻生长期中这个时期的传输效率最高。由此可知,气泡是防止甲烷氧化的最佳输送途径。甲烷产生率和传输效率在晚稻生长的初期都具有最大值,因此产生了甲烷排放率的最大值。甲烷产生率和传输效率都随着时间的推移在减小,从而导致了这种相对简单的甲烷排放率的季节变化。在水稻生长初期,植物体传输对甲烷排放总量的贡献小于 15％。

　　稻田甲烷排放率的这种巨大的时、空变化给全球排放总量的估计带来了很大的困难。首先,不得不对源排放进行长期的连续观测以给出有统计意义的平均排放量。其次,不得不对许多地点进行研究探索以便将有限的观测资料推广到全球范围。很遗憾,直到 20 世纪 90 年代初期,人们对各种生物源对全球大气甲烷的贡献的估计还只是根据一时一地的观测外推的结果。

　　要估算稻田甲烷排放,关键是获得具有代表性的排放因子,它依赖于水稻品种、土壤条件、气象条件、灌溉和施肥等因素。目前全球排放量都是基于地区性的甲烷排放现场实验并加以外推而估计的,国内也用这种方法来估算了全国稻田甲烷排放总量。但由于无法区分并定量化每个影响因子的作用,估算结果存在很大的不确定性。要更好地估计总排放量,需要建立一个全面考虑稻田甲烷产生、氧化和输送机理以及水管理和施肥、水稻品种等因素的模式。

为此,最近提出了一种估算稻田甲烷(CH_4)排放的新方法。在深入研究稻田甲烷产生、氧化和传输机理的同时,探讨了稻田甲烷排放与区域性气候和土壤类型的关系,并以大量的实验为基础,初步建立了一个描述稻田生态系统甲烷产生、氧化和排放过程的模式。稻田生态系统甲烷排放模式的正确性,已经得到了田间实验结果的验证,该模式已被用于计算中国稻田甲烷排放的总量。中国已经深入研究了一些代表性区域(如浙江、四川、江苏、广州、湖南和沈阳)稻田甲烷的排放与气候和土壤因子的关系,模式中的一些经验参数可以依据实验结果进行调整。这样,只要输入与天气、土壤(有机物含量和酸度)和施肥(肥料类型和施肥量)有关的参数,模式将迅速而较准确地计算出区域稻田甲烷排放的总量。

大气甲烷的主要生物源除了稻田、天然沼泽等湿地以外,还有反刍动物的胃、动物粪便、城市生活垃圾等。反刍动物以及动物粪便的甲烷排放量取决于动物种群结构、饲料结构及营养组成等。经研究,目前中国反刍动物胃的甲烷排放量约为稻田甲烷排放的一半,家畜粪便的甲烷排放量约为反刍动物胃排放量的1/10,且以猪粪的排放为主,占家畜粪便排放的大约70%。城市生活垃圾的甲烷排放量取决于垃圾的组成和影响垃圾分解的气候条件。目前我国城市生活垃圾的甲烷排放量约为稻田排放量的1/3。据初步估计,随着肉蛋奶的需求量日益增加,农村人口的城市化比例不断加大,若不采取有效的甲烷减排措施,在21世纪初,中国的家畜及其粪便以及城市生活垃圾的甲烷排放量将会有较大幅度的增长。相反,随着越来越多的稻田被改为非农业用地,稻田甲烷的排放量增幅不会明显,甚至会略有下降。

大气甲烷的非生物来源主要包括煤矿和天然气开发的泄漏。对于这类源至今尚无任何实测资料。对这些源的贡献的估计都是基于碳同位素测量和煤矿、天然气矿产量与泄漏量之比。这两种估计方法所得结果是差别很大的。同位素测量结果证明,非生物源排放的甲烷约为$1.2 \times 10^8 \ t \cdot a^{-1}$。而根据煤矿、天然气矿产量与泄漏量之比估计,非生物源排放的甲烷应为$8 \times 10^7 \ t \cdot a^{-1}$。对造成这一差别的原因尚没有令人满意的解释。可能的原因有:(1)对煤矿和天然气矿的泄漏估计不足;(2)有些生物源也能释放一定量的无放射性甲烷;(3)还有其他甲烷非生物源未被识别,如海底水和冰(即固体甲烷)的释放。

生物质燃烧是大气甲烷的重要源,由于这一源排放的甲烷与生物源排放是一样的,而且其排放量直接与生物产量有关,所以许多文献都把这一类源归结为生物源。对这一源的排放量也没有实测资料。根据初步估计,每年的全球生物质燃烧约排放甲烷$2 \times 10^7 \sim 8 \times 10^7 \ t$。

综上所述,每年的大气甲烷总来源约为$5.4 \times 10^8 \ t$。其中稻田排放的甲烷仅占大约6%,由此可见,稻田排放甲烷对气候变化的影响甚小。

3. 大气甲烷的汇

大气甲烷的汇,即甲烷从大气中消失的途径,主要是在大气中的氧化转化和地面土壤的吸收。根据一些化学动力学模式计算,估计有85%的大气甲烷在对流层中发生氧化而被破坏,约10%被输送到平流层中,被土壤吸收的部分只占很小的比例。

在第二章中已经提到过,在对流层中大气甲烷的转化过程主要是被 OH 自由基氧化,生成 CH_3 自由基和水汽。这一反应生成的 CH_3,一般会很快与氧气反应生成 CH_3O_2 自由基,CH_3O_2 自由基将继续反应,其具体过程与大气中的氮氧化物和臭氧的浓度密切相关。其反应过程通常可能分成三步进行,最终全部转化成二氧化碳和水。

第一步是把 CH_3O_2 自由基转化成甲醛(CH_2O)。反应过程中不仅发生二氧化氮(NO_2)

对太阳紫外线的吸收和一氧化氮(NO)与二氧化氮之间的相互转化,同时还产生 OH 自由基和臭氧。

第二步是把甲醛转化成一氧化碳(CO)。这步反应可能通过三条不同的途径来完成:第一条可能的途径是甲醛吸收紫外线后直接被光解成一氧化碳和氢气;第二条可能的途径也是甲醛首先吸收紫外线而被光解,但却不直接生成一氧化碳,而是生成 HCO 和 H 自由基,HCO 再与氧气分子反应生成一氧化碳,同时还生成 HO_2 自由基;第三条可能途径是甲醛首先与 OH 自由基反应生成 HCO 自由基和水汽分子,再由 HCO 自由基与氧气分子反应生成一氧化碳,并同时生成 HO_2 自由基。对于第二和第三条可能途径,在生成一氧化碳的同时产生的 HO_2 自由基参与一氧化氮和二氧化氮的光化学循环反应,从而导致臭氧的产生。另外,第二条可能途径的净效果还产生 OH 自由基。

第三步是将一氧化碳进一步转化成二氧化碳。其化学过程是一氧化碳被 OH 自由基氧化而生成二氧化碳。但这个反应同时还生成了 H 自由基。由于 H 自由基在大气中非常不稳定,它极易与氧气分子结合成 HO_2 自由基。HO_2 也是一种强氧化剂,如上所述,它参与一氧化氮和二氧化氮的光化学循环反应的结果是生成臭氧和 OH 自由基。就第三步反应的净效果而言,是一氧化碳发生光化学氧化而生成二氧化碳和臭氧。

在大气中,OH 自由基和臭氧都是强氧化剂,如果说它们的含量水平代表着大气的氧化能力的话,那么由以上各步反应可见,大气中甲烷被氧化成二氧化碳的过程,实际上是一个使大气氧化能力增加的过程。如上所述,虽然甲烷氧化需要由 OH 自由基来触发,但整个氧化过程的净效果不是消耗而是产生 OH 自由基,并同时产生臭氧。

在整个甲烷氧化反应过程中,氮氧化物(NO_x,一氧化氮和二氧化氮的总称)起着非常重要的作用,尽管反应的总效果既没有 NO_x 的产生,也不引起 NO_x 消失。近来的一些模式计算表明,只有 NO 的浓度超过 $5 \times 10^{-9} \sim 10 \times 10^{-9}$ 体积分数时,甲烷氧化反应才按上述过程进行。且 CH_2O 通过上述三条途径氧化的相对比例分别为 50%~60%,20%~25% 和 20%~30%。

如果大气中 NO 的浓度很低,则甲烷不能完全氧化。这时,甲烷的不完全氧化只是消耗 OH 自由基,即甲烷浓度增加有可能导致大气 OH 自由基减少;反过来,大气 OH 自由基减少也可能使甲烷氧化速率降低,从而使大气甲烷浓度增加。

甲烷氧化产生的一氧化碳以及其他人为排放或自然产生的一氧化碳都容易与 OH 反应,因而大气甲烷浓度的变化可能造成一氧化碳和 OH 自由基浓度的波动。这一化学系统的终极效果在很大程度上取决于大气 NO_x 的浓度。

如果取每立方厘米大气含 65 万个 OH 自由基,则与 OH 自由基的反应每年可大约消耗大气甲烷 4.2×10^8 t。

在平流层大气中,上述的甲烷氧化反应同样可以发生,这一过程每年可以大约消耗量甲烷 0.5×10^8 t。

另外,平流层中的甲烷可能与氟利昂光解产生的氯原子反应,生成较容易被湿沉降过程清除的盐酸汽(HCl)。这一反应抑制了氟利昂对平流层臭氧的破坏作用,在平流层臭氧光化学过程中起重要作用。但是它对甲烷消耗过程的贡献可能并不显著。

据初步估计,全球的土壤每年可以大约吸收 0.3×10^8 t 的大气甲烷。

这样,全球大气甲烷的总汇通量,即每年从大气中消失的甲烷估计大约为 5×10^8 t。

4. 大气甲烷的收支

到 1998 年,全球大气甲烷的平均浓度已达 1.745×10^{-6} 体积分数。由此,全球大气甲烷总含量为 48×10^{8} t。如果认为大气甲烷的源和汇处于准平衡态,则根据以上所述的大气甲烷源和汇的量可以估计大气甲烷的平均寿命大约为 9.6a(年)。准平衡态要求,大气甲烷的总源通量也限制在 5×10^{8} t,大气浓度保持基本不变。事实上,大气甲烷浓度在增加,大气甲烷的收支已失去平衡。大气甲烷浓度平均每年增加约 16×10^{-9} 体积分数,即大气甲烷含量每年增加 4.6×10^{7} t。根据前面对甲烷源和汇的讨论,甲烷收支的这种失衡可能主要是由排放源的变化造成的,尽管还不能完全排除汇通量也可能变化。

有关大气甲烷源排放量的变化以及由此引起的大气甲烷浓度变化,将在第五章里作详细讨论。

(二)大气一氧化碳

一氧化碳是一种很普通的化学成分,但是直到 1949 年才发现大气中存在一氧化碳。这是通过对太阳光谱的研究发现的。那时人们相信,大气一氧化碳主要是人为活动产生的。后来的研究证明,许多大气化学过程都能产生一氧化碳,其中最主要的就是甲烷的氧化过程。但是对这些源的贡献还缺乏定量的资料。

一氧化碳的人为源主要是化石燃料不完全燃烧,如汽车尾气。根据对全球化石燃料消耗量、燃烧条件以及对汽车排放状况的实际测量估计,20 世纪 80 年代全球人为排放的一氧化碳约为 $300 \times 10^{6} \sim 550 \times 10^{6}$ t。这一数字的准确度可能好于 20%,对其他源排放的估计就没有这样高的准确度了。海洋表层水中一氧化碳的浓度约为 $0.055\ \mu L \cdot m^{-3}$。如果大气一氧化碳与表层海水处于平衡状态,则海面上空大气一氧化碳浓度应为 2.5×10^{-6} 体积分数。但是,实测的海面上空大气的一氧化碳浓度只有 $0.04 \times 10^{-6} \sim 0.2 \times 10^{-6}$ 体积分数。这就是说,表层海水的一氧化碳浓度是过饱和的。因此,海洋是大气一氧化碳的一个源。根据海水和大气中一氧化碳的浓度之差计算出,海洋每年约排放 $20 \times 10^{6} \sim 200 \times 10^{6}$ t 一氧化碳。森林火灾和其他生物质燃烧排放的一氧化碳估计为 $300 \times 10^{6} \sim 700 \times 10^{6}$ t $\cdot$ a^{-1}。生物过程约排放 $60 \times 10^{6} \sim 160 \times 10^{6}$ t $\cdot$ a^{-1}。甲烷和其他碳氢化合物的氧化对大气一氧化碳的贡献比较难以估计。从上节讲的大气甲烷的氧化过程已经看到,由甲烷转化到一氧化碳,中间产物很多,不知道 CH_3、CH_3O_2、CH_2O 和 CO 的相对比例,因此,不同作者对这一源的贡献的估计差别较大,变化范围为 $400 \times 10^{6} \sim 1000 \times 10^{6}$ t $\cdot$ a^{-1}。其他大分子碳氢化合物的氧化更为复杂,所产生的一氧化碳量更难估计。表 3.3.2 综合给出了目前对大气一氧化碳各种源的贡献的估计。应当强调指出,除了汽车尾气和化石燃料燃烧的贡献比较准确外,表中所列各种源的贡献都只有量级上的意义。要取得较准确的定量结果尚有许多工作要做。

表 3.3.2 大气一氧化碳的源

源 种 类	年排放量($\times 10^{8}$ t)
汽车尾气和其他矿物燃料燃烧	3.0~5.5
海洋	0.2~2.0
生物质燃烧	3~7
非甲烷烃氧化	2~6
甲烷氧化	4~10
植物排放	0.6~1.6
合计	18~27

大气一氧化碳还有一种潜在的源是高温冶炼过程。在供氧不足的条件,矿石中的二氧化硅可与碳发生反应,生成氧化硅(SiO)气和一氧化碳,氧化硅在大气中很快被氧化成二氧化硅(SiO_2),并形成超细粒子。已有许多实验观测到这种超细粒子,但还不知道这种反应对全球大气一氧化碳的贡献。

大气一氧化碳最重要汇是在大气中氧化转化成二氧化碳。一氧化碳在大气中很容易与OH自由基反应,最终生成二氧化碳。在这个化学转化过程中,OH自由基起着重要作用,但整个过程最终并不消耗OH自由基。因此,一氧化碳转化为二氧化碳的速率并不直接与大气OH自由基的浓度相关。根据化学动力学计算,这一过程对大气一氧化碳的清除率约为$1400 \times 10^6 \sim 2600 \times 10^6 \, t \cdot a^{-1}$。

大气一氧化碳的另一个汇是地表吸收。实验室的研究表明,有许多土壤种类能够有效地吸收一氧化碳,不同种类的土壤吸收率差别很大。根据实验室实验资料推测,全球地表土壤的一氧化碳吸收率为$250 \times 10^6 \sim 640 \times 10^6 \, t \cdot a^{-1}$。

对流层大气一氧化碳也会有一小部分被输送到平流层中,在那里被氧化。

全球大气一氧化碳的总含量约为$550 \times 10^6 \, t$,而上面讨论的源和汇的总通量都是$1800 \times 10^6 \sim 3000 \times 10^6 \, t \cdot a^{-1}$的量级。因此,在稳态假设条件下,大气一氧化碳的寿命应为$0.18 \sim 0.3 \, a$。由于寿命较短,大气一氧化碳浓度的空间分布是不均匀的。源区浓度高,且有较大的浓度梯度。全球一氧化碳浓度介于$0.04 \times 10^{-6} \sim 0.2 \times 10^{-6}$体积分数之间。

以北半球中纬度高浓度区为中心,浓度随纬度增加而减少。南半球大气一氧化碳浓度较低,且随高度和纬度的变化都比较小。大气一氧化碳浓度的这种空间分布特征是由它的源的空间分布决定的。一氧化碳的人为源主要集中在北半球中纬度大陆上,而大气甲烷的浓度在北半球中高纬度高,甲烷转化亦应在北半球中高纬度地带产生较多的一氧化碳。南半球一氧化碳源主要是自然源,它们分布比较均匀。

由于人为排放加剧,尽管大气一氧化碳寿命较短,但在1990年以前的30 a间,北半球中纬度地区自由对流层中的一氧化碳以每年$0.85\% \sim 1\%$的速率增长。然而,1990—1993年的观测结果却显示出一氧化碳浓度以每年百分之几的惊人速度下降,其原因尚不清楚。

(三)除甲烷以外的其他有机物

除了甲烷以外,大气中的有机物可以分成两大类:一类是除甲烷以外的气相碳氢化合物,亦称非甲烷烃(简写为NMHC);另一类是颗粒态有机碳。大气中的NMHC主要包括碳原子多于1的烷烃、烯烃和炔烃。关于这类化合物的源、汇和浓度空间分布至今还知之甚少。大气中的NMHC浓度很低。海洋上空低层大气中NMHC的浓度为$5 \times 10^{-9} \sim 10 \times 10^{-9}$体积分数,北半球大陆地区地表上空大气的NMHC浓度可达$10 \times 10^{-9} \sim 50 \times 10^{-9}$体积分数,全球大气中NMHC的总含量估计为$50 \times 10^6 \, t$。尽管大气NMHC的含量很低,它却在许多大气化学过程中起着重要作用。事实上,NMHC在对流层臭氧的光化学形成过程中起重要作用。与此同时,NMHC的光化学氧化过程可能生成气溶胶粒子,在光化学烟雾的形成中扮演重要角色。大气NMHC的自然来源主要是地表生物排放,人为源主要是石油、天然气矿的泄漏。人为活动可能造成大气NMHC增加,但NMHC在碳循环中的作用可能并不重要。

大气颗粒态有机碳的浓度空间变化率更大。在海洋上空,颗粒态有机碳的浓度约为0.5×10^{-9}体积分数,干净大陆大气中的浓度为3×10^{-9}体积分数,而在城市污染大气中其浓度可达30×10^{-9}体积分数。这类颗粒态有机碳绝大部分(80%以上)存在于粒径小于约$0.5 \, \mu m$的小粒子中。根据上述浓度资料,估计大气中颗粒态有机物的总含量约为 3×10^6 t。其来源主要是植物排放、人为排放和 NMHC 的氧化过程。其汇是干、湿沉降过程。它们在大气中的寿命为 10d(天)左右,取决于大气状态和降水条件。

大气中的另一类有机物是氯氟碳化物(包括 CFC_s 及 $HCFC_s$)、氢氟碳化物(HFC_s)以及全氟碳化物(PFC_s)。这类物质在大气中本来是不存在的,是纯粹的工业合成物。这些物质具有极强的吸收红外热辐射的能力,尽管目前它们的正辐射强迫还较小,但随着其大气浓度的持续增长,预计在 21 世纪内,这些物质对大气辐射强迫(radiation forcing)的贡献将会快速增加,这些物质在对流层大气条件下非常稳定,其惟一的汇是向平流层输送并在那里光化学分解。随着工业生产的发展,这类物质在大气中的浓度很快增加,$CFCl_3$、CF_2CL_2 和 $C_2F_3CL_3$ 等氯氟碳化合物的总浓度已超过 1×10^{-9} 体积分数。尽管它们在碳循环中的作用还微不足道,它们在平流层臭氧光化学平衡和地-气系统辐射收支中的作用却是不容忽视的。在第四章和第五章中将详细讨论这方面的问题。

三、二氧化碳循环

（一）二氧化碳的自然循环过程

二氧化碳是大气的最主要的微量成分之一,目前的大气二氧化碳浓度约为 370×10^{-6} 体积分数。二氧化碳在地球气候的形成和变迁中起着重要作用。在第一章中曾经讲过,平衡行星地球大气中二氧化碳的浓度要比实际地球大气中高得多。由于岩石圈中的化学过程和水圈与生物圈的调节作用,地球大气二氧化碳浓度逐步下降,到大约 4×10^8 a 以前,降到 280×10^{-6} 体积分数,达到了一种准平衡态,源和汇通量大致相等。地球上最主要的碳储底沉积物和岩石圈。但是,在这些储库中的碳都以碳酸盐矿石(如石灰岩、白垩石、白云石、碳酸钠盐等)和有机碳的形式存在。它们的变化要在地质年代时间尺度上才显示出来,而对 $10\sim100$ a 时间尺度的大气二氧化碳的循环影响很小。固体地球对大气二氧化碳的贡献主要是火山爆发喷射二氧化碳及某些岩石风化产物通过河流输送到海洋参与海洋碳循环而释放二氧化碳。地幔以火山喷发的形式每年向大气排放的二氧化碳只有大约 27.3×10^9 t。二氧化碳的地-气交换主要发生在大气与海洋以及大气与陆地生物圈之间。

海洋是大气二氧化碳的主要源。在高纬度海域,海水温度较低,海洋从大气中吸收二氧化碳,而在低纬度海域,海洋却向大气释放二氧化碳。但就全球平均而言,二氧化碳是由海洋向大气输送的,其净通量为 415.1×10^9 t·a^{-1}。二氧化碳的海-气交换通量具有很大的空间变化率,即在不同海域之间的差别很大。这种变化主要取决于表面层海水的温度、盐度和碱度、表层海水与深层海水的交换速率、洋流情况和海洋生物的分布。另一方面,在海洋内部,可能还存在一个大气二氧化碳的汇。在某些海域,表层海水中富含植物生长所需要的养分,在那里存在一些与陆地植物类似的水生植物。它们像陆地植物一样从大气中吸收二氧化碳,从海水中吸取养分和水进行光合作用生产有机物。与陆地植物不同的是,这些水生生物寿命很短,它们很快死亡腐败。这些生物体的腐败过程一方面产生气相二氧化碳,使局部海域海水的二氧化碳过饱和,二氧化碳又回到大气中,另一部分有机体可能变成颗粒态有机物,最终沉降到海底。所以,从总体上看,这种生物过程可能将一部分大气二氧化碳转化成有机碳并变成海底沉淀物。循环过程是不闭合的,现在还不清楚这一过程能消耗多少大气二氧化碳。海洋中的另一个过程是含钙的有机物在深层海水中有可能溶解转化成碳酸盐,这些碳酸盐可随海洋环流在广大海域中输送,其中一部分可随涌升流回到表层海水。在表层海水中,溶解碳酸盐的一部分可能转化成气相二氧化碳释放到大气中,另一部分则被生物吸收而转化成有机碳。进入海底沉淀物中的有机颗粒碳将进入缓慢变化的体系中,它们在海床上缓慢散布开来。要在大于数千年的时间尺度上才会发生明显的化学变化,有一部分再进入活跃的循环过程。综上所述,海洋中的生物过程可能构成大气二氧化碳的一个重要汇。

大气二氧化碳最重要的汇是陆地上的植物。陆地植物从大气中吸收二氧化碳、从土壤中吸收养分和水分进行光合作用生产含碳、氢、氧的有机物,并同时产生和释放氧气。光合作用形成的有机物也常称为碳水化合物,这是因为它可以被表示成 $(CH_2O)_n$ 的形式。当然,植物呼吸、死亡植物体的腐败过程也向大气释放二氧化碳。但从总体效果来说,大气与陆地生物圈之间的二氧化碳交换是从大气向陆地生物圈输送,净通量为 $434.2 \times 10^9 \ t \cdot a^{-1}$。陆地生物圈从大气中吸收的二氧化碳,一部分作为有机体长期保存下来,一部分在腐烂过程中变成可溶性无机碳输送到地面水体或地下水系中。这一过程可能造成部分水体二氧化碳过饱和而引起水底碳酸盐层的化学反应。其结果是把水中溶解的二氧化碳转变成了碳酸氢根(HCO_3^-),并把它输送到海洋中,以补充海洋因向大气输送二氧化碳而减少的溶解无机碳,从而完成了二氧化碳的循环过程。

大气二氧化碳的另一个重要汇可能是暴露在空气中的地表碳酸盐岩石的风化过程,可能的化学反应过程是碳酸盐吸收大气二氧化碳和水汽后生成水溶性的碳酸氢钙 $Ca(HCO_3)_2$。这类过程是可逆反应,可能很快达到平衡而不消耗大气二氧化碳。但是,如果有降水把反应产物带进河流和海洋,则反应可连续不断地向生成 $Ca(HCO_3)_2$ 的方向进行,从而构成大气二氧化碳的汇。但对于这一个汇尚未进行过定量的研究。

根据上述二氧化碳源和汇的总通量和大气二氧化碳含量,容易算出,在稳态条件下,大气二氧化碳的寿命约为 $5.2 \ a$。但是,应当指出,目前给出的大气二氧化碳含量是相当准确的(误差小于 10%),但各个通量的数值却是根据少量的观测推算的,误差可能很大,据此计算出的二氧化碳寿命准确度也不高。根据大气二氧化碳的同位素分析推断,大气二氧化碳的寿命为 $5 \sim 10 \ a$。要进一步准确确定这个数字,需要对海-气二氧化碳交换进行系统测量,并利用海洋模式重建工业化以前的海-气二氧化碳交换情景。

(二)大气二氧化碳浓度的空间分布

由于二氧化碳化学性质稳定,在大气中的寿命较长,因而它能够在大气中长距离输送和充分混合。因此,尽管大气二氧化碳的源和汇都在地表,它在垂直方向基本上是均匀混合的。直到大约 80 km 高度,可以认为二氧化碳的体积混合比不随高度变化。在水平方向上,二氧化碳的源和汇很不均匀,但二氧化碳的大气浓度只是随纬度不同而有较小的变化,在纬圈方向上基本上是均匀分布的。

大气二氧化碳的自然源主要在热带海洋,其汇主要是中纬度大陆的陆地生物和高纬度海洋。在平衡态条件下(人类活动扰动以前),大气二氧化碳的浓度应是赤道附近最高,中高纬度低,北半球陆地可能低于南半球。为了定量地研究大气二氧化碳浓度的分布特征,Perman 等人设计了一个二维箱模式。在这个模式中,大气先被在水平方向上按等质量分配原则平均分割成 20 个纬圈带;然后将每一纬圈带在垂直方向上分为 8 层,对流层内每层间隔 250 hPa。平流层内每层 50 hPa。对流层内,箱之间的输送过程由平流输送和扩散输送两项来表示,在平流层内的输送则只靠各向同性扩散。所需各项输送参数由化学成分示踪实验的结果提供。海-气二氧化碳交换通量由表层海水中的二氧化碳浓度(用二氧化碳的分压力表示)和海面上空气中的二氧化碳浓度之差决定。如果空气中的二氧化碳浓度高于表层海水中的二氧化碳浓度,则二氧化碳由大气输送向海洋。反之,则二氧化碳由海洋输向大气。这个模式也考虑了人为活动排放的二氧化碳,并假定 1900 年以前人类活动排放的二氧化碳可以忽略不计,那时大气二氧化碳的全球平均浓度取为 290×10^{-6} 体积分数。1900 年以后,人为活动排放二氧化碳的过程主要是化石燃料燃烧,其排放量由化石燃料消耗量推算。在这样的条件下,该模式计算出了各纬度带的二氧化碳浓度之差。从与 1979—1980 年世界各地大气二氧化碳浓度的实测值的相互比较来看,模式计算结果与实测结果基本一致。在人类活动扰动以前,赤道附近大气二氧化碳浓度最高,随纬度增加浓度逐渐下降,北半球下降更快一些。但是,应当指出,大气二氧化碳浓度的差别并不很大,在许多情况下都可以认为二氧化碳是均匀分布的。

人类活动不仅使全球平均大气二氧化碳浓度逐年增加,而且使二氧化碳浓度的空间分布发生了明显变化。由于人类活动排放主要集中在北半球中纬度大陆地区,这里二氧化碳浓度增加速度明显比其他纬度快。目前大气二氧化碳浓度最高点已移到北半球中纬度,陆地最低点也从北极变到了南极。关于人类活动造成的大气二氧化碳浓度增加将在第五章再详细讨论。

第四节　氮循环

一、概况

大气的最主要成分是氮气(N_2),占大气成分总含量的 78%。但是大气中的氮气是相当稳定的,相对于它的大气含量来说,其源和汇是微不足道的。大气中氮气的寿命长达数百万年。因此,在讨论氮循环时,注意的不是氮气这种主要成分,而是含量相对甚微的氮化合物。大气中的氮化合物包括 NO、NO_2、N_2O_5、N_2O_3、NO_3、HNO_2、HNO_3、HNO_4、PAN(即过氧乙酰基硝酸酯的英文名缩写)、NH_3、NCN、N_2O、水滴中的 NO_3^-、NO_2^- 和 NO_4^+ 以及颗粒物中的有机氮化物。因为 N_2O_5 和 N_2O_3 在大气条件下容易分解成 NO 和 NO_2,所以常把除了 NH_3 和 N_2O 以外的上述氮氧化物统称为奇氮。其中浓度最高,在大气化学中最重要的是 NO 和 NO_2,经常被合称为 NO_x。

奇氮不仅在大气化学过程中起重要作用,它在地表生物圈中也扮演了极为重要的角色。土壤中的奇氮成分常被称为固定态氮,它是陆地植物生长的重要养分之一,而且是土壤中容易缺乏的养分。现代农业的发展首先表现在大量使用化学氮肥。这种农业生产活动已经明显地改变了区域和全球尺度的氮循环。

奇氮化合物在对流层臭氧和氢氧化物(H_xO_y)的光化学过程中起着决定性的作用。奇氮化合物与碳氢化合物的化学反应是造成污染大气中臭氧高浓度的最主要原因。奇氮也是光化学烟雾形成的前体物。近十几年的观测还证明,随着人为活动排放的奇氮化合物增加,不仅使城市污染大气中臭氧浓度升高,也使干净背景大气中臭氧浓度明显上升。进入 20 世纪 90 年代以来,对流层臭氧也被作为大气温室气体成分而受到关注。全球范围的对流层臭氧浓度增加可能影响地-气系统的辐射平衡而引起气候变化。同时,臭氧、NO_2、HNO_3 和 PAN 在其浓度高到一定程度时还会危及植物生长和人体健康。

在酸沉降问题较严重的欧洲和北美地区,硝酸盐是酸沉降的主要成分之一。硝酸盐可在大气中输送到很远的地方,使离污染源几千公里以外的地方受害。同时,奇氮化合物对 H_xO_y 化学过程的影响可能改变二氧化硫在大气中的转化速率,从而影响硫酸盐沉降。奇氮还在烃类、一氧化碳和其他还原态微量成分的氧化过程中起重要作用。

与氮的氧化物不同，NH_3 是大气中最主要的碱性气体成分，它可以部分地中和降水中的硫酸和硝酸而降低降水的酸度。但是，另一方面，NH_3 在大气中可被氧化转化成 NO_x 而变成酸性物质。应当承认，对 NH_3 在大气中的光化学转化过程尚未认识清楚，不知道全球大气中到底有多少 NO_x 由 NH_3 氧化产生，因而不知道 NH_3 的氧化对酸沉降到底有多大贡献。但是，可以肯定 NH_3 的总体作用还是碱性的，NH_4^+ 是气溶胶和降水中的重要成分。NH_3 和 NH_4^+ 沉降是某些地区生态系统中养分的重要来源之一。

奇氮化合物、N_2O 和 NH_3 的汇是在大气中的化学转化及其后的干、湿沉降过程。尽管对这些清除过程还缺乏认识，但通过对铵盐（以 NH_4^+ 表示）和硝酸盐（以 NO_3^- 表示）沉降速率的测量，可知干沉降在这类物质的总沉降量中可占一半以上。另一方面，奇氮化合物和 NH_3 都容易溶于水，所以云和降水清除的效率应当是相当高的。因此，奇氮化合物和 NH_3 的清除速率很快，它们在大气中的寿命是很短的。

氮循环过程实际上可以分为几个子循环过程，即 NH_3 循环、奇氮循环和氧化亚氮循环。NH_3 由地表生物源进入大气，一部分被氧化并最终转化成硝酸和硝酸盐，另一部分与大气中的酸性物质反应生成盐粒子，主要是硝酸铵和硫酸铵粒子。硝酸盐和硫酸盐通过干、湿沉降过程又回到地表。在稳态条件下，NH_3 在大气中寿命约为 5 d。奇氮氧化物主要来自地表生物源和人为源，一小部分来自 NH_3 和 N_2O 的氧化。奇氮氧化物既可在大气中经过复杂的化学变化转化成硝酸和硝酸盐，然后通过干、湿沉降过程再回到地表，也能直接被干、湿沉降过程送到地表。在稳态条件下，奇氮氧化物的总体平均寿命约为 10 d，其中 NO 的寿命为 $0 \sim 50$ d 不等。N_2O 主要来自地表生物源，它在对流层大气中比较稳定，很少被氧化或光解。有一部分 N_2O 被输送到平流层中，在那里被氧化成 NO_x，再经奇氮氧化物循环过程回到地面。也有一部分 N_2O 直接经干沉降过程回到地面。在稳态条件下，N_2O 在大气中的寿命约为 $110 \sim 200$ a。但是，观测到的 N_2O 浓度增加趋势表明，它的源通量超过了汇通量，使 N_2O 在大气中累积。

尽管在氮循环过程中奇氮化合物、N_2O 和 NH_3 的关系非常密切，但它们在大气化学过程中具有不同的化学行为，同时它们在氮循环中也具有不同的地位和作用。因此，将分别讨论它们的循环过程。由于认识上的局限性，对每一种循环过程的讨论各有侧重。

二、奇氮化合物的循环

（一）奇氮化合物的浓度与分布

由于奇氮化合物在大气化学过程中的重要性，其浓度的测量受到了普遍重视。最近十几年来，已研制出了许多测量仪器，进行了实际测量，并研究发展了一些数值模式来研究奇氮化合物的浓度分布。但是，由于奇氮化合物在大气中的浓度很低，测量起来很困难，许多实测资料的精度都比较低。另一方面，由于奇氮化合物化学性质活跃，寿命较短，其浓度有较大的时空变化，因而在特定时间、特定地点取得的测量资料代表性较差。

对于短寿命的大气化学成分，其大气浓度取决于源和汇的分布。奇氮化合物的源和汇的分布极为复杂，所以低层大气中奇氮化合物的浓度分布很不均匀。在干净背景大气中，NO_x 的地表大气浓度为 $0.01\ \mu g \cdot m^{-3}$ 左右，而城市污染大气中的 NO_x 浓度可高达 $500\ \mu g \cdot m^{-3}$。HNO_3 在低层大气中的浓度也在这一范围内变化。在对流层上部，NO_x 的浓度为 $0.1 \sim 0.4\ \mu g \cdot m^{-3}$，$HNO_3$ 为 $0.3 \sim 1.5\ \mu g \cdot m^{-3}$。

NO_3^-、PAN 和其他颗粒态有机氮的浓度分布更不均匀,虽然已有一些实测资料,但很难从中得出一般的结论。例如北京 NO_3^- 浓度为 $1.5\ \mu g \cdot m^{-3}$,而在离北京只有 100 多公里的河北省兴隆县,其 NO_3^- 的浓度只有 $0.05\ \mu g \cdot m^{-3}$,在湖南长沙市,NO_3^- 的浓度为 $0.8\ \mu g \cdot m^{-3}$。在河北省兴隆县农村,NO_3^- 的浓度受气象条件的影响很大,当气团主要是来自北方干净大陆时,浓度很低;当测点处在城市和工业区下风向时,浓度明显上升,有时甚至接近城市污染大气中的浓度。因此,要取得这类物质的区域性浓度分布统计值尚有大量工作要做。

(二)奇氮化合物的化学转化过程

在白天的对流层大气条件下,N_2O_3、N_2O_4、N_2O_5 和 NO_3 发生分解或光致离解的反应速度都很快,因而它们在大气中的寿命都短,浓度很低。在干净大气中,它们的浓度都低于现代定量测量仪器的探测极限;在实验室条件下,当 NO_2 浓度为 $20\ \mu g \cdot m^{-3}$ 时,N_2O_4 的浓度低于 $10^{-6}\ \mu g \cdot m^{-3}$。所以,$N_2O_3$、$N_2O_4$、$N_2O_5$ 和 NO_3 在实际大气中并不重要,在讨论大气中的气相氮氧化物化学时,只要注意 NO_x 就够了。

从自然源和人为源排放的 NO_x,最初大多数是以 NO 的形式出现的。但 NO 在大气中很快被臭氧或 HO_2 自由基氧化成 NO_2。NO_2 吸收一定波长的太阳紫外辐射后再离解回到 NO,并同时生成 O 原子。O 原子与 O_2 结合即产生臭氧。如果大气中这一反应体系达到光化学平衡态,NO 的浓度是很低的。例如,当 NO_2 浓度为 $10\ \mu g \cdot m^{-3}$ 时,NO 的浓度只有 $10^{-6}\ \mu g \cdot m^{-3}$。但是,在实际大气中,对流层低层的 NO 和 NO_2 浓度之比约为 1:1。这是因为 NO 不断从地面向大气排放,NO_x 又不断被转化和清除,使 NO 和 NO_2 不能达到光化学平衡状态。

NO_x 被转化和清除的主要化学反应过程是:(1) NO_2 被 OH 自由基氧化生成气相 HNO_3 或吸收水汽形成液态硝酸,NHO_3 可直接与 NH_3 化合成硝酸铵,或者 OH 自由基也可直接与 NO 反应生成气相亚硝酸(HNO_2),气相 HNO_3 或 HNO_2、液相硝酸及硝酸铵转化成颗粒物而被云和降水清除;(2)在有过氧乙酰自由基存在时,NO_2 与之反应生成 $CH_3COO_2NO_2$(PAN)而可以直接被干、湿沉降过程清除。PAN 是光化学烟雾的主要成分。在没有光照的条件下,NO_2 被臭氧氧化成 NO_3,NO_3 与 NO_2 作用生成 N_2O_5 的反应显得更重要。

NO_x、HNO_2、HNO_3、HO_2NO_2、NO_3、N_2O_5、PAN 和颗粒物硝酸盐被统称为 NO_y。白天,NO_y 的 15%~30% 是以 HNO_3、PAN 和 NO_3^-(晶体)形态存在的。而在夜晚,则 90% 以上的 NO_y 是以 NO_x 形态存在。白天硝酸占有较高的比例,这是 NO_x 发生一系列光化学反应的结果。但在夜间有雾的情况下,40% 的 NO_y 是以硝酸盐的形式存在的。

(三)大气中奇氮化合物的源

由于其他氮氧化物在大气中的寿命很短,浓度也很低,这里讨论奇氮化合物的源与汇时,只考虑 NO_x,即一氧化氮和二氧化氮。

大气 NO_x 的主要来源有包括化石燃料燃烧(主要是高温条件下的燃烧过程,包括汽车尾气、电厂和冶炼厂等)、生物质燃烧、闪电过程、平流层光化学过程、NH_3 氧化、生态系统中的微生物过程以及土壤和海洋中 NO_2^- 的光解。前二种源的排放率已较为准确地确定,而其他源的排放量只有很粗的估计。

化石燃料在高温燃烧时,燃料中的氮和空气中的氧发生氧化反应而生成 NO_x。随着工业发展,化石燃料的消耗量增加,NO_x 的排放量也增加。据估计,全球每年通过化石燃料燃烧排放的 NO_x 总量为 14×10^6 ~ 28×10^6 t 氮(以纯氮计)。

估算生物质燃烧排放的 NO_x,需要知道每年燃烧的生物质的量和燃烧单位质量的生物质

的 NO_x 排放量。实验研究表明,燃烧单位质量生物质的 NO_x 排放量取决于生物质的含氮量。树木的含氮量一般较小,约为 $0.1\%\sim0.4\%$,而植物叶子和新生长的植物中含氮量较高,约为 $1.0\%\sim2.5\%$,热带和中纬度森林的含氮量分别为 0.85% 和 0.6%,热带草地的含氮量为 $0.2\%\sim0.65\%$。实验测得,每燃烧 1 公斤生物质,排放 $0.5\sim5.5g$ NO_x。根据生物质的含氮量,并假定 25% 的氮转化成 NO_x,估计全球每年通过燃烧生物质而排放的 NO_x 约为 $4\times10^6\sim24\times10^6$ t(以氮计)。由于生物质的燃烧温度通常低于 930 ℃,生物质燃烧排放的 NO_x 主要产生于燃料氮的氧化。所以,以上估算忽略了大气 N_2 的氧化所产生的 NO_x。

多年来已经认识到闪电是大气中固氮的一种重要过程。在一个典型的闪电过程中,周围的空气温度可高达 2700 ℃。通常,当温度高于 2000 ℃ 时,生成的 NO 和大气中的 N_2 和 O_2 达到平衡。实验研究表明,闪电过程中生成 NO_x 的量与放电的能量有关,每释放 1J(焦耳)的电能,大约生成 600 亿个 NO_x 分子。根据闪电频率及每次闪电过程的 NO_x 生成速率估计,全球每年通过闪电过程可生成大约 $2\times10^6\sim20\times10^6$ t 的 NO_x(以氮计)。当然,由于闪电过程释放能量的不确定性,使闪电生成的 NO_x 量的估算值也很不确定。

近年来的野外观测和实验研究表明,土壤微生物活动是 NO 的重要排放源之一。土壤微生物排放的 NO_x 中,NO 占 95% 以上。经初步估算,全球土壤通过微生物活动每年向大气排放的 NO_x 约为 8×10^6 t(以氮计)。但此估计所依据的单位面积土壤排放量只是来源于自然生态系统的观测结果,其值很可能偏低。事实上,由于农田大量施用化学氮肥,会明显增加 NO_x 排放。根据最近在华东稻麦轮作农田进行的连续观测实验结果,施肥农田的 NO 排放率要比对照田高 $6\sim8$ 倍,按常规方式施肥的小麦田,其 NO 排放率的季节平均值约为 0.19 mg·m^{-2}·h^{-1}(以氮计),施入土壤中的肥料氮素,当季就有大约 2% 通过 NO 排放而损失。以此肥料氮的当季 NO 排放率和肥料氮素施用量来估计,中国和世界每年因施用氮肥而排放的 NO(以氮计)分别为 4×10^5 t 和 1×10^6 t。尽管此估计结果存在很大的不确定性,但仍然可以表明施肥对全球大气 NO 的贡献是不容忽视的。中国的化学氮肥用量占世界的 26%,且此比例仍在继续上升,施肥所致的 NO_x 排放的区域性影响值得重视。

根据测量和模式计算结果,海洋每秒钟每平方厘米排放 1.3 亿个 NO 分子。以此估计,全球海洋每年的 NO(以氮计)排放约为 5×10^5 t。但到目前为止,NO 在海水中的反应动力学还不清楚。有学者认为海洋排放的 NO 主要产生于亚硝酸的光解过程。但对大气 NO 的贡献是海洋中的生物过程还是化学过程,尚需要进一步研究。

表 3.4.1　全球奇氮化合物的源

源的类型	年产量(折合成 $\times10^6$ t 氮)
化石燃料燃烧	$14\sim28$
超音速飞机	$0.15\sim0.3$
平流层光化学	$0.5\sim1.5$
生物质燃烧	$4\sim24$
闪电	$2\sim20$
土壤排放	$4\sim21$
NH_3 的氧化	<5
海洋 NO_2^- 的光解	$0.5\sim1.5$
合计	$34\sim88$

　　大气 N_2O 在平流层光解也产生 NO_x，根据初步估计，这个过程每年可产生 $0.5 \times 10^6 \sim 1.5 \times 10^6$ t 的 NO(以氮计)。

　　大气中 NH_3 既是 NO_x 的源，也是 NH_3 的汇。但事实上，由湿清除过程去除的 NH_3 要比经氧化而去除的 NH_3 多得多，因此 NH_3 氧化对 NO_x 的源和汇的贡献都很小。

　　根据以上讨论，表 3.4.1 给出了全球大气 NO_x 各种源的通量。尽管这些数字的不确定性很大，但各种源的相对重要性还是比较清楚的。从表 3.4.1 可以看出，人为排放源已在奇氮化合物的总来源中占了相当大的比重，人类活动已经在很大程度上改变了奇氮化合物的自然平衡。

　　(四)大气中奇氮化合物的汇

　　降雨是硝酸、硝酸盐和有机硝酸酯的一个重要清除机制。根据观测，雨水中的硝酸盐浓度为 $5 \sim 40$ $\mu g \cdot m^{-3}$。由某一地区雨水中硝酸盐的平均含量及平均降雨量可算出该地区的湿清除率。硝酸盐的沉降速率因地区而异。美国和西欧人口密集地区和工业地区，硝酸盐的沉降速率大于 4 $kg \cdot km^{-2} \cdot a^{-1}$(以氮计，以下亦同)，而在人口稀少的大陆地区则低于 1 $kg \cdot km^{-2} \cdot a^{-1}$，洋面上的沉降速率约为 $0.1 \sim 0.3$ $kg \cdot km^{-2} \cdot a^{-1}$，比大陆的观测值小得多。由此估计的全球洋面硝酸盐沉降量为 $0.4 \times 10^7 \sim 1.2 \times 10^7$ $t \cdot a^{-1}$，全球氮氧化物湿清除总量为 $1.2 \times 10^7 \sim 4.2 \times 10^7$ $t \cdot a^{-1}$。

　　关于硝酸、二氧化氮(NO_2)、PAN 沉降速率的实验数据极少。由于 NO_2 和 HNO_3 都是易溶的气体，通常认为它们具有相同的沉降速率。在水面、土壤表面及草地和森林表面上，NO_2 的沉降速率为 $0.4 \sim 1.8$ $cm \cdot s^{-1}$。对于草地表面，夏季白天 HNO_3 的沉降速率测定为 2.5 $cm \cdot s^{-1}$ 左右，晚间可能更小些。实验研究表明，NO_2 在水面、土壤、草地和农作物上的沉降速率为 $0.3 \sim 0.8$ $cm \cdot s^{-1}$，而 NO 的沉降速率则较低，通常小于 $0.1 \sim 0.2$ $cm \cdot s^{-1}$。NO_x 在豆科植物上的沉降速率白天为 0.6 $cm \cdot s^{-1}$，晚上最小速率为 0.05 $cm \cdot s^{-1}$。经估算，硝酸盐颗粒物在海面上的沉降速率为 $0.3 \sim 1.2$ $cm \cdot s^{-1}$，NO_2 在植物下垫面上的沉降速率为 $0.3 \sim 0.6$ $cm \cdot s^{-1}$。若假定海面上空大气中的硝酸和硝酸盐(用 NO_3^- 表示)浓度分别为 0.05 和 1.0 $\mu g \cdot m^3$，大陆大气中的硝酸和二氧化氮浓度分别为 1.00 和 4.00 $\mu g \cdot m^3$，根据大气浓度和沉降速率估计出全球硝酸盐的干沉降量为 $1.2 \times 10^7 \sim 2.2 \times 10^7$ $t \cdot a^{-1}$(以氮计)，和湿沉降量同一量级。

　　总之，全球 NO_x 的源总量为 $3.4 \times 10^7 \sim 8.8 \times 10^7$ $t \cdot a^{-1}$ 氮，汇总量为 $2.4 \times 10^7 \sim 6.4 \times 10^7$ $t \cdot a^{-1}$ 氮。源汇不平衡的重要原因是估计数据本身存在很大的不确定性。

三、氧化亚氮循环

　　氧化亚氮(N_2O)是几种主要的大气微量化学成分之一，它在大气中对环境和气候的影响表现在两方面：一是对流层大气 N_2O 吸收长波地面辐射(即红外热辐射)，其浓度增加直接导致温室效应增强；二是平流层中 N_2O 的光解产物影响臭氧的光化学过程。

　　(一)大气氧化亚氮的浓度与分布

　　工业化以来的 200 多年间，大气 N_2O 增长了大约 15%，从 18 世纪中叶的 288×10^{-9} 体积分数左右上升到目前的 312×10^{-9} 体积分数左右。与 CO_2 和 CH_4 的变化类似，如图 3.4.1 所示，1750—1950 年间，大气 N_2O 浓度上升较缓慢，而最近 40 多来却呈急剧上升趋势，年平均增长率约为 $0.2\% \sim 0.3\%$ 或 0.7×10^{-9} 体积分数左右。世界人口的急剧增长和与之相应的能源、食物需求增长被认为是导致近几十年大气 N_2O 浓度急剧上升的重要原因。以现在的增长速率,到 2050 年,大气 N_2O 浓度将达到 $350 \times 10^{-9} \sim 400 \times 10^{-9}$ 体积分数。全球大气 N_2O 浓度的空间和季节分布都较为均匀,既没有明显的季节波动,也没有明显的区域差异,北半球的大气浓度仅比南半球高大约 0.75×10^{-9} 体积分数。

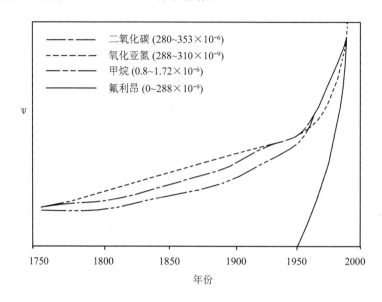

图 3.4.1　大气温室气体浓度增长趋势

（二）大气氧化亚氮的源

大气 N_2O 的主要源是包括施肥农田在内的生态系统中的生物过程以及己二酸与硝酸的生产过程,前者的贡献达 70%～90%。另外,化石燃料的燃烧过程也有一定贡献,尤其是汽车上采用催化转化器后,虽然有效控制了尾气的 NO_x 排放,但同时却又促进了 N_2O 的排放。不同研究者所给出的大气 N_2O 的源估计值各不相同,尤其生物源的出入较大。过去一直认为化石燃料和生物质燃烧是非常重要的大气 N_2O 源,但最近的实验研究结果却表明这两种源对全球 N_2O 源汇收支并不显得那么重要,燃烧过程对大气 N_2O 的贡献仅占全球总源的 3%～10%。虽然全球大约要燃烧 $1.2 \times 10^7 \sim 2.8 \times 10^7$ $t \cdot a^{-1}$ 的生物质氮,但生物质燃烧排放的氮素气体主要是 N_2。根据实测结果,仅有 0.45%～0.94% 的生物质氮素以 N_2O 的形式排放。据估计,污染水体排放的 N_2O 排放量约为 $0.8 \times 10^6 \sim 1.7 \times 10^6$ $t \cdot a^{-1}$(以氮计,以下亦同),己二酸(尼龙原料)生产对大气 N_2O 浓度增加的贡献接近 10%。

从表 3.4.2 可以看出,各个大气 N_2O 的排放源强度各项数据均很不确定。要确切地认识各个排放源,还需要做大量的研究工作。

表 3.4.2　大气 N_2O 的源和汇 (以氮计,单位为 $\times 10^6 t \cdot a^{-1}$) (据 IPCC,1992)

总源			>5.18～16.11
自然源			>4.15～10.31
	海洋		1.4～2.6
	热带土壤	热带雨林和季雨林土壤	2.2～3.7
		热带稀树草原土壤	0.5～2.0
	温带土壤	温带森林土壤	0.05～2.01
		温带草原土壤	?

（续表）

总源		>5.18~16.11
人为源	耕作土壤	0.03~3
	生物质燃烧	0.2~1.0
	固定燃烧源	0.1~0.3
	移动燃烧源	0.2~0.6
	己二酸生产	0.4~0.6
	硝酸生产	0.1~0.3
汇		>7~13
	海洋吸收	?
	土壤吸收	?
	平流层光解	7~13
大气累积增加		3~4.5
收支不平衡	源不足	1.39~4.82

大约 90% 的大气 N_2O 都来自于生物源,其中自然陆地生态系统的排放仅占大约 20%。以硝化作用(即通过微生物作用将铵盐氧化并最终生成硝酸盐的过程)和反硝化作用(即通过微生物作用将硝酸盐还原并最终生成氮气的过程)为主的土壤微生物过程是大气 N_2O 最大的源,土壤排放在大气 N_2O 源汇收支平衡中起主导作用。人为生物源又以农业生物源为主。全球施肥农田当季直接排放的 N_2O(以氮计,以下亦同)达 $2\times10^6\sim3\times10^6$ t·a^{-1},约占全球生物源排放 N_2O 总量的 21%~46%。这一估计没有考虑肥料氮素在环境中循环过程中的间接排放,因而很可能低估了氮肥和生物固氮所引起的 N_2O 排放量。图 3.4.2 是 100 kg 氮素施入农田后的部分循环过程示意图。图中显示,如果反硝化挥发的气态氮中 N_2O(以 N 计)占 10%,则仅在初级氮循环中就形成了 2 kg N_2O(以 N 计)。假如对氮循环的评价仅停留在初级循环,则仅有 2 kg 氮素挥发到大气中。然而,事实上几乎所有这 100 kg 氮素都将在几年时间内通过氮素再循环和反硝化作用而挥发到大气中去。显然,施 100 kg 氮素所引起的 N_2O 排放量可能远大于 2 kg。今后发达国家的作物播种面积不会有多大的变化,但发展中国家(中

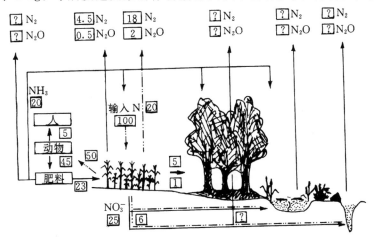

图 3.4.2　施入农田的氮素在环境中的循环过程示意图

（引自 Duxbury et al.,1993）

（图中的虚线表示初级循环,实线表示次生再循环）

国除外)的作物播种面积到 2025 年将从目前的 6×10^8 hm² 增加到 9.5×10^8 hm²。那时,农田的氮素投入量也将从目前的每年 0.8×10^8 t 氮增加到 1.4×10^8 t 氮。耕作面积和氮肥用量增加将导致全球农田 N_2O 排放量增长。如果不采取措施控制农田 N_2O 排放,农业对 N_2O 排放的贡献很可能在下个世纪内增加 1 倍。

要将大气氧化亚氮和甲烷浓度稳定在目前的水平,至少需要将目前人为排放的氧化亚氮量减少 70%～80%,甲烷减少 15%～20%。可见,稳定大气氧化亚氮浓度的难度比甲烷大得多,况且有些减少甲烷排放的措施还可能促进氧化亚氮排放。研究和发展控制氧化亚氮人为排放的有效技术措施是当前的一个前沿课题。在农业上,目前已认识到的一些可能的氧化亚氮减排途径包括提高氮素利用率、避免过量施肥、氮肥少量多次施用、保持地面植被连续覆盖而增加氮素的生物再循环率、减少渗漏和选用低 N_2O 排放率的氮肥品种。但要真正将这些技术措施付诸实施,还需要决策者、科技人员和农业生产部门的密切配合。

(三)大气氧化亚氮的汇

目前已知的大气氧化亚氮的主要汇为平流层光化学破坏、地面土壤吸收和海洋吸收,氧化亚氮被输送到平流层以后可能发生一系列的化学反应而被破坏。可能的反应途径有 3 条:(1)氧化亚氮与原子氧反应生成氮气和氧气,这一条反应途径不会对大气环境产生不良影响;(2)氧化亚氮与原子氧反应生成一氧化氮,该反应产生的一氧化氮也象在对流层中一样,会有一部分转变成二氧化氮,这一反应途径是平流层 NO_x(在平流层臭氧的光化学中,NO_x 起着重要作用)的重要来源;(3)氧化亚氮吸收波长小于 0.337 μm 的太阳紫外辐射后光解为氮气和原子氧,原子氧的生成又将促进破坏氧化亚氮的化学反应。

土壤和海洋吸收大气氧化亚氮的机制和过程尚不清楚。土壤吸收大气氧化亚氮有两种可能的机制:一是反硝化微生物还原机制,二是土壤中粘土矿物的物理吸附机制。对于前者,在还原性很强的无氧环境中,氧化亚氮被作为替代氧的电子受体而被反硝化微生物还原成 N_2。实验室研究发现,后者一般发生在极度干燥且粘土含量较高的土壤中。目前对这两种可能的机制尚无深入的研究,它们对大气氧化亚氮循环的重要性更是知之甚少。

目前估计的大气氧化亚氮的源汇严重不平衡,主要是源的估计不足,而且由于观测资料有限,氧化亚氮的源与汇均很不确定。

四、氨循环

在大陆上空,氨(NH_3)的浓度为 $4 \sim 20$ $\mu g \cdot m^{-3}$,而在海洋上空,其浓度为 $0.2 \sim 1.3$ $\mu g \cdot m^{-3}$。氨是大气中重要的碱性气体,它与大气中的 H_2S、HNO_2、H_2SO_3、H_2SO_4、HNO_2、HNO_3 等发生反应而生成铵盐(NH_4^+),进而通过干、湿沉降过程清除。实验观测表明,在小尺度空间范围内,大气中氨浓度分布直接反映局地源的影响。在较大的空间尺度上,铵盐的分布也很不均匀,如北京为 2.8 $\mu g \cdot m^{-3}$,河北兴隆为 0.37 $\mu g \cdot m^{-3}$,湖南长沙为 3.88 $\mu g \cdot m^{-3}$。而且,在河北省兴隆县农村,铵盐的浓度受气象条件的影响很大,当气团主要是来自北方干净大陆时,浓度很低;当测点处在城市和工业区下风向时,浓度明显上升,有时甚至接近城市污染大气中的浓度。要取得这类物质的区域性浓度分布统计值尚有大量工作要做。

肥土的氨挥发是大气中氨的重要源。温带农田施用的肥料氮素中有 1%～46% 以氨挥发而损失。据保守估计,1989 年全球肥料氮挥发的氨(以氮计)大约为 8×10^6 t $\cdot a^{-1}$,占当年肥料氮总用量的 10% 左右。全球的氨挥发总量低于 8×10^7 t $\cdot a^{-1}$ 氮,其中大部分来自于农田以外的其他生物过程。但关于自然生态系统中的有机质降解过程、动物粪便以及工业生产过程的氨排放量，至今仍不清楚。

影响土壤生态系统中氨挥发的因素较多，增大风速、提高 pH 值或温度等，都将促进氨挥发。测定氨挥发的方法很多，目前常用的且较成功的方法主要有两种，一种是密闭箱法，另一种是微气象学方法。这两种方法除了在采样过程中都要采用酸性介质吸收氨气并在实验室测定氨含量外，其他操作都同甲烷、氧化亚氮等微量气体相同。其他测量氨挥发的方法还有 N-15 示踪法、Hargrove 法和酸性滤纸吸氨法。N-15 示踪法测量的实际上是氮肥总损失，因而只有当氨挥发几乎是氮肥损失的惟一途径时，才能应用这一方法。用 Hargrove 法估测的氨挥发结果通常偏低，甚至出现负值，这种方法尤其不能用于水田。酸性滤纸吸氨法将用酸处理过的滤纸悬挂于一定高度，定时取下来测定其所吸收的氨。此方法虽然简单易行，但未能解决定量测定的问题。

国内外用微气象学方法测量的稻田氨挥发结果给出，施肥农田的氨挥发因肥料类型、施肥时期、施肥方法以及土壤和气候条件而异。实验证明，为了减少农田施肥所引起的氨挥发，可以采取改进施肥技术、改进肥料剂型、在尿素中添加脲酶抑制剂、使用表面膜和添加杀藻剂等措施。这样，既可以减少使用氮肥对大气的影响，也可以提高肥料氮素的利用效率。

氨在大气中经酸碱中和反应和氧化反应，最终生成铵盐和硝酸盐而被干、湿沉降过程清除，从而构成大气氨的汇。氨在大气中的转化可能有两个方面，首先，氨作为碱性气体可中和大气中的酸性物质，包括硫酸、硝酸、亚硫酸等；另一方面，氨可以被 OH 自由基氧化，最终形成 NO_x，但中间反应的细节尚不清楚。

第五节　硫循环

一、概况

硫化物是很重要的大气化学成分。在平流层和对流层干净大气中，大气气溶胶粒子的主要成分是硫酸和硫酸盐。然而，进入大气的硫化物最初大部分是气相的。颗粒态硫酸和硫酸盐的发现揭示了非均相大气化学过程的重要性。

大气中的气相硫化物主要有二氧化硫（SO_2）、硫化氢（H_2S）、二甲基硫（DMS）及其派生物（DMDS）、二硫化碳（CS_2）和氧硫化碳（COS）等。它们在大气中经过复杂的化学过程最终转化成颗粒态硫酸或硫酸盐，然后被干、湿沉降过程送到地面。硫酸和硫酸盐的干、湿沉降是大气酸沉降的最主要成分。

自然过程向大气排放的硫化物主要是还原态气体成分，它们在大气中被氧化成硫的氧化物和硫酸或亚硫酸。大气中含硫氧化物，大约有一半来自这种过程，另一半可能来自人为活动。人为活动已经明显冲击了硫循环过程，造成全球范围的大气酸沉降增加。大气环境酸化和酸沉降增加是当前人类面临的最重要环境问题之一。本节将主要讨论硫的自然循环过程。关于人类活动对硫循环的冲击将在第七章中详细讨论。

二、硫化物的源及其浓度的空间分布

（一）硫化氢（H_2S）

硫化氢主要来自地表生物源。地表生态系统产生硫化氢的过程与甲烷的产生过程类似。

但是对硫化氢的研究远没有甲烷那样深入。如果缺氧土壤中富含硫酸盐,则硫酸盐还原菌将能把它还原成硫化氢。土壤中产生的硫化氢,一部分重被氧化成硫酸盐,另一部分被排放到大气中。象甲烷排放一样,土壤的硫化氢排放取决于土壤中的硫化氢产率、氧化率和输送效率。光辐射强度、土壤温度、土壤化学成分和酸度等许多因子都能影响土壤的硫化氢排放。因此,不同地点、不同时间的土壤排放率将有巨大的变化。有限的实测资料表明,硫化氢排放率较高的地方是热带雨林和湿地土壤。海洋是硫化氢的源。稻田也排放硫化氢,尤其氧化还原电位 E_h 极低的潜育性稻田和冬水田很可能有较高的硫化氢排放率,因为在这样的稻田往往发现水稻根系被硫化氢毒害的现象。全球生态系统排放的硫化氢总量估计为 $4 \times 10^8 \ t \cdot a^{-1}$(以硫计)。

在陆地上空,硫化氢在近地面大气中的浓度为 $0.05 \sim 0.1 \ \mu g \cdot m^{-3}$。随高度增加,浓度迅速下降。在海洋上空,近地面大气中硫化氢的浓度为 $0.0076 \sim 0.076 \ \mu g \cdot m^{-3}$。

(二)氧硫化碳(COS)

除二氧化硫以外,大气中的气态硫化物中以氧硫化碳的浓度最高。氧硫化碳主要来自水生生态系统。近十几年的测量表明,生物产量和有机物含量高的海域,特别是近陆海域和涌升流海域,是氧硫化碳的主要源区。海滨盐碱土沼泽地土壤以及其他沼泽地也是产生氧硫化碳的场所。在这些生态环境中,氧硫化碳的产生过程是有机物在细菌作用下的光化学反应。火山爆发是氧硫化碳的另一自然源。氧硫化碳的人为源主要是各种燃烧过程,包括生物质和各种化石燃料的燃烧。目前对上述这些源的排放量只进行过有限的测量。

大气中氧硫化碳的浓度约为 $0.5 \ \mu g \cdot m^{-3}$。氧硫化碳的浓度随高度和纬度的变化都比较小。这说明氧硫化碳在大气中的寿命较长,估计为 2 a 左右。

(三)二硫化碳(CS₂)

二硫化碳的来源和氧硫化碳类似,但是对二硫化碳源的测量很少,有限的测量资料表明,沿海水域是二硫化碳的重要源。

关于二硫化碳大气浓度的测量资料也不多。有限的测量结果表明,在非都市大气中,二硫化碳的浓度约为 $0.015 \sim 0.030 \ \mu g \cdot m^{-3}$,而在都市污染大气中,二硫化碳的浓度可达 $0.1 \sim 0.2 \ \mu g \cdot m^{-3}$。二硫化碳浓度随高度增加而迅速减少,说明二硫化碳在大气中的寿命较短。

(四)二甲基硫(CH₃)₂S(简写成 DMS)

二甲基硫是海水中含量最丰富的挥发性硫化物。海洋表层海水中二甲基硫的平均浓度为 $0.1 \ \mu g \cdot L^{-1}$。海洋中的藻类和细菌是产生二甲基硫的母体。尽管对藻类和细菌产生二甲基硫的具体过程还不完全了解,但许多实验室研究和野外测量都已证明,具有光合作用能力的海洋藻类能直接产生二甲基硫,这些藻类物质在细菌作用下的腐败分解也能产生二甲基硫。因此,大气二甲基硫的源是有机物含量丰富的海洋、海滨沼泽地和一些浅水水生生态系统。海滨沼泽地的二甲基硫年排放量约为 $0.006 \sim 0.66 \ g \cdot m^{-2}$(以硫计,以下亦同)。全球平均的海洋二甲基硫年排放量约为 $0.1 \ g \cdot m^{-2}$,全球海洋的二甲基硫年总排放量约为 $39 \times 10^6 \ t$ 硫。

海洋上空的近洋面大气中,二甲基硫的浓度约为 $0.002 \sim 0.2 \ \mu g \cdot m^{-3}$,大陆地区近地面大气中,二甲基硫的浓度低于现代测量仪器的探测极限,因而未被准确测定。在自由对流层中,二甲基硫浓度的测量资料也不多,估计二甲基硫的浓度低于 $0.002 \ \mu g \cdot m^{-3}$。

(五)二氧化硫(SO₂)

二氧化硫是大气中最重要的一种硫化合物。它是大气环境酸化和酸雨形成的根源之一。大气二氧化硫的自然来源是陆地植物直接排放和还原态硫化物(如 H_2S 等)在大气中的氧化;

它的人为来源是化石燃料(主要是煤)燃烧。还原态硫化物氧化的二氧化硫产量约为 23×10^6 $t \cdot a^{-1}$ 硫;地表自然源包括火山喷发和植物排放,排放总量约为 2×10^6 $t \cdot a^{-1}$ 硫;化石燃料燃烧的排放量约为 65×10^6 $t \cdot a^{-1}$ 硫。

由于化石燃料燃烧排放的二氧化硫主要集中在北半球中纬度大陆地区,而且二氧化硫 在大气中的寿命较短,所以其浓度分布很不均匀,在北半球中纬度地区最高,南半球较低。尽管对大气二氧化硫的浓度进行过大量测量,但是仍未能得出二氧化硫浓度全球分布的一般图象。北半球中纬度地区的非都市地区,近地面大气中二氧化硫的浓度低于 10 $\mu g \cdot m^{-3}$,而在某些城市污染大气中,二氧化硫的浓度可高达 150 $\mu g \cdot m^{-3}$ 以上。在南半球背景大气中,二氧化硫的浓度低于 1 $\mu g \cdot m^{-3}$。在北半球中纬度大陆地区,二氧化硫 浓度随高度增加而很快下降,到大约 1 km 左右,二氧化硫浓度已降到近地面大气浓度的一半;到大约 3 km 处,其浓度已降到背景大气的浓度水平。根据这样的浓度资料估计,全球大气中二氧化硫的总含量约为 50×10^4 t 硫。

(六)硫酸盐粒子

硫酸盐粒子是大气气溶胶的最重要组分之一。大气硫酸盐粒子有两个重要来源,一是海盐粒子(这种粒子的直径多数大于 1 μm),二是大气中的气相化学和光化学过程(这种粒子的直径多数小于 1 μm)。二氧化硫氧化转化成硫酸盐粒子是显而易见的。气相硫化物的化学和光化学过程可能首先产生硫酸,硫酸很快与其他物质反应生成硫酸盐。大气中的游离态硫酸含量不多。海盐粒子的产量约为 44×10^6 $t \cdot a^{-1}$ 硫;硫酸盐的光化学产量约为 62×10^6 $t \cdot a^{-1}$ 硫。

象其他短寿命大气成分一样,硫酸盐粒子在大气中的浓度也有较大的空间变化。宏观上看,北半球中纬度地区二氧化硫浓度高的地方,大气中的硫酸盐粒子浓度也高;在赤道附近,由于二氧化硫转化较快和海盐粒子排放较多,大气中的硫酸盐粒子的浓度也较高。但是硫酸盐粒子浓度分布比二氧化硫均匀一些,城市污染大气与非都市大气的硫酸盐浓度差别并不很大。硫酸盐浓度随高度增加而降低的速度也不象二氧化硫那样快,这是因为离开源区以后二氧化硫逐步转化成硫酸盐的缘故。

三、硫化物的化学转化和清除过程

(一)二氧化硫的氧化

二氧化硫在大气中氧化转化成硫酸和硫酸盐对大气降水酸度的重要影响,是国际学术界普遍重视的一大问题。二氧化硫在大气中氧化的途径包括:(1)光氧化;(2)与自由基反应;(3)非均相化学过程。

二氧化硫有 3 个重要的光谱吸收带。原则上,二氧化硫能吸收所有这些波段内的辐射而激发光化学反应。第一个吸收带处在 $0.40 \sim 0.34$ μm 的光谱波长范围内,带中心为 0.37 μm 左右。这是一个二氧化硫的弱吸收带,最大光谱吸收系数为 0.095。第二个吸收带位于 $0.33 \sim 0.24$ μm 的光谱波长范围内,带中心为 0.29 μm 左右。二氧化硫在这个吸收带内吸收较强,最大光谱吸收系数为 300。第三个吸收带位于 $0.24 \sim 0.21$ μm 的光谱范围内,带中心为 0.22 μm 左右。这个带的二氧化硫吸收最强,最大光谱吸收系数大于 350。但在低层大气中,由于这一波段的紫外辐射很弱,第三个吸收带的二氧化硫吸收非常弱。因此,第一个和第三个吸收带对二氧化硫的光氧化都不重要,二氧化硫的光氧化主要是由 $0.33 \sim 0.24$ μm 光谱范围的辐射吸收激发的。二氧化硫分子吸收这一光谱范围的辐射后由基态跃迁到电激发态。这种电激发态分子可能有一部分通过自发光发射过程再回到基态,另一部分通过诱导发光发射过程回到基态。这两种过程都会伴随荧光发射。还有一部分激发态分子可通过与其他分子碰撞而猝灭,没有荧光发射过程。但是这种电激发态分子与其他分子的碰撞容易导致发生化学反应,这就是光化学反应。实验室研究发现,在有氧气存在时,用 $0.33\sim0.24~\mu m$ 的辐射照射二氧化硫气体样品,会导致三氧化硫(SO_3)的产生。当有水汽存在时,可观察到硫酸微滴。实验能够证明二氧化硫转化成了硫酸,但至今还不能证明其中间过程。电激态的二氧化硫分子与氧气分子碰撞有可能直接生成三氧化硫。二氧化硫光氧化过程的复杂性还在于,三氧化硫也吸收 $0.33\sim0.24~\mu m$ 光谱范围的辐射,这一辐射吸收过程导致三氧化硫光解而回到二氧化硫,并同时生成基态氧原子。这一过程产生的氧原子将会反过来氧化二氧化硫。

在有烃类化合物存在时,电激态的二氧化硫分子可能与这些烃类化合物反应直接生成颗粒态物质。例如,与链烃的反应可能生成气溶胶粒子,与乙烯和丙烯类碳氢化合物也能发生反应,最终生成含硫的有机气溶胶粒子和一氧化碳。已有许多实验室研究证明了这些反应的可能性,但它们在实际大气中的相对重要性还需要进一步研究。

除了发生光化学氧化外,大气二氧化硫也可与大气中的自由基发生反应。当大气中的其他光化学过程产生足够的基态氧原子时,二氧化硫与基态氧原子直接反应生成三氧化硫就成为二氧化硫氧化的一条重要途径。这个过程在实际大气中的相对重要性取决于大气中基态氧原子的产率和三氧化硫与水汽的反应及随后的清除过程。大气中基态氧原子的主要来源是二氧化氮(NO_2)光解。在典型的大气温、压、湿和光照条件下,如果二氧化氮的浓度达到 $0.2~mg \cdot m^{-3}$ 左右,二氧化硫直接与基态氧原子反应的重要性可能和电激发态二氧化硫分子与氧气的反应相当。但如果大气比较干燥,则二氧化硫与基态氧原子反应生成的三氧化硫可能再与基态氧原子反应而回到二氧化硫。这样一来,上述反应的相对重要性就差了。

一氧化氮可能使二氧化硫的光氧化过程受到抑制,即一氧化氮可能与电激发态的二氧化硫分子或其氧化产物三氧化硫发生反应而使其回到通常的二氧化硫分子。当大气中的一氧化氮浓度很低时,这类反应并不对二氧化硫的光氧化反应构成影响。但是,当大气一氧化氮浓度较高时,就不能完全忽视这类反应。

OH 和 HO_2 自由基是大气中最重要的强氧化剂,二氧化硫当然也可以直接与这些自由基发生反应,并最终生成硫酸。当然这些反应的重要性主要还取决于 OH 和 HO_2 自由基的浓度以及 NO_x 与二氧化硫竞争 OH 和 HO_2 自由基的情况。

实验室研究还发现,大分子碳氢氧自由基也能有效地氧化 SO_2。在城市污染大气中,这些反应是重要的,但在干净大气中还不知道这类反应的重要性有多大。

二氧化硫是溶解度较高的一种气体,溶于水后将发生电离,并可能被氧化,这一点将在第七章中详细讨论。

(二)硫化氢的氧化

硫化氢(H_2S)的氧化是由 OH 自由基和臭氧触发的。OH 自由基氧化硫化氢而生成的 SH 自由基可能继续反应,最后生成二氧化硫和三氧化硫,尚不了解中间过程的细节。但 SH 自由基与氧分子作用生成 SO 和 OH 自由基的反应是一条可能的途径。

另外,硫化氢可与氧原子反应生成 SH 和 OH 自由基,也可与臭氧反应生成二氧化硫和水汽。但这些反应在实际大气中的重要性都有待于进一步研究。

（三）其他硫化物的转化

氧硫化碳（COS）、二硫化碳（CS_2）、二甲基硫（DMS）等其他硫化物在大气中或直接转化成颗粒物或经几步氧化成二氧化硫。到目前为止，尚不了解反应的具体过程，但是最初的一步可能都与 OH 自由基和臭氧有关。

综上所述，大气气态硫化物在大气中都会发生各种化学反应，生成二氧化硫或颗粒物。大气中的二氧化硫再经过一系列反应生成硫酸和硫酸盐。硫酸和硫酸盐粒子会很快被干、湿沉降过程清除。当然，气态硫化物（特别是二氧化硫）也会被干、湿沉降过程直接清除，但其清除速率比颗粒物要慢得多。

（四）硫循环

大气中的硫化物可以分成 3 大类，即以硫化氢为代表的还原态硫化物、二氧化硫和硫酸及硫酸盐。还原态硫主要来自地表生物圈，它们在大气中经复杂化学变化转化成二氧化硫或硫酸盐。二氧化硫来自还原态硫化物的氧化和地表排放源，它在大气中转化成硫酸盐或被干、湿沉降过程直接带回地面。硫酸或硫酸盐除来自气态硫化物的化学转化外，也直接来自地表（主要是海洋），它很快被干、湿沉降过程送回地表。在这样的循环过程中，硫化氢的寿命可能小于 1 d，氧硫化碳的寿命可达 2 a 左右，二硫化碳的寿命可能为几个月，二氧化硫和硫酸及硫酸盐的寿命都是 5 d 左右。

第四章 大气气溶胶

第一节 大气气溶胶的基本特征

一、概述

气溶胶一词的严格含义是指悬浮在气体中的固体和(或)液体微粒与气体载体共同组成的多相体系。相应地,大气气溶胶一词是指大气与悬浮在其中的固体和液体微粒共同组成的多相体系。但是,在实际大气中,体系中的固体和液体微粒的浓度很低,以至于这一多相体系的流体动力学特征基本上不因微粒的存在而改变。另一方面,微粒本身显示出它们独立于气相载体的独特的物理化学特性。所以,经常把"大气气溶胶"和"大气气溶胶粒子"这两个不同的概念等同起来。除非特别说明,"大气气溶胶"一词习惯上指的是大气中悬浮的固体和液体粒子。关于"悬浮"一词,也没有严格的科学定义。大气中所有的粒子都会因重力作用而向地面沉降,"悬浮"都不是永久的。因此,把大气中出现的所有粒子,不管其存在时间的长短,一律称为大气气溶胶粒子。

在长期的生活实践中,也曾创造了许多专门术语和词汇来描述某种特定的大气气溶胶粒子,如尘、漂尘、烟、飞灰、雾和霾等。这些术语在某些科学领域中至今仍然在用,但是都没有确切的科学定义。所以,在本书中尽量避免使用这类术语,而统一使用大气气溶胶一词来描述大气中的一切固体和液体粒子。

大气气溶胶粒子是人们的感官能直接觉察到的大气微量成分。它直接妨碍视线、影响人和动物呼吸系统的健康;气溶胶还是大气中形成云和降水的先决条件之一。因此,大气气溶胶粒子的浓度变化直接影响天气、气候和人类生存环境的变化。大气气溶胶正日益受到气象学家、化学家、物理学家、空间科学家和环境科学家的普遍重视。在过去几十年里,随着颗粒学的发展,大气气溶胶学也得到了很快发展,成了大气科学的一个重要分支学科,并成为环境工程、大气物理、大气化学和气候学等许多专业的必不可少的基础课程。

大气气溶胶科学是一门边缘性学科,其研究内容十分庞杂广泛。它几乎涉及了经典物理学的所有分支学科,还涉及到气候学、气象学、大气光学、大气化学以及生物学和医学。这里只简单地介绍大气气溶胶的一些最基本知识。

二、气溶胶粒子的尺度概念

大气气溶胶粒子的形状很复杂,有接近球形的液体微滴,有片状、柱状、针状的晶体微粒,有雪花状晶体微粒,还有形状极不规则的固体微粒。实际上,要正确地描述一个形状不规则的物体的大小是非常困难和复杂的。但是,对大气气溶胶来说,研究的是粒子群的统计特性,单个粒子的准确大小并不重要,而且每个粒子在空间的取向是随机的。因此,在度量大气气溶胶粒子大小时可以采用简单的等效方法。尺度度量最简单的几何体是球体,只要球体的直径(或半径)一个尺度就能确定其大小。在气溶胶研究中,经常用等效球体的直径来度量粒子的大小。根据测量方法和研究目的的不同,人们定义了几种意义完全不同的等效直径,主要有:

(1)光学等效直径

如果所研究的粒子与某一球形粒子具有相同的光散射能力,则定义该球形粒子的直径为这个粒子的光学等效直径。光学等效直径的定义显然只适用于粒子群的统计特性。由于粒子光散射能力与光的波长和粒子形状关系极大,因而,一般以波长为 $0.55~\mu m$ 的绿光为标准来定义光学等效直径。

(2)空气动力学等效直径

在气流中,如果所研究的粒子与某一球形粒子的空气动力学效应相同,则定义这个球形粒子的直径为所研究粒子的空气动力学等效直径。空气动力学等效直径也是仅适用于粒子群的统计特性。一切根据惯性原理设计的撞击式粒子尺度测量仪器所测得的粒子直径都是空气动力学等效直径,根据带电粒子的迁移速率与粒子尺度的关系而设计的粒子尺度测量仪器所测量的也是空气动力学等效直径。

(3)体积等效直径

如果所研究的不规则形状的粒子的体积与某一直径的球形粒子的体积相同,则定义这个球形粒子的直径为所研究粒子的体积等效直径。不难理解,体积等效直径比较更接近粒子的几何大小的实际度量,而且没有更多的限制条件。与体积等效直径类似,也可以定义质量等效直径。

在实际工作中最常用的是光学等效直径和空气动力学等效直径。应当指出,对于同一个粒子,用不同测量方法测得的这两种意义完全不同的等效直径一般是不会相同的。例如,用光学粒子计数器能够测量直径为 $0.3\sim15~\mu m$ 的粒子数浓度(即单位体积气体中的粒子数量)随粒子尺度的分布,所给出的粒子直径是光学等效直径。用电迁移粒子尺度分析仪能够测量直径为 $0.01\sim1~\mu m$ 范围的粒子数浓度随粒子尺度的分布,所给出的粒子直径是空气动力学等效直径。如果用这两种仪器同时测量同一地点的实际大气气溶胶,在二者重叠的粒子尺度范围内($0.3\sim1~\mu m$)的测量结果是不重合的,有时会相差很大。这不是仪器的测量误差,而是测量原理不同而带来的固有差别。

为了书写的简单,在下面的讨论中,一般都只简单地直书"粒子直径"。除非特别说明,所指的都是粒子的空气动力学等效直径。大气气溶胶粒子的尺度范围很大,小到直径为千分之几微米的分子团,大到直径为几毫米量级的雨滴。如果把冰雹、陨石等也看成是大气中的"悬浮粒子",那么大气气溶胶所涉及的尺度范围可高达 10 个量级。通常把直径为 $0.01\sim0.1~\mu m$ 的大气气溶胶粒子叫做爱根核,有时也称为超细粒子;直径为 $0.1\sim10~\mu m$ 的大气气溶胶粒子叫做稳定的大气气溶胶,其中直径为 $0.1\sim1~\mu m$ 的部分叫做细粒子或小粒子,直径为 $1\sim10~\mu m$ 的部分叫做粗粒子或大粒子;直径大于 $10~\mu m$ 的大气气溶胶粒子叫做巨粒子。一般说来,超细粒子容易因布朗运动而相互碰撞,由此而引起的凝并使超细粒子变成较大的粒子,所以超细粒子在大气中寿命较短。巨粒子会因重力沉降作用很快沉降到地面,在大气中的寿命也不长。稳定大气气溶胶粒子在大气中寿命较长,但其中的粗粒子易成为凝结核而被降水清除,寿命较细粒子短。

三、气溶胶粒子浓度

粒子浓度是描述大气气溶胶特性的另一个重要物理量。表示粒子浓度的方法有好几种，如数浓度、质量浓度和化学成分质量浓度等等。

数浓度定义为单位体积空气中悬浮的粒子的数目。在数浓度的实际测量中，一般是把一定体积的气体抽进观测仪器的计数腔，然后进行计数。正确选择抽样体积是仪器设计的关键环节之一。大气气溶胶粒子数浓度的常用单位是个 cm^{-3}。

在实际大气中，气溶胶粒子数浓度的变化范围很大。在自然干净大气中，气溶胶粒子数浓度可小到几个 cm^{-3}，而在城市污染大气中，气溶胶粒子的数浓度可达 1×10^5 个 cm^{-3}，甚至更多。

类似地，气溶胶的质量浓度定义为单位体积空气中气溶胶粒子的质量，常用单位为 $mg \cdot m^{-3}$ 或 $\mu g \cdot m^{-3}$。有时也用气溶胶粒子的质量与空气的质量之比来度量气溶胶粒子的质量浓度，单位是 $\mu g \cdot kg^{-1}$，或者使用无量纲数，即气溶胶粒子质量和空气质量使用同一单位。在标准状态（即 $0 ℃$，1 个大气压）下，$1 m^3$ 空气的质量为 $1.29 kg$，所以用 $mg \cdot kg^{-1}$ 为单位表示的大气气溶胶质量浓度与用 $mg \cdot m^{-3}$ 表示的质量浓度在数值上相差不大。

在自然干净大气中，气溶胶粒子的质量浓度在 $1 \mu g \cdot m^{-3}$（即 $1 \mu g \cdot kg^{-1}$，或 10^{-9}）以下，而在城市污染大气中，气溶胶粒子的质量浓度可达几个 $mg \cdot m^{-3}$（或几个 $mg \cdot kg^{-1}$，或 10^{-6}）以上。

化学成分质量浓度与气溶胶粒子质量浓度有完全相同的定义和单位，只是气溶胶物质质量是其中某种化学成分的质量而不是气溶胶物质总质量。

四、气溶胶粒子的粒度谱分布

（一）一般描述

在严格控制的实验室条件下，有可能产生尺度大致相同的粒子群，并称为单谱气溶胶。大气气溶胶是由许多尺度不同的粒子组成的，称之为多谱气溶胶。描述多谱气溶胶最重要的物理量是它的浓度随粒子尺度的分布，简称为粒度谱分布。气溶胶的粒度谱分布是它在大气中的输运特性、寿命及其光学特性的决定因素之一。

大气气溶胶的粒度谱分布可以有两种形式。第一种是离散谱，即粒子只具有某些特定的尺度，也就是说其尺度是不连续的，分子团尺度的极小粒子的谱分布就属于这一类。第二种是连续谱，即粒子可以取任何连续变化的尺度。实际大气气溶胶的粒度谱都可近似地看成是连续谱。

可以用一个数学公式来描述大气气溶胶的粒度谱分布，这个数学公式被称为粒度谱分布函数。粒度谱分布函数可有不同的形式。对于不规则粒子，体积是最能确切表征粒子大小的物理量，所以，在粒度谱分布函数中常用体积来作特征尺度参数。而对于球形粒子，直径是最好的特征尺度参数，因而其数浓度谱分布函数以粒子直径为特征尺度参数。以体积和以粒子直径为特征尺度参数的粒子数浓度谱分布函数一般是不相同的，但对于球形粒子，它们之间有简单的关系。

气溶胶粒子数浓度谱分布函数经变换后可以用来度量空间某处某一时刻的大气气溶胶粒子总数浓度、平均直径、总表面积、总体积、从大气中沉降的粒子的总表面积和质量通量、大气气溶胶粒子群的总散射能力等。

对于气溶胶粒子的表面积、体积和物质质量随粒子尺度的分布,分别有表面积谱分布函数、体积谱分布函数和质量谱分布函数。当然也可以有化学成分质量浓度谱分布函数,有时还用到累积体积谱分布函数(即小于某一特定尺度的气溶胶粒子总体积随粒子尺度的分布)。所有这些谱分布函数的定义方法和含义都与数浓度谱分布函数完全相同。

因为大气气溶胶粒子的尺度范围达5个量级以上,其数浓度范围也达6个量级,所以在描述实际大气气溶胶时,经常使用数浓度随粒子直径对数的分布函数,这就是数浓度-对数直径谱分布函数。

(二)大气气溶胶谱分布函数的经验描述

实际大气气溶胶是由多种气溶胶混合而成的复杂的多谱体系,其数浓度谱分布函数、表面积谱分布函数和体积谱分布函数都极为复杂,至今还没有找到一个简单的数学公式来描述这样的谱分布。实际工作中,常将整个尺度范围分成几段,利用一些经验公式来分别描述谱分布。

由于大气气溶胶粒子浓度及其谱分布的时间变化率很大,在描述实际大气气溶胶的谱分布时,一般用时间平均的浓度谱分布函数。考虑到实际观测时总是要抽取有限体积的样气,不可能得到某一点上的粒子数浓度,而所得结果也只能代表某个特定的空间范围。这也就是说,所讨论的谱分布函数实际上是对空间平均的谱分布。通常把数浓度谱分布简写成 n_d,n 表示数浓度,d 表示以直径为特征尺度参数。如果所抽取的样品空气是单位体积,则数浓度就是样品空气中的粒子总数。

以下简单介绍几种气溶胶粒度谱分布的经验描述。

(1)积聚态粒子的负指数谱分布

德国科学家 Junge 在 20 世纪 40 年代和 50 年代早期对平流层气溶胶的大量观测中发现,在直径为十分之几微米到几微米的尺度范围内,每个对数直径间隔内的气溶胶粒子总体积接近为常数,即气溶胶粒子数差不多随半径的3次方而指数下降。Junge 进一步总结了大量实验资料,创立了粒子数谱分布的负指数形式,后来普遍称为气溶胶 Junge 谱分布。其数学表达式为

$$n_d = Ar^{-\alpha},$$

其中,A 和 α 是经验参数,α 一般取值在 2~4 之间,A 直接反映气溶胶的浓度。

应当指出,Junge 谱分布是在对相对干净的对流层大气气溶胶和平流层气溶胶进行大量观测的基础上总结出来的,它只适用于半径大约为 0.1~2 μm 范围的干净大气气溶胶。对城市污染大气,特别是燃煤为主要能源的城市污染大气,Junge 谱是不适用的,尤其是不能用于整个气溶胶粒子尺度范围。

(2)粗粒子的 Woodcock 谱分布

Woodcock 在对海盐气溶胶进行了大量观测研究后发现,在海洋上空,气溶胶粒子的数目和大小之间存在一种确定的函数关系,且发现大于某个特定半径的粒子总数与对数半径之间存在线性关系,描述这种线性关系的函数就是著名的 Woodcock 谱分布函数。海洋气溶胶是海浪溅沫和海洋表面气泡炸裂形成的,大多数是直径大于约 1 μm 的粒子。因此,Woodcock 谱分布只适用于直径大于约 1 μm 的粗粒径范围的大气气溶胶。

(3)伽马谱分布

在描述实际大气气溶胶的数浓度谱分布时,常使用伽马谱分布经验函数。它有标准伽马

谱分布函数和修正的伽马谱分布函数两种形式。

（4）对数正态分布

大量的理论和实验研究表明，对数正态分布适用于一切随机过程。因此，对数正态分布函数也能较好地描述一种模态的气溶胶。

（5）对数二次曲线分布

对燃煤为主要能源的城市污染大气气溶胶的大量观测证明，污染大气气溶胶可分成积聚态、细粒子态和粗粒子态三个自然模态。对这三个模态的谱分布分段进行处理能够得到比较好的结果。每一模态都可用一个对数二次曲线谱来描述。

（6）实际大气气溶胶的经验描述

如前所述，观测到的大气气溶胶粒子数谱分布可分成三个模态，而实际上大气气溶胶还有另一种由气体转化成的更小的粒子，一般的光学仪器探测不到。所以，大气气溶胶是由四种粒度谱分布不同的气溶胶混合而成的。四种气溶胶体系的粒子数谱分布的峰值分别出现在 0.01～0.05 μm、0.15～0.3 μm 、0.5～1 μm 和 5～10 μm 的粒子半径范围之内。因此，要描述大气气溶胶在整个尺度范围内的粒子数谱分布，最好用一个四项式，每一项代表一种气溶胶。考虑到气溶胶粒子形成过程的随机特点，每一种气溶胶的粒子数谱分布可用一个正态分布函数表示，即整个大气气溶胶的粒子数谱分布函数是由四个参数不同的正态分布函数组成的四项式。

因为普通光学仪器只能测量半径（光学等效半径）大于 0.15 μm 的粒子，实测大气气溶胶粒子数谱分布可由三个正态分布函数组成的三项式来描述。为了更好地显示粗粒子模态，这里给出粒子体积谱分布函数的观测实例，即 $n_v = \dfrac{c_1 \alpha_1}{(r-r_1)^2 + d_1^2} + \dfrac{c_2 \alpha_2}{(r-r_1)^2 + d_2^2} + \dfrac{c_3 \alpha_3}{(r-r_3)^2 + d_3^2}$，其中 r_1、r_2、r_3 是三种不同气溶胶体系的体积谱分布函数的峰值半径，α_1、α_2、α_3 分别为三个正态分布函数的宽度的一种度量，c_1、c_2、c_3 是与三种气溶胶的浓度有关的经验参数。用上式直接去拟合观测的气溶胶谱分布时，计算十分复杂，需要求解有九个未知数的非线性方程组。一般可先用作图法确定 r_1、r_2 和 r_3，再用数值计算方法确定其他参数。对于粒子数浓度谱分布函数也可用与上式同样的形式来表示。

（三）大气气溶胶浓度谱分布的主要特征

大气气溶胶的浓度谱有明显的地域差别。下面着重讨论北京气溶胶的浓度谱分布的特征。

北京气溶胶的浓度谱分布最明显的特征是在直径 0.3～10 μm 的粒径范围内存在三个峰值浓度，它们分别出现在粒径 0.3、1.2 和 10 μm 左右。这种 3 峰谱表明了北京气溶胶来源的复杂性。气溶胶来源大致可分成两大类：一类是固体和液体物质的机械破碎作用，这类过程所产生的粒子直径一般大于 1 μm；另一类是通过气体-粒子转化过程由气相物质经化学转化而来的，这类过程一般产生粒径小于 2 μm 的粒子。气-粒转化过程由弱挥发性气体的均质成核过程开始，形成粒径为 0.01 μm 左右的极小粒子。这些极小粒子很快通过碰撞凝并过程长大成 0.2 μm 左右的小粒子。在煤烟型城市污染大气中，由于粒径为 0.5 μm 左右的原生粒子比较丰富，一些污染气体有可能在这些粒子上凝结使之增大成直径 1 μm 左右的粒子。上述这 3 种粒子产生机制，分别形成三种气溶胶体系，即以上面三个峰值为中心的三个气溶胶粒度谱分布模态。

和北京相比，美国城市气溶胶的谱分布有所不同，主要是没有出现第二个峰值，第三个峰值也出现在直径较小处，大粒子总数较少。实测的气溶胶粒子数浓度谱分布给出，华北县城和山区气溶胶浓度谱分布与北京气溶胶的最大差异是它们的第二个峰值不太明显，且粗粒态峰值的尺度偏小。

五、气溶胶粒子的寿命

大气气溶胶粒子的平均寿命,也叫粒子在大气中的统计平均停留时间,其定义是大气气溶胶粒子在大气中的总质量与粒子物质进入大气的总输入通量或粒子物质流出大气的总清除通量之比。与任何其他大气微量成分一样,寿命的定义只在输入通量与输出通量基本相等的条件下才适用。

大气气溶胶在大气中的浓度分布很不均匀,且有较大的时间变化率,因而很难准确测定大气中的粒子物质总质量,同时输入总通量和清除总通量也很难测定。所以,通过上面的定义直接确定气溶胶粒子的平均寿命极为困难。在早期研究中,大气气溶胶粒子的寿命是根据核爆炸实验产生的放射性飘尘的浓度变化及其沉降速度的测量确定的。后来又利用氡-222 的衰变产物的浓度随时间的变化来估算气溶胶粒子的寿命。由土壤排入到大气中的氡-222 一进入大气便立即衰变,衰变产物一经产生便立即附着在一个气溶胶粒子上。这样,通过测量气溶胶粒子上的氡-222 衰变产物浓度及其随时间的变化就有可能推算出气溶胶粒子的寿命。

用上述两种方法测量的实际大气气溶胶粒子的寿命资料离散度很大,这是因为测量方法本身存在缺陷,同时,大气气溶胶粒子寿命本身也存在很大变异性。大气气溶胶粒子的寿命不仅与它本身的化学组成和浓度谱分布有关,还与它所处的位置及其周围的大气状态有关。大气湿度和降水情况也直接影响气溶胶粒子的寿命。因此,在不同地点、不同条件下测量的气溶胶粒子的寿命必然存在很大差异。当然,测量方法不规范,测量仪器不标准也使不同测量结果难以比较。

一般说来,气溶胶粒子的寿命首先取决于它本身的化学组成和浓度谱分布,其次是其所处高度和局地天气状况。吸湿性粒子容易成为凝结核,被云雾降水清除的可能性较大,粒子寿命相对较短。反之,不吸湿的干粒子寿命相对较长。直径在 $0.001 \sim 0.1 \ \mu m$ 范围的趋细粒子很快通过布朗碰并转变成大粒子。在完成这种粒度转化的时间尺度上,其他清除机制的作用尚不明显,因而这类粒子的寿命可用粒子谱分布动力方法直接计算出来。直径在 $0.1 \sim 10 \ \mu m$ 范围的粒子主要靠降水冲刷和重力沉降作用清除,它们在大气中的寿命最长。直径大于 $10 \ \mu m$ 的粒子的主要清除机制是重力沉降,寿命随粒子直径增大而迅速下降,并且可用第二章中所讲的斯托克斯公式算出。当然,粗粒子的寿命还与它的物质密度有关,密度越小,重力沉降速度就越慢,寿命也就越长。降水也能加速粗粒子的清除过程,使其寿命缩短。所处高度和周围大气状态对气溶胶粒子的寿命的影响也是显而易见的。除了直径在 $0.001 \sim 0.1 \ \mu m$ 范围的极小粒子外,所处位置越高,粒子沉降到地面所需时间越长,粒子寿命也就越长。平流层稳定气溶胶粒子的寿命要比在对流层中同样粒子的寿命长 100 倍。潮湿的大气条件有利于吸湿粒子长大,加速其清除过程。上升气流将无疑使粒子寿命变长,多雨将使所有粒子寿命变短。因此,两极地区冬季的气溶胶粒子寿命要比中纬度夏季多雨条件下同样的粒子的寿命长 1 个量级。

根据经验公式计算,直径在 $1 \ \mu m$ 左右的粒子寿命最长。在对流层下部,直径在 $0.1 \sim 10 \ \mu m$ 范围内的稳定气溶胶粒子的寿命约为 1 周,在对流层上部,其寿命约为 1 个月,在平流层中,这部分粒子的寿命可达数年,在对流层下部,直径大于 $10 \ \mu m$ 和小于 $0.01 \ \mu m$ 的粒子的寿命均小于 1 d(天)。

第二节　气溶胶粒子的产生过程

一、固体、液体物质的破碎过程

固体、液体物质的破碎过程是大气气溶胶原生粒子的来源。这种过程主要包括风扬尘、交通和其他工业活动、海浪溅沫和海洋中的气泡炸裂以及火山爆发等等。这类过程一般产生直径大于 1 μm 的粒子，但海浪溅沫和气泡炸裂产生的粒子可能随着水分的蒸发而留下直径小于 1 μm 的粒子。

乍看起来，风扬起尘埃是一种很简单的大气气溶胶粒子产生过程。但是，粒子从固体地表分离出来的过程并不象乍看起来那样简单。事实上，至今也没有完全弄清风扬起尘的微观机理。风扬起尘是最常见的自然现象，但风是怎样把尘扬离地面却是一个科学难题。在一般天气条件下，贴地层总是存在较大的风速梯度，紧靠地面的薄层内风速总是趋近于零，风本身无力将粒子从固体地表分离出来。Bagnold 曾经作过一个很有趣的实验，他在实验室里让风吹过平坦的干水泥构成的表面，在风速大到足以吹动直径为 4.6 mm 的卵石时，仍未观察到有水泥末被吹离表面。

实验证明，风扬起尘的机理是不平坦地表上的粒子跳跃分离和碰撞发射。当风速达到某个临界值时，水平风首先能使直径为几十微米的大颗粒移动。大颗粒一旦被移动，它就有可能与粗糙地表的障碍物碰撞而被弹射到大气中。这样的大颗粒当然会在重力和风力的作用下以较大的速度回到地表，将地表的较小颗粒激射到大气中。吹动大颗粒的临界风速由颗粒物的密度、空气密度、重力加速度以及颗粒的直径等多个因素共同决定。在通常的风速条件下，这种过程能产生直径为 0.1～10 μm 的粒子，而且大多数是直径大于 1 μm 的粒子。

道路交通和矿山开发及其他工农业活动都是借助于其他外力把粒子与地表物质分离并把它们举离贴地层，然后由湍流扩散力和风力把它们输送到大气中。有些工业活动则可能是在大气中直接把固体物质破碎使之成为悬浮颗粒。

火山爆发是大气气溶胶的重要自然来源，它把大量的气体和粒子喷射到自由对流层中，有些火山爆发事件甚至能把粒子直接送入平流层。许多重要的火山爆发后都曾观测到平流层气溶胶明显增加。火山爆发直接排入大气的一次粒子也属于粗粒子，归根结底，其成因也是固体或液体物质在机械力的作用下破碎。当然，火山爆发喷射的气体在大气中转化成为粒子属于完全不同的情况。

各种燃烧过程是气溶胶的另一种人为源。与火山爆发相似，燃烧过程直接把粒子输送到大气中，粒子的产生机制也是机械破碎，形成的也是粗粒子。燃烧排放的一些污染气体也有可能在大气中转化成粒子。

液体破碎过程产生大气气溶胶粒子的最重要事例是海浪溅沫。海洋中波浪撞击、浪击海岸都会把大量溅沫水滴抛向大气。这些已离开了表面层的液体微滴很容易被湍流扩散力和风力带到自由对流层而成为液体气溶胶粒子，其中有些还会在水份蒸发后成为固态海盐粒子。这样形成的液态粒子的直径一般是大于 1μm 的，但固体盐粒子的直径却可能较小。一种海洋产生大气气溶胶粒子的更重要机制是气泡在海洋表面炸裂。海水的运动以及海洋生物的活动可使海洋中产生大量的气泡。气泡在上升过程中会伴随有机物质在气泡外面富集，在气泡上形成一层有机膜。气泡上升到海面时,气泡中的静压力使这层有机膜破裂并形成一股射流。射流将一些微滴和有机膜碎片喷射到空气中。观测表明,在一般情况下,1 个气泡炸裂后会将大约 100 个有机膜碎片和 4~6 个液体微滴喷射到大气中。根据估计,全球海洋表面平均每秒钟有 4×10^{12}~1×10^{14} 个气泡炸裂,即每年有约 1×10^9~1×10^{10} t 物质通过这一过程进入大气。

上述这些气溶胶的产生过程的共同特点是把粒子直接送到大气中,这种气溶胶粒子被称做原生粒子或一次粒子。

二、气-粒转化过程

气-粒转化过程是大气气溶胶的一种重要来源,也是大气化学中的一类重要的化学-物理过程。它是许多重要大气化学过程的最后一步,是许多大气微量成分的清除机制。大气中发生的气-粒转化过程可分为两类,一类是均相成核过程,另一类是非均相异质凝结过程。成核过程包括均相均质成核和均相异质成核。均相均质成核是指由单一分子组成的气相物质转化成由同种分子组成的稳定的液相或固相胚粒。均相异质成核是指由多种化学成分组成的混合气体形成由两种或多种不同物质成分组成的液相或固相胚粒。非均相异质凝结过程是指气体分子在已有粒子表面上沉积、凝结而使得粒子长大的过程。

大气中最常见的气-粒转化现象是水汽的凝结和凝华。在一般大气条件下,水汽不可能发生均相成核过程。因为水汽的均相成核要在水汽过饱和度达到 320％时才会发生,而实际大气的水汽过饱和度很少达到 1％。在实际大气中,总是存在足够的原生粒子供饱和水汽在其表面沉积、凝结。水汽在已有粒子上的凝结是气象学和大气物理学的最重要的研究内容。但这类过程只使粒子长大而不产生新粒子,因而在大气化学中的地位就不那么重要了。大气中的化学和光化学过程常会产生一些挥发性很弱的气体,这类气体的浓度很容易达到足以发生均相成核的程度。当一种气体达到均相成核的过饱和度时,便发生均相均质成核。但是,从热力学的观点来看,分子需要具备足以克服分子间作用力的巨大能量时才能发生均相成核。换句话说,形成新粒子要比在已有粒子上凝结需要消耗分子更多的能量。因此,只要大气中存在足够多的原生粒子,在均相成核发生以前,非均相凝结过程早就开始了。凝结过程消耗气相物质使其过饱和度降低。如果化学反应不能更快地产生这种气体,均相成核便不会发生。但均相成核一旦发生,非均相凝结总是伴随进行。实际大气中,一般都存在足够的原生粒子,气相物质中的大部分将在已有粒子上凝结,只有一小部分发生均相成核,形成新的小粒子。只有在原生粒子浓度很低的干净大气中,均相成核才是主要的气-粒转化过程。大气化学反应产生弱挥发性气体而引发均相成核的最重要事例是,二氧化硫和氮氧化物经过化学和光化学反应分别生成硫酸气和硝酸气。这两种物质在大气条件下的饱和蒸汽压很低,很容易达到均质成核所需的过饱和度。特别是硫酸气,其饱和蒸汽压极低,硫酸气一旦形成,几乎立即成核,成为小粒子。在干净大气中,原生粒子较少,硫酸气以均相成核为主,硫酸盐物质主要存在于直径小于 1 μm 的小粒子中。但在原生粒子浓度较高的城市污染大气中,硫酸气除了均相成核形成的小粒子外,还有机会在已有粒子上凝结,使之长大成大粒子,实际观测到的气溶胶中的硫酸盐浓度随粒子尺度而变化,其浓度谱分布除了在小于 1 μm 的粒径范围内出现第一个峰值外,通常还在 2~4 μm 范围内出现第二峰值。第二个峰值的出现是硫酸气在原生粒子上凝结和气相二氧化硫在原生粒子上发生非均相氧化转化的结果。

除了上述的简单事例外,实际大气中还存在许多更为复杂的化学过程,它们都能将普通气相物质转化成能够成核的弱挥发性气体。例如,烃类化合物能与臭氧及其他自由基反应生成易发生均相成核的醇类和醛类化合物;烃类化合物及其某些反应产物可与氮氧化物反应生成有机硝酸酯。迄今为止,对这些过程的某些细节尚未完全弄清。

气-粒转化的另一种途径是气相物质直接被固体或液体粒子吸收或吸附,然后在粒子表面或粒子内部发生化学反应而转化成异质液相或固相物质。这里既有物理过程,又有非均相化学反应过程,比均质成核和凝结更为复杂。实际大气中最常见的例子是二氧化硫气体在固体物质表面和液体粒子内的氧化过程。二氧化硫易被不光滑的地面物体表面或固体粒子表面吸附。当空气潮湿时,被吸附的二氧化硫便会发生复杂的化学反应而转化成硫酸和硫酸盐。这是某些地区大理石建筑物被污染空气侵蚀的一种重要机制。二氧化硫是易溶于水的气体,它易于被大气水滴吸收。在一定条件下,水滴吸收的二氧化硫会经过复杂的化学过程转化成硫酸和硫酸盐。

与气-粒转化过程相反,大气中也会发生颗粒态固相或液相物质转化成气相物质的过程。除了通常所见的液体蒸发和固体升华过程外,大气中的某些化学过程也能将粒子转化成气体。例如,气溶胶粒子中的氯化物可与大气中的酸性物质发生反应生成盐酸气,这是气溶胶对降水酸度影响的重要机制之一。

三、光化学烟雾

光化学烟雾是实际大气中气-粒转化过程的重要事例。它是在城市污染大气中特定天气条件下发生的一种特殊现象,是气相物质经过光化学反应急剧地向颗粒态物质转化的结果。光化学烟雾的主要成分是硝酸铵、有机硝酸酯(如过氧乙酰硝酸酯,简称 PAN)和复杂的有机化合物。气相反应物主要是氮氧化物和烃类化合物。在氮氧化物和烃类化合物氧化产生光化学烟雾的过程中,OH 自由基和臭氧起着关键的作用。但 OH 自由基和臭氧的光化学产生过程及它们在大气中的浓度又与氮氧化物和烃类化合物的浓度密切相关。这就是说,污染大气中先要经过光化学反应产生高浓度的臭氧或 OH 自由基,然后才能产生光化学烟雾。因此,有些文献中把臭氧和二氧化氮(NO_2)浓度达到某一临界值定为光化学烟雾形成的指标,有时也把臭氧和二氧化氮等气相成分当成光化学烟雾的组分。光化学烟雾生成的化学过程极为复杂,大致可分为两个阶段,即臭氧浓度上升阶段和光化学烟雾生成阶段。

由于汽车尾气和其他大气污染物的影响,城市大气中可能出现高浓度的一氧化氮(NO)。在太阳辐射作用下,一氧化氮可缓慢氧化成二氧化氮。NO_2 一旦产生,就会在紫外辐射的作用下产生臭氧。其反应过程是,二氧化氮吸收紫外太阳辐射后光解反应,生成一氧化氮和基态氧原子,基态氧原子一旦与氧气分子发生碰撞,便生成臭氧。但是,O_3 又会急剧地与 NO 发生氧化反应而生成二氧化氮和氧气。显然,以上反应构成了一个闭合的循环反应过程,其结果不能使臭氧浓度增加,光化学烟雾也不能形成。研究表明,在光化学烟雾的形成过程中,烃类化合物的氧化起着重要作用,尤其 OH 自由基是关键成分。

大气中的烃类化合物种类很多,它们的氧化过程也很复杂。这里用最简单的烃类化合物成分甲烷(CH_4)来说明烃类化合物的氧化如何促进光化学烟雾的形成。大气中甲烷通过以下几个步骤进行氧化:第一步,甲烷被 OH 自由基氧化,生成 CH_3 自由基和水汽;第二步,CH_3 自由基与氧气结合生成 CH_3O_2 自由基;第三步,一氧化氮与 CH_3O_2 自由基发生氧化反应,生成二氧化氮和甲醇(CH_3O);第四步,甲醇与氧气反应,生成甲醛(CH_2O)和 HO_2 自由基;第五步,HO_2 自由基氧化一氧化氮,生成二氧化氮和 OH 自由基,同时,甲醛或吸收太阳紫外辐射后直接光解生成一氧化碳(CO)和氢气,或吸收太阳紫外辐射后与氧气反应生成一氧化碳和 HO_2 自由基,或直接与 OH 自由基反应生成一氧化碳和 HO_2 自由基。通过以上几个反应步骤, 甲烷被氧化成了一氧化碳,并同时生成了二氧化氮及 OH 或 HO_2 自由基。一氧化碳将进一步被 氧化成化学性质稳定的二氧化碳,但这一氧化过程并不消耗 OH 或 HO_2 自由基。因此,甲烷等 大气中的烃类化合物在经多个步骤被氧化成甲醇、甲醛、一氧化碳、二氧化碳的过程中,一定导致 二氧化氮浓度的净增加,同时导致 OH 或 HO_2 自由基浓度的净增加。OH 或 HO_2 自由基浓度增 加又反过来促进甲烷的氧化和二氧化氮及 OH 或 HO_2 自由基浓度的增加。包括烷烃、烯烃、炔 烃、芳香族化合物(如苯系物及多环芳烃)在内的其他烃类化合物,虽然其氧化反应过程比甲烷更 加复杂,但和甲烷一样,氧化过程中都将导致二氧化氮及 OH 或 HO_2 自由基浓度增加。

由于一氧化氮分子既可以与 HO_2 自由基反应,也可以与臭氧反应。当烃类化合物氧化形 成较高浓度的 HO_2 自由基时,HO_2 自由基和臭氧竞争一氧化氮分子的结果,将使上述的臭氧 产生和消耗反应由无臭氧净产生的封闭循环过程变成有臭氧净产生的开放式循环过程。

由以上分析可见,大气臭氧浓度增加的必要条件是大气中具有高浓度的烃类化合物和氮 氧化物(一氧化氮与二氧化氮的总称)。

在存在高浓度臭氧的条件下,可能引发一系列的大气化学反应而生成光化学烟雾。光化 学烟雾的主要成分包括 PAN 和硝酸铵晶粒及含大分子碳氢自由基的复杂有机化合物。它们 的生成过程所涉及的有关化学反应过程主要有:臭氧与一氧化氮反应生成二氧化氮,与二氧化 氮反应生成三氧化氮(NO_3),一氧化氮与 OH 自由基反映生成亚硝酸气,二氧化氮、三氧化氮 转化成硝酸气,遇氨气即生成硝酸铵,多个硝酸铵气体分子经均质成核过程转变成硝酸铵晶体 颗粒;一氧化氮首先被臭氧、HO_2 自由基氧化成二氧化氮,再与由含两个以上碳原子的烃类化 合物经一系列氧化反应过程生成的过氧乙酰自由基($(CH_3CO)O_2$)作用,直接生成过氧乙酰硝 酸酯;各种烃类化合物被臭氧、OH、HO_2、NO 或 NO_2 氧化生成易于成核的弱挥发性大分子有 机物。

第三节　大气气溶胶的化学组成

一、成分概率密度谱分布函数

大气气溶胶粒子的化学成分相当复杂。现代物理化学分析方法已经能够确定单个气溶胶 粒子的主要化学成分,并能测定它们的相对含量。但是,还无法测定单个粒子的各种化学成分 的绝对含量。在大多数情况下,这种测量也没有什么意义,因为通常关心的是气溶胶粒子群的 化学成分浓度及其按粒子尺度分布的统计特性。一般是采用成分概率密度谱分布函数来描述 大气气溶胶的化学成分浓度随粒子尺度分布的粒子群统计特性。

二、化学成分的平均浓度

(一)一般描述

在讨论气溶胶化学成分的平均浓度时,"平均"的概念包含两层含义,一是对粒子尺度的平 均,二是对时间的平均。严格说起来,也还包括对空间的平均。在研究气溶胶的化学成分时, 一般采用过滤的方法把气溶胶粒子从大气中分离出来,然后加以收集,称之为采样。将所收集的样品在实验室里进行化学分析,以确定各种化学成分的浓度。如果滤器的收集效率是理想的,即它能全部收集各种不同尺度的粒子,那么这种方法所得到的是在采样时间间隔内和整个粒子尺度范围内的气溶胶化学成分平均浓度。如果滤器只收集某个尺度范围内的粒子,则得到的是采样时间间隔内该尺度范围内的化学成分平均浓度。在给出化学成分平均浓度时,必须同时说明尺度范围和时间间隔。当然,滤器总有一定的大小,这里所说的平均浓度也暗含了对空间的平均,只不过滤器的几何尺度通常比所研究的大气范围的空间尺度小得多,空间平均的概念就没有实际意义了。

在实际工作中,常用到相对浓度的概念,也就是某一种化学成分的平均浓度与在采样时间间隔内、滤器有效收集尺度范围内得到的气溶胶粒子的总质量浓度之比。

（二）大气气溶胶的化学元素平均浓度

不难想象,大气气溶胶的化学组成随天气条件的变化而有很大的变化。一般用在各种天气条件下大量测量的统计平均结果来反映一个地区气溶胶化学组成的一般特征。

大气气溶胶中几乎包含了自然界存在的所有元素。一般说来,海洋上空气溶胶的化学元素组成与海水的元素组成相似,干净大陆气溶胶的元素组成与地壳物质的元素组成相似。城市大气气溶胶则不但包含了地壳中丰度很高的元素,还包括了各种各样的工业污染元素。下面以代表燃煤为主要能源的中国北方城市的北京大气气溶胶、代表华北地区相对干净大陆的河北兴隆大气气溶胶以及美国华盛顿市的气溶胶的实测元素浓度为例,来说明不同类型的地表上空大气气溶胶元素浓度的差异。对于大多数地壳元素来说,北京气溶胶的元素浓度比华盛顿高5~10倍,比华北地区相对干净的大气高10倍以上。北京城区的浓度也比郊区高1倍以上。这反映了一次气溶胶粒子的空间分布特征。对于硫和氯等元素,上述不同地区之间的差别要小得多,例如北京城区的硫元素只比郊区高20％,比华盛顿高1倍,比华北地区区域本底也高60％。这反映了二次气溶胶粒子的空间分布特征。

通常用元素富集因子差异来讨论不同地区间气溶胶元素浓度的变化特征。富集因子定义为气溶胶中某种元素相对于参考元素的量值与参考物质中该种元素相对于同种参考元素的量值之比。因为干净大陆本底气溶胶主要来自地壳,因而参考物质一般选择全球平均的地壳物质,参考元素一般选择地壳物质中丰度较高且人为污染较少的元素。

以北京气溶胶为例,就是以铝为参考元素,以地壳平均物质为参考物质计算各元素富集因子。作为比较,也以同样的方法计算了煤烟尘中各元素的富集因子。富集因子的计算结果显示出,北京气溶胶中富集度较高的元素是硫(S)、氯(Cl)、钙(Ca)、钒(V)等。对于粗粒子,其元素富集因子与煤烟非常接近,除了钙以外,其他所有在煤烟中富集因子高的元素,在北京粗粒子气溶胶中也有较高的富集因子,而且城区与郊区差别很小。这说明北京大气气溶胶的粗粒子主要来自于煤烟排放。一个比较特殊的元素是钙,煤烟中钙含量很低,而北京粗粒子气溶胶中钙的富集因子却很高,而且城区几乎比郊区大1倍。这说明,北京气溶胶中的粗粒子除来自煤烟外,还来自一种富含钙的源,这种源主要集中在城区,很可能是建筑工地粉尘。对于细粒子,除了有与煤烟相似的富集元素外,富集度高的元素还有钾(K)、钙(Ca)、钒(V)、铬(Cr)、锰(Mn)。这表明,北京的细粒子气溶胶除了来自煤烟以外,还有另外的工业污染源。北京细粒子气溶胶中硅(Si)元素的富集度很高,这是一种很特殊的现象。硅通常被认为是典型的地壳元素,它主要存在于粗粒子。北京细粒子气溶胶中的硅有可能来自一种气-粒转化过程。北京细粒子气溶胶中铅(Pb)的富集因子远大于煤烟,且城区比郊区高约20倍。这说明,北京细粒子气溶胶中的铅主要不是来自煤烟,而是来自汽车尾气。

应当指出,利用元素浓度和元素的富集因子判断气溶胶的源只是定性的。

(三)大气气溶胶中的水溶性化学成分

大气气溶胶的水溶性成分主要是硫酸盐、硝酸盐和氯化物以及少量的有机酸,它们的浓度与大气降水的酸度有着很密切的关系。在实际测量中,很难得到这些盐类的分子成分浓度,一般只能测量气溶胶的水溶液中的离子浓度。气溶胶水溶液的主要离子成分有 K^+、Na^+、NH_4^+、Ca^{2+}、Mg^{2+}、SO_4^{2-}、NO_3^-、Cl^- 等。象元素成分一样,这些离子的浓度随天气条件和测量地点不同而有很大的差别。在各种天气条件下进行大量测量后取平均值,可以得到一个地区气溶胶中水溶性成分的浓度的一般概念。用这种方法得出,北京与重庆的气溶胶水溶液离子浓度相比,最大的差别是在钙离子和硫酸根离子浓度。北京的钙粒子浓度比重庆高 1 倍多,而北京的硫酸根浓度却只有重庆的 1/4。这一差别是造成北京气溶胶水溶液偏碱性而重庆气溶胶水溶液偏酸性的主要原因。

(四)大气气溶胶中的有机化合物

在干净大陆大气气溶胶中,有机化合物的含量很低,但在城市污染大气中,颗粒态有机物种类非常多。近代测量仪器已从城市大气气溶胶中检出了 100 多种有机化合物。尽管这些有机物的浓度很低,它们却是气溶胶中的主要有害成分。例如,近几年的研究表明,城市大气气溶胶中含有许多种能致癌的多环芳烃。因此,气溶胶有机物的研究是当代环境科学中的重要课题。

气溶胶中有机化合物的浓度比较难以测量。首先需要有机物本底浓度很低的特制收集器。通常使用玻璃纤维滤器。使用前将滤器放在 400 ℃以上的烤箱中烤 48 h(小时),以除去任何残存的有机物和水份。因许多方法实际上只能测定样品中各种有机化合物的相对浓度,所以通常要在采样前、后准确地测定滤器的质量以求出样品气溶胶的总质量浓度,然后才能确定各种有机化合物的绝对浓度。北京和纽约分别代表以燃煤和以燃烧石油、天然气为主的城市。测量结果表明,这两个城市的气溶胶中有机化合物的浓度存在明显差异。北京气溶胶中的有机化合物总量比纽约高 1 倍多,同时多环芳烃的浓度却要比纽约高 30 多倍。这反映了燃煤和燃烧石油、天然气之间的巨大差别。燃煤不仅使气溶胶中有机化合物的含量,特别是对人体有害的多环芳烃的含量大大增加,而且明显地改变各类不同有机化合物的浓度比。例如,北京气溶胶中有机化合物总量比干净背景大气中高 10 倍以上,而且非极性化合物的相对浓度大幅度增加。北极地区气溶胶中的非极性、弱极性和极性有机化合物的比例为 1∶1∶11,而北京气溶胶中非极性、弱极性和极性有机化合物的比例变成 11∶3∶7。

三、化学成分平均浓度的谱分布

(一)一般描述

如第一节所述,气溶胶的浓度随粒子尺度的不同而有较大的变化。为了描述气溶胶的这一特点,引入了浓度谱分布函数。对于各种化学成分的浓度随粒子尺度的分布,引入了化学成分概率密度谱分布函数。但是,现在还没有办法实际测量气溶胶的化学成分概率密度谱分布函数。

在 20 世纪 70 年代末,由于高灵敏度元素分析方法的发展,使得能够把大气气溶胶分为 10 个左右的粒子尺度范围,分别测量其化学元素的浓度,从而得到不连续的化学元素浓度谱分布。

对于气溶胶的绝大多数分子成分和离子成分来说,现代化学分析技术还只允许将气溶胶分成 2~4 个尺度范围。因此,至今还没有关于气溶胶分子和离子成分的浓度谱分布的实测资料。

(二)干净大陆大气气溶胶的元素浓度谱分布

不难理解,气溶胶元素浓度谱分布也象粒子数浓度谱分布一样有很大的时空变化。以在河北兴隆实际测量的某些有代表性的元素的浓度谱分布为例来讨论相对干净的大陆大气气溶胶的元素浓度谱分布特征。干净大陆大气气溶胶的元素浓度谱分布的突出特点是,它们可以很明确地分成 3 种不同类型的谱。第 1 种是以硅(Si),铝(Al),钙(Ca)等元素为代表的粗粒态谱分布。在这种分布中,这些元素总质量浓度的 99% 以上都集中存在于直径大于 1 μm 的粒子尺度范围内,在直径小于 0.5 μm 尺度范围内,元素质量浓度低于分析仪器的探测极限,元素质量浓度最大的尺度范围是 2~4 μm 和 4~8 μm。钛(Ti)和铁(Fe)等元素的谱分布也属于粗粒态谱分布。第 2 种是以硫(S)元素为代表的细粒态谱分布。在这种谱分布中,90% 以上的元素质量浓度都集中在直径小于 1 μm 的粒子尺度范围内,其中大约 70% 集中于 0.5~1 μm 尺度范围。砷(As)和锌(Zn)的谱分布也属于细粒态谱分布。第 3 种是以氯(Cl)为代表的一组元素具有双模态谱分布,峰值出现在 0.5~1 μm 及 4 μm 左右的粒子尺度范围内。这组元素包括氯(Cl)、钾(K)和锰(Mn)。

气溶胶元素浓度的这种谱分布特征可以比较清楚地体现各种元素的来源。硅、铝、钙、钛、铁等具有粗粒态谱分布的元素主要来自土壤尘和煤烟尘,存在于原生粒子中。硫、砷、锌等具有细粒态谱分布的元素主要来自污染气体的气-粒转化过程,存在于二次气溶胶粒子中。氯、钾、锰等具有双模态谱分布的元素来源比较复杂,氯可能来自海盐粒子和污染气体的气-粒转化,钾可能来自生物质燃烧和土壤尘,锰可能来自土壤尘和工业污染源。

(三)城市污染大气气溶胶的元素浓度谱分布

以北京城区和郊区气溶胶的元素浓度谱分布为例来讨论城市污染大气的气溶胶元素浓度谱分布特征。北京气溶胶元素浓度谱分布的最大特点是,大多数元素都具有双峰模态浓度谱分布。尽管钙、钛、铝和铁等元素基本上仍属于粗粒态谱分布,但与上一段中所讲的粗粒态谱分布相比,小于 1 μm 尺度范围内的元素含量明显增多。硫、氯、钾、锰、铜、砷、锌和硅等元素的浓度谱分布都表现为明显的双峰模态谱。北京气溶胶元素浓度谱分布的这种特征是煤烟型城市污染大气中气溶胶的复杂产生过程的反映。它揭示了一些重要的大气化学过程。其中特别值得注意的是硅和硫元素的双峰模态谱分布。在较早期的气溶胶化学文献中,硅一致被作为典型的地壳元素,在干净大气和西方国家城市污染大气中都观测到硅元素的粗粒态谱分布。而在北京气溶胶中,直径小于 0.25 μm 的超细粒子中,硅的浓度明显偏高。然而,这样大量的小粒子不可能来自土壤尘和其他固体物质,这表明大气中存在气相硅化合物,它们可通过均质成核过程形成含硅小粒子。化学热力学计算表明,在煤燃烧过程中,如果供氧不足,煤炭中的岩石杂质可与碳发生反应,生成 SiO 和 CO 气体。温度越高,生成的 SiO 气体越多,当煤的燃烧温度在 1200 ℃ 以上时,SiO 气体的分压力可达 0.1 Pa 以上。SiO 随烟气排放到大气中便很快氧化,转化成 SiO_2 小粒子。

在过去的文献中,硫元素的浓度谱分布一直被作为气-粒转化产物的代表,应是典型的细粒态谱分布。但是,北京气溶胶中,粗粒态硫与细粒态硫的含量大体相当,各占 50% 左右。气相二氧化硫的均质成核过程和二氧化硫均相氧化形成的硫酸都不可能大量生成粗粒子。对北京气溶胶粒子中粗粒态硫生成机制有几种可能的解释:一是二氧化硫均相氧化生成的硫酸在原生粒子上凝结,使这些粒子继续长大,形成含硫大粒子;二是二氧化硫气体在已有粒子表面或内部氧化转化而生成含硫大粒子;三是二氧化硫能被吸附在已有大粒子上,并在粒子表面发生反应形成硫酸盐,使已有大粒子进一步长大;四是因为二氧化硫的溶解度较高,它易被大气气溶胶的液体粒子吸收并形成复杂的溶液体系,且在溶液中被转化成硫酸盐。

第四节　气溶胶来源的判别和定量分析

一、大气污染物分布的接收点模式

为了制定科学的大气环境质量标准和合理而又经济的大气污染治理措施,需要定量地研究各种来源对气溶胶各种成分及其总质量浓度的相对贡献。在早期大气污染研究中,人们主要依据源排放率统计资料,用扩散模式来估计污染物的空间分布,进而判断各种源对所研究的地点的气溶胶的贡献。这种方法曾经成功的解决了小尺度范围内原生气溶胶粒子和化学稳定的污染气体的分布问题。但是,这种方法在用于较大空间范围时,遇到了很多困难。首先,在大范围内源排放资料的统计很难做到全面、完整、准确。其次,在源到接收点之间长距离上的物质转化过程(包括均相气相化学反应和气-粒转化过程)难以在模式中正确处理。另外,对于一些面源和移动源,如风扬尘、道路浮尘和汽车尾气等,追迹计算极为困难,扩散模式难以应用。

随着气溶胶采样仪器和化学分析技术的发展,能够在较短的时间内获得观测地点气溶胶化学成分的大量资料。相对于源点而言,观测地点也称为接收点。对接收点大气气溶胶的化学成分资料进行统计分析可以直接判断各类源对气溶胶化学成分浓度和总质量浓度的贡献。这种数学模型称为接收点模式。

在20世纪70年代,高灵敏度多元素物理化学分析方法得到了飞速发展并大量应用于气溶胶研究。这种方法能够分析微克量级的气溶胶样品,并同时给出几十种元素的浓度。因此,目前所用的各类接收点模式主要是用于气溶胶的化学元素浓度。接收点模式大体上可分为两类:一类是化学成分质量平衡法,或叫化学元素质量平衡法;另一类是因子分析法。所有这些方法都有一个共同的最基本假定,即各种源对接收点气溶胶总质量浓度和各种化学成分浓度的贡献具有可加性,这也就是说,接收点测量的气溶胶各种化学成分的浓度应当等于各种源的贡献的总和。如果对每一个样品测量的化学成分足够多,并能测量分析大量样品,则统计学方法能够从测量的浓度资料出发,反推出各种源的相对贡献。

化学成分质量平衡法所用的测量资料是大量样品的统计平均结果,即首先从大量样品的分析中得出各种化学成分的平均浓度,然后由测量的化学成分平均浓度计算出各种源对接收点贡献的参考成分的浓度,进而求出各种源对各种化学成分的贡献。这种方法在数学计算上很简单,但需要事先知道各种源的排放物中各种化学成分的相对含量,因而必须在特定条件下对各种源的排放物进行大量实际测量。

因子分析法所用测量资料是大量样品的多种化学成分浓度。它的基本出发点是利用测量的化学成分浓度之间的相关性来分析各种源对测点各种化学成分的相对贡献。利用因子分析法,只要样品数大于有贡献的源数,就可以求出各种源对每一样品的气溶胶总质量浓度的贡献。

二、干净大陆大气气溶胶的来源分析

1980 年 8 月在新疆天池用条式滤膜采样仪进行了 15 d 气溶胶采样,每 4 h 采集同样的 2 个样品,共获得 180 个气溶胶样品,获得了近 20 种元素的浓度。下面以对这一资料族进行因子分析的结果为例来讨论干净大陆大气气溶胶的来源。

对于大多数测量元素来说,这组测量资料可以用两个因子来很好地描述。这说明测点的气溶胶有两种主要来源。与已知的各种源的元素组成比较后发现,这两个因子可能都是地表土壤尘的代表。与地壳平均物质比较,第一个因子的硫、氯、磷负荷较高,钛、锰和铁的负荷相对较低。而第二个因子更接近地壳的平均物质。进一步结合气象条件的分析证明,第一种源可能是局地土壤尘,第二种源是大范围背景土壤尘。在干旱地区,土壤表层的物理化学过程往往造成硫和氯这类含于可溶性物质中的元素的富集。因此,氯和硫富集度高说明土壤尘来源于局地。对大多数元素来说,局地土壤尘和大范围土壤尘的贡献之和与测量浓度之差很小,但磷和锌例外。两种源对磷贡献仅占测量浓度的 82%,对锌的贡献仅占测量浓度的 66%。这说明,磷和锌可能还有另外的来源。

三、城市污染大气气溶胶的来源分析

以北京气溶胶的因子分析结果为例来讨论城市污染大气气溶胶的来源。1983 年 1、4、7 和 10 月各进行了 2 周气溶胶采样观测。采样地点设在北京北郊,采样高度离地面 8 m,用条式滤膜采样器每 4 h 采 1 个样品,每次 84 个样品。用质子荧光法分析样品中的 17 种元素的浓度。对这些资料进行因子分析后得出:第一个因子在铝、硅、钙、钛和铁等主要地壳元素上均有较高的负荷,它可能代表土壤尘和煤烟尘;第二个因子主要在硫元素上有很高的负荷,它显然代表次生硫酸盐粒子;第三个因子只在镁、铝、钙和铁等元素上有较高负荷,而以钙上的负荷最高,它可能代表建筑工地的水泥、石灰粉尘;第四个因子在镁和氯元素上有较高的负荷,且在氯元素上的负荷最高,它可能代表海洋气溶胶;另有三个因子比较难以判别,它们可能代表不同的燃烧过程,包括拉圾处理、生物质燃烧和汽车尾气。

很显然,北京气溶胶的来源要比新疆复杂得多。尽管前面 4 种源能够表示资料族变分的绝大部分,但对有些元素来说,后面三种源也是不容忽略的。由于土壤尘和煤烟尘对资料中的元素来说相对组成类似,所以因子分析未能把土壤尘和煤烟尘分开。但是可以在因子分析的基础上用示踪元素平衡法进一步分解第一个因子,得到土壤尘和煤烟尘的元素组成。结果表明,对于大多数元素来说,用煤烟尘、土壤尘、硫酸盐、水泥石灰尘等 4 种源就能很好地描述测量资料,不能被这 4 种源完全包括的元素有硅、钾、钛、氯、锰和铅。如前所述,硅的另一个来源可能是污染气体的气-粒转化;钾的另外来源可能与垃圾处理和生物体燃烧有关;氯的另一个来源显然是海洋气溶胶;铅的另一个来源是汽车尾气;钛和锰的来源现在尚不太清楚。

土壤尘、煤烟尘、硫酸盐和基建工地尘对北京大气气溶胶总质量浓度的相对贡献存在明显的季节差异。这 4 种主要来源的贡献在冬、春、夏、秋季分别占气溶胶总质量的 83.8%、89.8%、90.2%、86.7%。冬季最主要的源是煤烟尘,这是大量没有除尘设备的小型取暖炉具造成的;春季最主要的来源是土壤尘;夏季最主要的是硫酸盐;秋季最主要的是基建工地尘。从源强度的季节变化来看,土壤尘季节变化最大,春季浓度最高,冬季浓度最低,相差 5 倍之多。北京地区土壤尘的这种变化是显而易见的,容易理解的。春季干燥多风,农业活动开始,大量土壤尘进入大气。冬季土壤封冻、人为的土壤扰动停止,土壤尘难以进入大气。煤烟尘冬季浓度最高、秋季最低,相差 50％,这与北京地区用煤量的季节变化一致。硫酸盐夏季浓度最高、冬季浓度最低,相差 1 倍。硫酸盐的来源是大气二氧化硫,其浓度是冬季最高、夏季最低。这一事实说明气溶胶中硫酸盐的浓度主要取决于二氧化硫的转化速率而不是它的大气浓度。夏季温度高、湿度大、太阳辐射强,因而二氧化硫转化成硫酸盐的速率高,冬季却刚好相反。北京的水泥石灰尘四季浓度都很高,季节波动也不大,是北京气溶胶的一大人为来源。

第五节　气溶胶观测实验方法概要

一、气溶胶物理性质的观测仪器概述

气溶胶科学是一门实验科学,观测实验方法极为重要。为了取得可靠的资料并从中得出正确的结论,必须对所使用的测量仪器的工作原理、观测精度以及仪器的固有缺陷有深刻的了解,并且需要有正确的观测实验方法。

在气溶胶物理特征的研究中,需要测量的参数是气溶胶的粒子数浓度及其谱分布和气溶胶的光学性质,包括光学厚度、消光系数及复折射率指数等。关于气溶胶光学性质的测量,目前还没有专用的仪器,通常是使用一般大气光学探测仪器。这一节将简单介绍几种测量粒子数浓度及其谱分布的仪器。

(一)凝结核计数器

凝结核计数器是常用来测量气溶胶粒子总数浓度的一种仪器。最早的凝结核计数器是由埃根(J. Aitken)于 1887 年发明的,所以也叫埃根核计数器。此后经过多次改进,产生了许多不同形式的仪器。但是,它们的基本原理都是相同的。将被测空气样品抽进一个具有一定水汽饱和度的实验空间,在这里,本来光学方法检测不到的小粒子吸收水汽后长大成能用光学方法检测的雾滴,用检测到的雾滴数目来推算小粒子的数目。根据实验空间产生过饱和空气的方法不同,凝结核计数器可分为膨胀型和扩散型两类。扩散型计数器的实验空间中产生的过饱和度较低,仅相当于实际大气中可能存在的过饱和度,在这种条件下只有一部分埃根粒子能吸收水汽而长大成雾滴。所以这种仪器测量的数目只是埃根粒子中的一部分,这部分粒子在气象学上叫云核。膨胀型粒子计数器的实验空间中产生的水汽过饱和度很高,达 300％～400％。在这样的条件下,几乎所有气溶胶粒子均能吸收水汽长大成雾滴。因此,这种仪器实际上测量的是气溶胶粒子总数,这也正是气溶胶研究所需要的。气溶胶学中用到的凝结核计数器通常是指的这种膨胀型计数器。膨胀型计数器的基本组成部分是光源、两端有加热端板的竖直管状实验空间和光电探测器。样品空气被抽进实验空间后因绝热膨胀而达到饱和,水汽凝结使粒子长大成雾滴。光电探测器上接收的光源辐射能的大小反映着实验空间内雾滴的多少,由此可推算出实验空间的粒子数目。用这种仪器能测量的最小粒子的尺度显然与粒子的化学成分和实验空间的过饱和度有关。在仪器结构一定时,其实验空间内的过饱和度也就固定了,测量的最小粒子的尺度也就只与粒子化学成分有关。现代市售仪器能测量的吸湿性粒子的尺度为 $0.01～0.1\ \mu m$,也就是说这种仪器能测量直径大于 $0.01\ \mu m$ 的可溶性粒子和直径大于 $0.1\ \mu m$ 的不吸湿粒子的总数。应当指出,把这种仪器称为埃根计数器是不完全合适的,因为它不但测量部分埃根粒子,还测量了所有大粒子。

（二）光学粒子计数器

根据粒子的光散射能力能够确定粒子的大小,并有可能将不同尺度的粒子分别计数。根据这一原理设计制成的气溶胶粒子数浓度测量仪器叫光学粒子计数器。光学粒子计数器的基本组成部分包括:光源、抽气泵、气鞘、辐射腔、导光系统和光电探测器。空气从入口进入后分成两路:一路经过滤器过滤后形成没有粒子的气鞘,其作用是防止样品空气被仪器壁污染,或粒子被窗口壁吸附;另一路作为样品气进入辐射腔。气溶胶粒子随样气进入辐射腔时,每个粒子都独立地散射来自光源的光,散射光的强度与粒子大小有关。散射光被导光系统会聚并被导向光电探测器。每一个粒子的散射光都在光电探测器产生一个输出脉冲,脉冲强度反映粒子大小,脉冲数目表示粒子数目。但是,实际上不能测量和计算每一个脉冲,而只能将脉冲强度分成若干级,使之对应于一个粒子尺度范围。每个级别内的脉冲数目代表该尺度范围的粒子总数。仪器能测到的最小粒子的尺度取决于光电探测器输出脉冲的高度对粒子尺度的响应曲线。响应曲线是仪器的重要质量指标,它取决于光源、各导光系统的特性以及光电探测器的灵敏度。如果粒子的光学特性已知,则原则上可根据粒子的折射指数和仪器的结构计算出仪器的响应曲线。但在实际工作中,仪器的响应曲线是用尺度已知的标准粒子标定出来的。由于标准粒子的光学性质与实际气溶胶粒子的光学性质差别很大,仪器测量的结果只是真实气溶胶粒子大小的某种等效度量。理论上,光学粒子计数器的最小检测直径为 $0.15\mu m$,在整个气溶胶粒子尺度范围内可分 50～100 级。但市售的普通光源粒子计数器的最小检测直径为 $0.3\ \mu m$,尺度范围只分成 10～15 级,激光光源粒子计数器可将整个尺度范围分为 50 级。

（三）电学粒子尺度分析仪

在特定条件下,气溶胶粒子可以带电。带电粒子通过一个严格控制的电场,有可能把粒子按其尺度大小排列起来依次进入检测器。根据这一原理设计制造的测量不同尺度范围内的粒子数的仪器叫做电学粒子尺度分析仪。电学粒子尺度分析仪最主要的部件是充电器、分析器、收集杆和真空抽气泵。位于分析器中心的收集杆上带正电,其电位可调。充电器利用电晕放电原理产生阴离子。样品空气进入充电器,在那里,气溶胶粒子遇阴离子而带上负电。带电粒子随样品空气通过一个环形间隙进入分析器,分析器的中心部分是经过过滤的清洁空气片流。两股气流流过分析器时,带电粒子在电场的作用下向收集杆运动,迁移率大的粒子被中心收集,而那些迁移率小的粒子随气流流过分析器而到达集电器。通过调节流过集电器的电流可以控制到达集电器的粒子数目。通过调节中心收集杆的电位可以控制到达集电器的粒子大小。当中心收集杆处在零电势时,所有粒子都到达集电器,这时通过集电器的电流最大。集电器电流的大小反映着气溶胶粒子的数浓度。将中心收集杆的电位逐渐升高,到集电器的粒子数依次减少,通过集电器的电流也依次减少。每一电位增量对应于一个粒子尺度范围,相应地,通过集电器的电流减小量也就反映出该尺度范围内的粒子数目。因而,可由中心收集杆的电位及通过集电器的电流来推算气溶胶粒子数的谱分布。尽管理论上能够计算每一电位增量所对应的粒子范围,但实用仪器的这一关系曲线是借助于标准粒子确定的。现代电学粒子尺度分析仪的粒子尺度测量范围是 $0.01～0.3\ \mu m$,可分成 10～15 级。由粒子的电迁移率对应的粒子尺度是粒子的空气动力学等效尺度。

电学粒子尺度分析仪的精度取决于粒子所带电荷数的均匀性,即要求相同尺度的粒子所带电荷数也相同。在气溶胶粒子浓度较低时,适当控制充电器中的阴离子浓度可使这一条件得到满足。

二、气溶胶采样仪器

(一)一般原则

为了测量气溶胶的化学成分,惯用的方法是将气溶胶粒子从大气中分离出来制成样品,然后把样品拿到实验室里进行化学分析。所有用来从大气中提取气溶胶粒子的仪器都被称为气溶胶采样器,简称为采样器。采样器的基本组成部件包括抽气泵、气流入口、收集器和气流出口。为了保证所取得的气溶胶样品能够反映大气中的实际情况,采样器各部件都要精心设计,特别需要注意各部件之间的相互匹配。例如,抽气泵的抽气能力与气流入口的恰当匹配才能保证不同尺度、不同形状、不同化学成分的粒子能机会均等地到达相应的收集器;抽气泵的抽气能力与收集器结构的恰当匹配才能保证各个收集器的收集效率大致相等。采样器全部气路的管壁应当特殊处理,管壁总面积与样品气体的体积比例应当适当,以保证气溶胶粒子在管壁上的沉积或由管壁进入气流所造成的误差最小。另外还应当尽量避免凝结等物理化学变化发生。

在实际大气中采样时,风的影响是一个重要的误差来源。如何避免风的影响所造成的误差是采样器设计中尚未解决的问题。采样器气流入口的取向与风速方向的相对取向也是一个重要因素。实验证明,当采样器入口的取向与风速方向的相对取向不同时,所得到的气溶胶样品的质量浓度是不同的。它们当然都不同于实际大气中的气溶胶质量浓度。这种差别是粒子尺度的函数。当入口气流方向与平均风速方向一致时,对于直径大于 $1~\mu m$ 的粒子,进入仪器的样品气流中的粒子数浓度与实际环境大气中的粒子数浓度之比取决于平均风速与采样气流速度之比以及粒子的斯托克斯数。若平均风速与采样气流速度相等,则对于所有尺度的粒子,进入仪器样品气流中的粒子数浓度与实际环境大气中的粒子数浓度之比都为1。这种条件下的采样称为等速采样或等动力采样,这是一种理想的情况。很显然,实际大气中风速变化是很大的,无论使用什么样的仪器,样品气流速度都不可能与平均风速相等,这时,粒子越大,采样误差也越大。当平均风速大于样品气流速度时,样品中的气溶胶粒子数浓度大于实际环境大气中的气溶胶粒子数浓度。反之,亦然。

采样器的上述固有缺陷不能完全避免,这给气溶胶研究带来了很大困难。原则上说,在采样器的设计过程中应充分考虑其使用环境,使仪器的等动力采样条件在使用环境的平均风速下达到。另一方面,在使用市售采样器时,应当知道它的设计等动力采样条件,尽量在接近等动力采样的风速条件下使用。在无法达到等动力采样时,应当在采样的同时准确记录风速,以便在处理资料时适当予以订正。

在过去几十年的气溶胶研究过程中,已经设计制造了各种各样的采样器。通常按采样器中收集器的作用机制不同把它们分成两大类。收集器采用过滤原理的叫滤器采样器;收集器采用撞击原理的,叫做撞击采样器。滤器采样器一般是用一个收集器把进入采样器的各种尺度的粒子全部收集起来,有时也用孔径不同的两个或几个滤器作收集器,把粒子按尺度大小分成两部分或几部分分别收集起来。进入采样器的样品空气通过滤器从出口排出。撞击采样器的收集器是不透气的,样品空气中的气体成分绕过收集器,而粒子因惯性而撞在收集器上。

在有些文献中,也按流入采样器的样品空气流量大小把采样器分成大流量采样器和小流量采样器两类。容易理解,这种分类方法是不科学的。下面将分别用实用典型仪器来说明滤器采样器和撞击采样器的工作原理。

(二)分级式撞击采样器

气溶胶的化学成分浓度按粒子尺度的分布是气溶胶化学研究的重要基础资料。它能为大气气溶胶粒子的形成和转化及其在大气中的输运特征提供很多有用的信息。为了获取气溶胶中各种化学成分浓度的谱分布,首先需要将气溶胶粒子按其尺度分级取样。通常使用分级式撞击采样器。现已研制了许多种分级式撞击采样器,尽管它们的结构可能千差万别,但其工作原理却是相同的。

这里将介绍一种适用于多元素化学分析的小流量单孔分级式撞击采样器,试图以此来说明撞击采样器的一般工作原理,而不注意仪器的结构细节。采样器的上端是气体出口,与抽气泵相连。在抽气泵的作用下,样品空气从下端的进气口进入采样器后,依次通过一系列直径逐步减小的圆孔。正对着圆孔装有样品收集片,收集片到圆孔的距离等于相应的圆孔直径的一半。气溶胶粒子随样品气流进入采样器后,最大的一批粒子因其惯性而不能随气流绕过样品收集片,因此首先撞在第 1 级收集片上并被粘住。其他粒子随气流绕过第 1 级收集片进入第 2 级。当气流携粒子通过第 2 级圆孔时,由于第 2 级圆孔的直径比第 1 级小,气流和粒子被加速,因此又有一批较大的粒子获得了较大的惯性,撞在第 2 级样品收集片上被收集。以此类推,直到最小的一批粒子被放在气流出口处的滤膜所收集。因为此类仪器每 1 级上收集的样品量都很少,收集片的任何污染都将带来很大误差。样品收集片通常是用含杂质极少的超薄有机膜制成。有机膜粘在硬塑料环上,后面再用硬塑料支托顶住以增加其机械强度。为了防止撞到收集片上的粒子反弹而重新进入气流,样品收集片上涂有特殊的粘性物质。

从上面介绍的样品逐级收集过程不难看出,采样器是按粒子的空气动力学等效直径分级收集粒子的。由于收集片本身总有一个有限的几何尺度,每一级总是收集一个相当大的粒子尺度范围内的粒子。同时,气溶胶粒子除了随气流运动而具有平均气流的流速这一运动速度外,它们还有其他方向上的运动速度,即布朗运动速度。就是说,气溶胶粒子群通过采样器每一级圆孔不可能都具有完全相同的速度,而是有一个随机的速度分布。另一方面,通过圆孔中心位置的粒子没有机会改变运动方向,不管其尺度如何,总是要撞在这 1 级收集片上。因此,这里分级收集粒子是一个统计概率的概念,而没有一个确定的粒子尺度范围。每一个粒子撞到任何一级样品收集片上的概率既不会是零,也不会是 1。它有可能被任何一级收集,只是被某一级收集的可能性最大而已。因此,每一级都收集一相当宽的粒子尺度范围内粒子,而且收集效率随粒子尺度是缓慢变化的,最大收集效率可接近于 1 但不等于 1,最小收集效率可接近于零但不等于零。除了采样流量外,收集效率的主要决定因素就是样品收集片到圆孔的距离与圆孔的直径之比。虽然,流体力学理论能够准确地计算在给定条件下各级收集片的收集效率随粒子尺度的变化,但在实际工作中,实用采样器的每一级的收集范围都是用标准粒子来标定的。通常以收集效率为 50% 的点来划分采样器的各级的粒子收集范围。一般地,第一级的收集范围 $>16~\mu m$,第 2 级为 $11\sim16~\mu m$,第 3 级为 $8\sim11~\mu m$ 等等。

(三)滤器和过滤式采样器

从大气中分离和收集气溶胶粒子的最简单的方法是过滤。让大气的气体成分通过而把其中的粒子分离出来并加以收集的滤器分为两大类:一类是纤维滤器;另一类是核子孔有机膜滤器。纤维滤器是用纤维物质制成的,用于研究气溶胶无机化学成分的是用有机纤维制成的滤膜,用于研究气溶胶有机化学成分的是用玻璃纤维编制成的滤膜。这种滤器较易制造,价格比较便宜,但是很难使孔径做得均匀。纤维滤器通常用在流量较大的大型采样器中。核子孔有机膜滤器是在 20 世纪 70 年代发明的,并很快在气溶胶研究工作中得到了广泛应用。实用的有机膜滤器是用厚仅有 2 μm、杂质极少、强度较高的玛拉膜制成的。将玛拉膜用加速粒子(质子或 α 粒子)辐照,膜上便形成孔径大小一样、孔密度均匀一致的微孔,然后用化学处理方法将微孔扩大。根据需要,可制成孔径不同的各种滤膜。孔径最小的可达 1.0 μm,最大的可达几十微米。这种滤器的突出优点是膜的本底质量极小,所有孔的直径都一样大,膜面上孔的分布均匀,这些对于精确研究工作是非常重要的。但它的制造工艺复杂,价格昂贵,通常都制成尺寸较小的滤膜,用于采样流量较小的小型采样器。

各种滤器对气溶胶粒子的收集效率是不完全相同的,但它们收集粒子的机制却大体相同。对于每一种孔径一致的滤膜,其粒子收集效率都随粒子尺度而变化。很显然,直径大于滤膜孔径的粒子不可能穿过滤膜,势必全部被膜截获,因而对它的收集效率为 100%。但是直径小于滤膜孔径的粒子却不能全部穿过滤膜。首先,因为膜有一定的厚度,滤膜的每一个孔对于小粒子来说相当于一根管子,到达"管口"的粒子的速度方向如果不和"管"中心轴的方向一致,它们撞到"管壁"上被"管子"收集的机会就很大。更小的粒子,在穿过"管子"的过程中随时都有因布朗运动而撞到"管壁"上的可能。实验证明,对于孔径为 0.2 μm 的理想滤膜,直径为 0.1 μm 的粒子的收集效率最低,约为 60%;直径在 0.1~0.2 μm 之间的粒子收集效率随粒子直径增加而急剧增加,当粒子直径大于 0.2 μm 时,收集效率为 100%。对直径小于 0.1 μm 的粒子,收集效率随粒子直径减小而增加,当粒子直径小于约 0.05 μm 时,收集效率已接近 100%。类似地,对于孔径为 0.4 μm 的理想滤膜,直径为 0.08 μm 的粒子的收集效率最低,约为 40%,当粒子直径为 0.1 μm 时,收集效率已达 50%,直径大于 0.4 μm 的粒子收集效率为 100%,直径约小于 0.01 μm 的粒子收集效率接近 100%。因为实际大气中直径约小于 0.1 μm 的粒子质量很小,利用孔径为 0.4 μm 的滤膜收集样品,分析气溶胶化学成分总浓度所带来的误差将远小于现代任何分析仪器的浓度分析误差。因此,经常用孔径为 0.4 μm 的滤膜收集样品,以测定气溶胶总质量浓度和各种化学成分总质量浓度。

利用不同孔径的滤膜可以制成分级式滤膜采样器。现代实用采样器一般只分为两级,前级使用孔径为 4 μm 的滤膜,后级使用孔径为 0.4 μm 的滤膜。对于前级滤膜,直径为 0.8 μm 的粒子收集效率最低,接近零。直径在 0.05~1.5 μm 范围的粒子的收集效率都小于 50%。因此,若以 50% 收集效率来划分,这样一个采样器的前级滤膜收集直径大于 1.5 μm 的粒子,后级滤膜收集直径 0.05~1.5 μm 的粒子。

在大气环境监测中,人们关心对人体健康有害的直径大约小于 10 μm 的粒子,因此常用撞击原理先把直径大于 10 μm 的粒子从样品空气中清除,然后再用孔径为 0.4 μm 的滤器收集直径为 0.1~10 μm 之间的所有粒子。美国等许多国家的环保部门都根据这一原则设计了所谓"可吸入粒子"的标准采样器。它和过去经常采用的总悬浮颗粒(TSP)采样器有很大差别。

三、气溶胶化学成分分析方法概要

(一)元素成分分析方法

(1)质子 X-射线荧光法

质子 X-射线荧光法,简称 PIXE,是 20 世纪 70 年代发展起来的一种高灵敏度多元素分析方法。其工作原理简述如下:首先由一台质子加速器产生能量为 $1 \times 10^6 \sim 5 \times 10^6$ 电子伏特的质子束,质子束在导向样品靶室前先通过一个辐照室使其强度变均匀,然后通过一系列聚焦装置使之变成截面积很小的、均匀的平行质子束。质子束进入靶室,撞击放在那里的气溶胶样品靶。样品靶通常是用撞击采样仪收集在极薄有机膜上的气溶胶样品或用核子孔滤膜收集的样品。穿过样品靶的质子束被一个法拉第杯捕获,然后用电流积分器监测质子束的强度。样品被质子撞击以后,其原子最外层或次外层电子被击出,使元素的原子成为激发态原子,当激发态原子再跃迁回基态原子时,便发出特征 X-射线。这种 X-射线的能量能准确地反映样品中含何种元素,X-射线的强度反映该元素的含量。样品原子发射的 X-射线是各向同性的,有一部分穿过一个薄窗口到达硅(锂)探测器,探测器输出信号经放大后送到计算机进行分析处理。

PIXE 是一种多元素同步分析方法。如果用能量分析器将探测器输出信号接收的 X-射线按能量大小分开就会得到 X-射线谱。X-射线谱由一系列叠加在连续背景曲线上的尖峰构成,根据峰值对应的能量确定峰值是何种元素,峰的面积与样品中该元素的含量成正比,比例系数与样品的 X-射线发射截面有关。X-射线谱的连续背景是由几种过程产生的。在 X-射线谱的高能端,背景辐射主要是由入射质子发出的轫致辐射。低能端的背景辐射主要是二次电子发射的轫致辐射造成的。样品基底物质的二次电子发射的轫致辐射与样品中微量元素的特征 X-射线发射重叠在一起,是 X-射线光谱分析中的主要干扰。另外,如果入射质子的能量较高,有可能使样品中的某些原子核被激发,从而发射 γ-射线。这些 γ-射线到达探测器后会在探测器中产生康谱顿散射,从而对 X-射线谱的高能端的背景辐射产生一定影响。

由于探测器窗口和样品靶室窗口的吸收,X-射线谱在低能端某一能量通道处截止,使得轻的元素发射的特征 X-射线不能在 X-射线谱上表现出来。因此,PIXE 法不能探测比铝(Al)轻的元素。

这种由 X-射线谱获取样品中所含元素及其浓度的方法被称为定量光谱分析技术。只要确定了谱图中所有峰的能量位置及其积分强度以及相应的背景辐射积分强度,就可以由样品的 X-射线谱求出样品中含有什么元素以及含量多少。因此,PIXE 是 1 种绝对测量法。当样品中包含的元素种类不多,其特征 X-射线能够很好地按能谱分开时,这种计算实际上没有什么困难。但当样品成分比较复杂时,不同元素的 X-射线常会发生重叠。对有重叠的 X-射线谱的处理需要特殊的数学方法,有时还需要有元素和含量准确已知的标准样品的 X-射线谱,或在样品中加进浓度已知的某种元素作为"内标",才能得到好的结果。PIXE 方法的另一误差来源是样品对 X-射线的自吸收,即某元素的一些原子发出的 X-射线被同类元素的另一些原子吸收,样品靶越厚,自吸收的影响就越大。尽管对自吸收的处理已进行了大量研究,但由于一批样品中不同样品的厚度可能差别很大,自吸收的处理仍然很困难。现代 PIXE 分析系统对薄样品的分析总误差低于 10%。

PIXE 是一种灵敏度很高的元素分析方法。对于气溶胶元素成分的分析来说,PIXE 的灵敏度的基本定义是最小可探测元素的质量。理论上,PIXE 对各种元素的最小可探测量为 10^{-13}g 的量级。但是,毫无疑问,PIXE 灵敏度还取决于实验条件,一般地,现代 PIXE 实验装置的实际灵敏度可达 10^{-10}g 的量级。在实验条件一定时,灵敏度还与元素的核电荷数有关,对某一确定的实验条件,PIXE 对于具有某一核电荷数的元素灵敏度最高,而对其他元素的灵敏度则随核电荷数增加或减少而呈指数下降。在实际工作中,经常用最小可探测相对浓度来定义 PIXE 的灵敏度。相对浓度亦即待测元素含量与样品总质量之比。用最小可探测相对浓度表示的灵敏度与上面所定义的最小可探测质量很容易互相换算,本质上没有多大差别。

(2)X-射线荧光分析法

　　X-射线荧光分析法是利用高能 X-射线代替质子束作激发源的荧光分析方法。其基本工作原理、光谱分析方法都与 PIXE 类似,只是灵敏度较低。另外,X-射线荧光法很难测出比钾轻的元素,这是因为用 X-射线激发时,轻的元素荧光发射率低,而且其特征 X-射线易被样品中的其他元素吸收。用 X-射线激发时,样品载体的背景 X-射线发射强度较大,这也是轻元素不易检出的重要原因。

　　X-射线荧光分析比 PIXE 优越之处在于设备简单。一个 X-射线源与质子加速器相比实在是简单多了。

　　(3)电子探微针

　　电子探微针是电子显微镜与 X-射线荧光分析结合的产物。当电子显微镜的电子束穿过样品时,样品原子也会被电子轰击而激发,被激发的原子也会发出 X-射线荧光,分析这些荧光的波长和强度,就可以得到样品中的元素成分和含量。根据这一原理,在普通电子显微镜上增加荧光 X-射线检测分析系统就制成了电子探微针。它不仅能象普通电子显微镜那样观测样品的物理结构,还能分析样品的元素及其含量。现代电子探微针能直接观测直径约为 $1~\mu m$ 的单个粒子的形状,并能分析其中比钠重的元素的相对含量。

　　以上三种元素分析方法都属于荧光光度法,其基本工作原理都是一样的,即先用一种高能粒子(如加速质子、电子或短波辐射光子)使待测物质由基态跃迁到某一激发态。激发态原子跃迁回基态时会发射出一定波长的荧光。原子发射荧光的波长与元素种类有很好的对应关系,荧光强度与原子的数量相对应。根据这一原理,由原子发射荧光光谱定量确定物质浓度的方法都可统称为荧光光度法。根据激发手段的不同才有了上述三种不同的方法。其实激发手段还很多,原则上,任何能量大于原子的电子能谱级差的微粒子都能作为激发源。

　　除了前面提到的灵敏度高和多元素同步分析的特点以外,荧光光度法的最大特点是对样品无任何破坏。样品经过分析以后完全保持了原有的组分和浓度。因而有可能把同一个样品在不同实验室重复进行分析,真正将不同实验装置的结果加以比较。这是其他分析方法难以做到的。

　　(4)原子吸收分光光度法

　　每一种元素的原子不仅可以发射一系列波长固定的特征谱线,也可以吸收与发射波长相同的特征谱线。根据原子吸收光谱的波长和强度与样品中元素种类和浓度的惟一对应关系来确定样品中的元素成分及其浓度的方法叫做原子吸收分光光度法。

　　原子吸收分光光度计的主要部件是光源、原子化器,单色器和监测器。光源的作用是发射与被测原子吸收的波长相同的特征谱线。原则上,利用连续谱光源也能得到原子吸收光谱。但是为了提高灵敏度,通常要使用特制单色光源。这种光源是由一个钨棒制成的阳极和一个由待测元素或其合金制成的空心圆柱形阴极组成的。两电极被密封在充有低压惰性气体并带有石英窗口的玻璃管中。当两极间电压达到一定值时,电子由阴极高速射向阳极,电子与惰性气体原子碰撞使之电离,所产生的正离子在电场作用下高速射向阴极,使阴极中的待测元素的原子激发,激发原子发射出其特征谱线,穿过石英窗口射向原子化器。

　　原子化器的作用是将样品转化成原子蒸气。样品的原子化是原子吸收分光光度法的关键,是分析灵敏度和准确度的决定因素。常用的原子化器有火焰原子化器和非火焰原子化器两种。火焰原子化器是利用燃烧高温使样品原子化的装置。火焰温度又不能太高以免被测元素的原子被电离。通常利用空气-乙炔火焰或氧化亚氮-乙炔火焰,其温度分别为 2300 ℃ 和

2900 ℃。最常用的非火焰原子化器有石墨炉和钽舟电热原子化器。它们都是利用电流加热来达到高温使样品气化和原子化的。

光源发射的特征辐射经过样品原子蒸气吸收后再经过一个单色器后射向监测器，单色器的作用是滤去无关的杂散光，只让波长与特征辐射波长相同的辐射通过。监测器将接收到的光信号转变成电信号以便放大处理。监测器的输出信号与样品原子的浓度有惟一的对应关系，通常用标准样品标定出仪器的响应曲线，并由该曲线对样品浓度进行定量分析。

原子吸收分光光度法与荧光光度法相比，最大的不足是它一次只能分析一种元素，每分析一种元素要更换一种光源。另外，样品被完全破坏而不能复原，不可能进行重复测量。

(5)中子活化分析法

中子活化分析方法包括两个过程，一是将稳定原子核转化为放射性原子核，二是对放射性原子核发射的射线进行分析。

现代中子活化分析通常也叫做仪器中子活化分析，是利用反应堆产生的热中子将样品原子核活化的，然后监测分析放射性原子核衰变过程中发射的 γ-射线。样品中的原子核捕获热中子形成放射性核，这种放射性核发射 γ-射线而衰变，衰变产物可以是放射性的，也可以是非放射性的。有些气溶胶研究中也用快中子来活化样品，即样品中稳定核捕获快中子生成放射性核，放射性核在衰变过程中发射质子、α-粒子或中子。

因为一个给定中子活化反应的产物量正比于反应物的量，所以，通过监测放射性产物的 γ-射线推知放射性产物量以后，就可以求出原来稳定原子核的量。在一个样品中通常含有几种元素，每一元素被中子照射后能产生几种不同的放射性同位素。为了获得最佳活度，常需要根据要测的元素种类而采用几种不同的中子辐照时间。实际测量中，是通过与一标准样品的比较来实现定量分析的。通常把组分和浓度已知的标准样品放在同样条件下活化，然后通过监测和比较待测样品与标准样品的活度来求得待测元素的浓度。

中子活化是灵敏度最高的一种元素分析方法，但仪器设备比较复杂。

(二)气溶胶可溶性成分的分析方法

气溶胶可溶性成分是指气溶胶中易溶于水的成分。因此，可溶性成分分析的第一步是先将样品放入去离子水，用超声振动器充分振动使可溶性成分完全溶解，然后滤去不可溶成分得到干净溶液。第二步是分析溶液的离子成分。

测定溶液离子成分的最常用方法是离子色谱法。离子色谱法与其他色谱分析方法一样是用一种叫做分离柱的特定装置来将混合物分离的。混合在一起的物质能够被分离柱分离的根本原因在于不同物质与分离柱物质的亲和性不同，因而在它们通过一固定长度的分离柱时，在分离柱内滞留的时间不同。因此，混合物进入分离柱后，不同物质将在不同时刻依次流出分离柱。载着样品流过柱子的物质叫做流动相。流动相是气相物质的，就是气相色谱法；流动相是液相物质的，就是液相色谱法。离子色谱法是液相色谱法的一种。离子色谱法所用的分离柱通常由离子交换树脂构成。

物质被分离柱分离后依次进入检测器。检测器的作用是对离开分离柱的物质进行定量分析。在离子色谱法里最常用的检测器有紫外检测器、差分折光仪和电导检测器。无论那种检测器，通常都用一系列浓度的标准物质做成标准曲线，用标准曲线对待测样品浓度进行定量。

离子色谱法的主要误差来源是不同物质色谱峰的重叠。

(三)气溶胶有机成分的分析方法

气溶胶中有机成分的分析方法可以简单地分为两类：一类是直接分析法；一类是有机溶剂萃取，然后用液相色谱分析。

直接分析方法有红外光谱分析法和质谱法。由于气溶胶中有机物浓度很低，通常的红外光谱分析技术的灵敏度不足以进行定量分析，只能定性地识别某些有机物。质谱分析是一种灵敏度较高的物理分析方法，其基本原理如下：样品首先在离子源中电离产生各种带正电荷的离子，这些离子在加速电场的作用下形成离子束射向质量分析器。在质量分析器中，入射离子束在磁场作用下开始分离，具有不同荷质比（即离子电荷与离子质量之比）的离子以不同的轨迹作匀速圆周运动。如果在某一半径位置上开一狭缝，则在特定磁场条件下，具有特定荷质比的离子得以离开狭缝而被探测器检测出来。逐渐改变分析器的磁场强度，可以使具有不同荷质比的离子依次通过狭缝而被探测器检测，从而在探测器的输出记录上产生所谓质谱图。根据质谱图上不同谱线的位置及相应离子的电荷数，可以知道离子的质量数，进而判断其所属物质种类，根据谱线的强度可以对该物质的浓度进行定量分析。适用于有机物分析的离子源是电子轰击源。在离子源中，固体样品必须先用特殊装置气化后才能被电子电离。为了提高对不同物质的定性识别能力，也经常让气化后的样品先经过气相色谱仪分离，然后再进入离子源。质量分析器一般要有很高的真空度，因为样品离子与分析器中残存的分子碰撞会在质谱图上形成很强的连续背景，降低分析灵敏度。离子源也需要保持高真空，因为离子源中残存的任何气体都会象样品物质一样被电离，它们将与样品离子一样进入分析器，给定量分析造成困难。

用溶剂从气溶胶样品中萃取有机物本身就是一种分析方法。用水萃取可测定气溶胶中可溶于水的物质的总浓度，然后将溶液在离子色谱仪上分析，可鉴别其中的无机物离子和有机物离子，主要有一些有机酸根。用适当的有机溶剂依次萃取气溶胶样品，可得到气溶胶中极性有机物、非极性有机物、弱极性有机物的浓度以及有机物的总浓度。然后进行液相色谱分析可鉴别各种溶液中所含的不同的有机物浓度。现代液相色谱法已在气溶胶中检出上百种有机化合物。其浓度都在 $10^{-9} g \cdot m^{-3}$ 量级。

上述几种分析方法的最大弱点是要将气溶胶样品气化或液化，这不可避免地改变了物质原有的属性，例如有机物分解、氧化等。而且这些方法都要求有很高的实验技术。这使不同实验室的测量结果之间的可比性成了问题。这也是气溶胶可溶性成分和有机成分的研究远远落后于元素成分研究的重要原因。

第五章 大气化学组成的变化及其引起的气候和生态环境的变化

第一节 大气化学与气候

地球气候系统是非常复杂地变化着的体系。引起地球气候变化的因子很多,如地球的主要能源太阳的变化,地球的空间物理参数和地壳内部的变化,与大气息息相关的陆地生态系统的变化,与大气不断进行能量、水分和其他物质交换的海洋的变化以及大气自身的物理化学变化等等。尽管对各种空间和时间尺度的气候变化的原因还不完全清楚,但十年到几百年时间尺度的全球气候变化与大气化学组成的变化关系十分密切。大气中的许多微量和痕量气体,如二氧化碳(CO_2)、水汽(H_2O)、臭氧(O_3)、甲烷(CH_4)、一氧化碳(CO)、氧化亚氮(N_2O)、氮氧化物(NO_x)、非甲烷烃($NMHC$)、氟利昂(CFC_s)、氢氟碳化物(HFC_s)、全氟碳化物(PFC_s)、六氟化硫(SF_6)等等,在地-气系统的辐射收支和能量平衡中起着决定性的作用,是当今气候形成的重要因素。这些浓度的变化当然会对地球气候系统造成明显扰动。

这里讲的大气化学组成变化包括两方面的内容:一方面是新的大气组分的出现,例如氟利昂及其替代物就是大气组成中的新成员;另一方面是已有大气组分的浓度变化。这两方面的变化都会引起气候变化。其实,大气的化学组成是一直变化着的,只是过去未被人们认识而已。到 20 世纪 50 年代,开始认识到城市人类活动和工业排放可在很大程度上改变当地和区域范围的大气化学组成,而 20 世纪 70 年代以后,大气化学研究的飞速发展使人们认识到,全球范围内的大气化学组成正在变化。这种变化的原因有自然的发展过程,也有人类活动的影响,有数千年甚至更长时间尺度的变化,也有几年到几十年就明显表现出来的变化。人类活动可能是造成几年到几十年时间尺度变化的主要原因。人类活动对大气组分的冲击早就存在,但直到近百年来,由于人口急剧增长和工业飞速发展,这种冲击才在全球尺度上逐渐表现出来。

人类活动造成全球尺度变化的最明显事例就是大气化学组成的变化。这一方面是由于大气本身的质量与固体地球和海洋的质量相比微乎其微,工、农业排放的气体很容易导致大气微量和痕量气体增加,而同样质量的物质放入海洋可能就不引起明显变化。另一方面是由于大气为超级流体,工、农业排放的气体很容易在全球范围内输送。人类活动造成的局地或区域范围的地表生态系统变化也会改变全球大气的组成,因为大气的许多化学组分都来自地表生物源。这就是说,大气化学组成是地球系统变化中最敏感最活跃的一个环节。

第二节 大气中主要微量气体的测量方法

为了判断和评价人类活动对全球气候和环境的影响,世界气象组织(WMO)、世界卫生组织(WHO)和联合国环境规划署等国际性组织和机构于 20 世纪 70 年代初发起和组织了"本底大气污染监测网"(简称 BAPMoN),对大气本底及污染状况进行长期的全球性监测。目前世界各地属于 BAPMoN 的台站有 200 多个,涉及到 60 多个国家和地区。按照区域代表性的不同,整个网络台站可分为三大类:基准站、区域站和扩大区域站。三类站的功能、监测项目和监测要求略有不同。其中基准站约 20 余个,主要由美国、前苏联、日本、加拿大、澳大利亚等国操作。氧化亚氮观测站有 6 个,氟利昂观测站有 5 个,地面臭氧观测站有 22 个。

世界气象组织(WMO)执行委员会于 1989 年 6 月批准组织建立全球大气监测(Global Atmosphere Watch-GAW)计划,通过加强并协调由全球臭氧观测系统(GO3OS)、本底大气污染监测网络(BAPMoN)及其他较小的测量网络分别进行的数据收集活动,以系统地监测全球和区域尺度大气组成的长期演变,评价其对气候变化和环境问题的贡献。目前,GAW 全球站点包括 22 个全球大气本底观测站和 400 多个区域大气本底观测站。监测项目包括温室气体、反应性气体和气溶胶等七类上百个观测项目。

我国对大气臭氧总量进行的长期、连续、系统观测始于 20 世纪 60 年代末,观测地点设在北京,1980 年又在云南省昆明新设立了一个臭氧总量观测点。北京和昆明的观测结果均已编入世界气象组织臭氧资料中心出版的资料集。从 1985 年起,我国与美国合作在甘肃民勤人为干扰极少的荒漠地区开始了内陆本底大气的采样和分析工作,以获得二氧化碳、甲烷、氧化亚氮及某些氟利昂成分的浓度资料。在世界气象组织的支持下,1990 年在我国青海省瓦里关山筹建了全球基准大气本底观测站,并于第二年开始了对二氧化碳等大气温室气体浓度的监测,1994 年该站正式投入常规业务运行。与此同时,国内又在吉林的长白山、河北的兴隆、广东的鼎湖山等有代表性的地区先后进行了温室气体区域背景浓度的监测。

有机气体成份是大气中最活跃的因素之一,它是消耗大气中的 OH 自由基及臭氧等强氧化剂的主要成份,因此早已引起大气化学家们的注意,但有计划有系统地监测这些物质的工作近几年才刚刚开始。除甲烷以外,有机气体成分在大气中的含量很低,一般均在 10^{-9} 量级以下,分析起来十分困难。因此,直到 20 世纪 80 年代以后才真正开始大气有机物的定性定量分析研究,且所用的仪器一般均以气相色谱仪为主。配以氢火焰离子检测器的气相色谱仪用于分析大气中的痕量有机物时,其特点是灵敏度高、定量准确,但它的致命缺点是定性分析差,即使有标准物定性,也会由于仪器系统漂移或成份之间的相互干扰,使作为惟一定性依据的保留时间发生变化,给定性造成困难。显然,采用气相色谱方法用简单的几种标准物来分析大气中复杂的有机成份几乎不可能得到准确的结果。目前已发展了配以特殊进样方法的气相色谱-质谱分析法及相应的技术设备,用这种新方法可以对上百种含量在 $10^{-12}\,\mathrm{g \cdot m^{-3}}$ 以上的大气中痕量有机成分进行定性和定量分析。

一、采样方法

由于大气的物理状态及化学组成都存在很大的时空变异性,因而,采用正确采样方法,严格遵守操作规程是保证监测数据的代表性和可靠性的第一个环节。

以分析大气成分浓度为目的的气体样品采集方法可分为两类,一类是非累积采样法,另一类是累积采样法。

非累积采样法就是一次在短时间内(如几分钟内)用同样的方法重复抽取一定量的空气样品,以此来代表较长一段时间的大气状况。一般是一天或一周采样 1 次。在采取大气样品的同时,记录下当时的气温、湿度、风速、风向、云量等气象参数。这种采样方法适用于对大气中甲烷、氧化亚氮和二氧化碳等长寿命气体的长期定位观测。这种定时采样方法的采样技术简单,易于操作,但缺点是所获取的样品容易受局地小气候和排放源的影响而不能很好地代表采样点一段时间(如 1 天或 1 周)内微量气体成分的平均浓度。为了减少这种影响,通常将采样点设置在离地面约 15 m 高处,且周围 1 km² 范围较为平坦,没有显著的局地源,同时,一般将采样时间选在下午 2～3 点钟进行,因为这时大气混合层较高,上下气体混合较好,所采集的样品和自由对流层的状况接近。

如果所分析的气体成分除了甲烷、氧化亚氮和二氧化碳外,还有痕量的氯氟烃及非甲烷烃类化合物,则最好采用累积采样法。累积采样法就是在较长一段时间内多次抽取空气样品,并在一个容器内将它们混合,以此混合样品来代表这段时间的大气平均状况。在累积采样过程中,通常用流量控制器和时间序列控制器控制样气流量、取样频率和取样时间的长短。累积采样法可更有效地避免局地小气候和排放源对样品代表性的影响,能较正确地反映日平均浓度。采样时间间隔可由时间序列控制器根据实际情况设定,采样周期可以是一天、一周或是任何一段规定的时间长度。累积采样法最适用于在污染严重的大城市进行多处布点采样。其缺点是采样容器的体积过大,不容易运输,携带起来比较麻烦,且造价较高。

为了防止在采样、贮存和运输过程中对样品的污染和保证样品成分的浓度在分析前保持稳定,必须对通过样气的气路和样品容器进行抽真空或其他物理化学处理。

二、分析方法

大气中二氧化碳的监测一般采用非色散红外二氧化碳分析仪,样品经除水后直接进入光室,可从仪器的显示器上直接读出气样中的二氧化碳浓度值。用气相色谱法分析大气中的二氧化碳是近几年来新兴起的,其优点是分析灵敏度高,所需样品量少,稳定性好。但缺点是难于实时观测,需要较多与之配套的外部设备,操作也比非色散红外二氧化碳分析仪复杂。大气中甲烷和氧化亚氮的分析一般均采用气相色谱法,但在分析方法和仪器配置上有所差别。对大气痕量有机物的分析,一般采用气相色谱-质谱联合分析技术。下面分别对每一种分析方法作简要介绍。

(一)气相色谱法分析大气样品中的 CH_4 浓度

(1)单阀单柱法

单阀单柱法即指甲烷成分的分析气路包括一个气体流向切换阀和一支色谱柱。从复杂的大气样品中分离出来的甲烷组分由 FID 检测。保留时间是色谱定性分析的惟一依据。对一个空气样品的分析会出现多个色谱峰,到底哪一个是甲烷峰,必须要在相同色谱条件下通过分析甲烷的标准气来确认。如果所分析的空气样品浓度范围与标准气接近,可采用单点外标法定量。但是,若样品中甲烷浓度差别较大,就应采用工作曲线法对甲烷浓度进行定量。如果分析的均是大气样品,其甲烷浓度差异一般仅为 0.5%～1.5%,只要所选用的标准气浓度尽量接近样品中所含甲烷的平均浓度,用单点外标法定量甲烷浓度就完全能够达到所要求的分析精度。

(2)单阀双柱系统

如果大气样品的成分相对简单,且比较干燥,一般用单阀单柱分析法就可获得良好的甲烷分析效果。但是,如果样品中水汽和其他非甲烷烃的含量较高,也没有良好的方法事先去除这些杂质,那么,当水汽和非甲烷烃在色谱柱中积累到一定程度时,就会产生严重干扰,给定量分析带来相当大的误差。解决这个问题的办法是采用单阀双柱系统来分析成分较为复杂的空气样品中的甲烷浓度。

单阀双柱法指的是分析气路系统中含有一个气体流向切换阀和两支色谱柱。在分析过程中,一开始,两支色谱柱通过切换阀串联在一起,样品气通过第一支色谱柱流向第二支色谱柱。当甲烷组分全部进入第二支柱后,切换阀转向,两支柱的联系被切断。带甲烷组分的样品气继续在第二支色谱柱中进行分离,分离出的甲烷组分由检测器检测。残留在第一支色谱柱中的杂质成分被载气反吹出去。单阀双柱分析系统中的阀切换和反吹技术保证了分析气路的清洁,同时可以加大进样量以提高甲烷的色谱信号强度,因而可以取得良好的分析效果。

(二)气相色谱法分析大气样品中的二氧化碳和一氧化碳

配以氢火焰离子检测器的气相色谱仪只能检测出大气中的烃类化合物,如甲烷及非甲烷烃,而对无机气体如二氧化碳、一氧化碳等则无响应。因此,用气相色谱法分析二氧化碳或一氧化碳的第一步就是要现将样品中的二氧化碳和一氧化碳转化成甲烷,然后再用常规的气相色谱法分析转化成的甲烷。分析二氧化碳和一氧化碳时采用的实际上是经改装的气相色谱仪,改装过程实质上是在普通气相色谱仪上安装一个镍触媒催化装置,以把二氧化碳或一氧化碳转化成甲烷,使其能够被氢火焰离子检测器检测。在 360～390 ℃ 的温度范围内,二氧化碳或一氧化碳转化成甲烷的效率不变,一般在 90％ 左右。和甲烷的分析一样,二氧化碳或一氧化碳的分析通常也采用外标法进行定量。

一般室内的二氧化碳浓度可达 $600 \times 10^{-6} \sim 700 \times 10^{-6}$ 体积分数,比大气中的二氧化碳浓度高大约 1 倍,因而在分析空气样品中的二氧化碳成分时,最关键的问题是要防止室内空气扩散进入进样和分析系统而造成分析结果偏高。

对于外标定量分析,二氧化碳和一氧化碳的分析精度均比甲烷差,这是因为分析二氧化碳或一氧化碳的中间环节较甲烷复杂,整个仪器系统稳定性较差。为了尽量提高定量结果的准确性,在分析大气样品的二氧化碳或一氧化碳浓度时,应当在重复测定一个样品的前后及中间插入标准气分析,并用多个标准气分析结果的平均值来计算样品的二氧化碳或一氧化碳浓度。

(三)气相色谱法分析大气样品中的氧化亚氮

氧化亚氮属无机气体,它在大气中含量很低,仅 312×10^{-9} 体积分数 左右,因而在分析仪器上的响应较弱,分析起来比较困难。通常采用微分子筛富集方法来分析。分析过程中,首先让大量空气样品通过装填有微分子筛的富集管,使样品中的氧化亚氮组分被微分子筛吸附而富集,然后将吸附有氧化亚氮的微分子筛放入一密封容器中加水解吸,再用配以热导检测器的气相色谱仪分析密封容器的气室中的氧化亚氮浓度。这种方法的最突出缺点是引入误差环节多,因而分析精度比较差。到 20 世纪 80 年代,随着高灵敏度的电子捕获检测器在气相色谱仪上使用,大大提高了氧化亚氮的分析灵敏度。直至现在,以电子捕获检测器为检测手段的气相色谱法仍是国际上普遍应用的大气氧化亚氮分析方法。

分析空气样品中氧化亚氮浓度最常见的方法有单阀单柱法和双阀双柱法两种。其中单阀单柱法与气相色谱法分析甲烷的气路配置类似,但所用的检测器类型、色谱柱类型和色谱分析条件不同。单阀单柱法的特点是操作较为简单,在样品比较干燥,且分析样品量又不多的情况下,只要在条件良好的实验室内使用高档气相色谱仪,就能够得到良好的测定结果。但这种方法容易使杂质在色谱柱内积累而影响分析效果,因而难以进行多个样品的连续分析。和分析甲烷的单阀双柱法相比,分析氧化亚氮的双阀双柱法在色谱柱末端和检测器之间安装了一个气体流向切换阀。安装这个阀是为了不让除氧化亚氮组分以外的杂质成分进入检测器,目的是要保持检测器的清洁度,使其保持应有的高灵敏度和长使用寿命。这种方法的优点是可以很长时间地连续进行样品分析。

(四)气相色谱-质谱法分析大气中的痕量有机物

大气样品浓缩进样技术与气相色谱-质谱法相结合的分析方法是目前用于同时分析大气样品中多种痕量有机物最有效的方法。分析的目标化合物主要包括非甲烷烃、氯氟烃及苯系物。其分析原理是:在一定的超低温条件(如 $-150\ ℃$)下,让一定体积的空气样品通过一个富集管,沸点低于该低温条件的气体成分仍可以自由流过富集管,而沸点高于此低温条件的气体组分则被冷冻成液体而富集停留在富集管内;对富集管加热,使富集的成分气化,并由载气载入另一低温环境进行第 2 次浓缩;快速升温,使浓缩组分再次气化,并注入色谱柱,在那里将各个组分分离;分离后的组分流出色谱柱,直接导入质谱分析系统进行组分的定性和定量检测。

使用气相色谱-质谱法分析复杂成分的样品,是用与重建离子流图的色谱峰相对应的质谱图通过谱库检索来确认化合物的名称的,即定性分析。从原理上讲,这种方法完全可以确定每个色谱峰所对应的成分。但事实上并非如此,只有对于离子碎片特征极强的物质,如对于氟利昂-12、氟利昂-11、苯、甲苯等成分,能做到准确定性,而对于质谱特征不明显的物质,如同系物、同分异构体或衍生物,它们往往具有相同的质谱特征峰,加上杂质的干扰,用质谱定性也很困难。通常采用的定性方法是对照标准物的质谱和色谱峰的保留时间,这种方法确定目标化合物的准确率可达 100%,确定非目标化合物的准确率也可达 85% 左右。

用气相色谱-质谱法分析大气中痕量挥发性有机物的定量方法有两种,即内标法和外标法。内标法是在系列标准物中插入内标物质,使在重建离子流图中每隔几个化合物谱峰便会出现一个内标谱峰。内标物质一般选用自然界不存在的人工合成物质。首先根据每种标准物峰面积与其邻近内标峰面积的比值制定内标曲线。在所分析的样品中也加入同样的内标,加入内标物质的数量与质量均与标准样品相同,然后计算样品中目标化合物与内标峰面积之比,根据内标曲线,用该比值便可计算出样品中目标化合物的浓度。从理论上讲,使用内标法可以在分析条件小量变动和仪器条件略有漂移时,不影响定量分析结果。但实际的分析结果表明,内标定量法不太适用于大气中痕量有机物的分析。首先是内标物价格昂贵,难于获得;更大的矛盾是,由于样品中所含目标化合物浓度很低,使内标的加入量很难掌握,并很可能在加入内标时引进一些杂质而影响分析结果。外标定量法比内标定量法略简单,在制定标准曲线时不用加入内标物,不会由于内标引入或稀释内标的溶剂不纯而引入杂质。外标法是在样品所含目标化合物的浓度范围内,配置一系列不同浓度的标准气,在相同的分析条件下测定每种标准物的峰面积,作出峰面积和浓度的相关曲线,即可对所分析的样品进行定量。

采用样品浓缩技术与气相色谱-质谱技术相结合的分析方法,空气样品的进样量可以增大到 $500\sim1000\ mL$,使痕量有机物检测下限可达 $5\times10^{-12}\sim10\times10^{-12}\ g\cdot m^{-3}$,比普通气相色谱-质谱方法的检测下限降低 $4\sim6$ 个量级。目前可以采用该系统分析出北京大气中含量高于 $1\times10^{-12}\ g\cdot m^{-3}$ 的痕量有机成分达几百种,分析出广东鼎湖山林区区域本底大气中含量在 $1\times10^{-12}\ g\cdot m^{-3}$ 的痕量有机成分近百种。

第三节　观测到的大气化学组成的变化及其原因

已被确凿的观测事实证明的大气化学组成变化主要包括:氟利昂等氯氟烃化合物从本来不存在到相当量级的全球平均浓度;大气二氧化碳、甲烷、N_2O 浓度逐年增加;大气臭氧总量呈减少趋势。

一、大气二氧化碳浓度的变化

大气二氧化碳浓度增加是众所周知、举世关注的。自 1958 年开始在夏威夷的 Mauno Loa 站的观测和其后在南极及其他大气成分本底站的观测都已证明,在过去 40 多年里,全球平均的大气二氧化碳浓度增加了 $50×10^{-6}$ 体积分数以上,年增长率约为 0.5%。图 5.3.1 是观测到的二氧化碳浓度季节变化和逐年增加趋势。对冰岩蕊气泡中和树木年轮中碳同位素的分析研究证明,大气二氧化碳浓度在工业化之前的很长一段时间里大致稳定在 $280×10^{-6}$ 体积分数左右。人们相信大气二氧化碳浓度的增加是大量化石燃料燃烧和大量森林砍伐造成的。但是,将观测到的大气二氧化碳增加与世界化石燃料燃烧排放的二氧化碳和森林砍伐对二氧化碳汇的影响相比较之后发现,人为活动排放的二氧化碳只有 40%～50% 留在大气中。通常把留在大气中的人为排放二氧化碳与人为排放总量之比称为气留比。气留比是逐年变化的,这一变化与海面温度的年际变化有较好的相关性,表明海洋可能是另一部分人为排放二氧化碳的贮库。大气二氧化碳增加将在表层海水的无机碳溶解体系中有所反映。

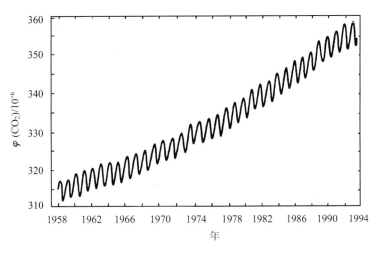

图 5.3.1　观测到的大气二氧化碳浓度变化

（φ 表示体积分数）

二、大气甲烷浓度的变化

大气甲烷浓度增加是 20 世纪 80 年代的重大发现。大气甲烷浓度的早期观测可追溯到 20 世纪 60 年代,那时的观测是断续、分散地进行的。尽管把所有资料集中在一起离散度很大,但仍能看出明显的逐年增加趋势。自 1983 年起,世界气象组织在世界各地不同纬度上设立了 23 个大气污染本底监测站,开始连续监测大气甲烷的浓度变化。这些监测站观测到的甲烷季节变化和长期变化趋势非常类似。各站观测到的大气甲烷浓度共同特点是,季节波动明显,通常在夏初出现极小值,在秋末出现最大值。如图 5.3.2 所示,除了季节变化外,甲烷浓度还有明显的长期增加趋势。

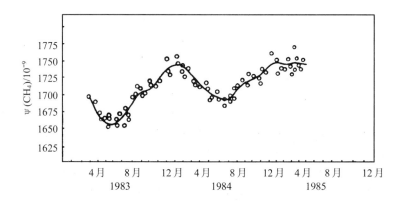

图 5.3.2　观测的甲烷浓度季节变化和长期变化趋势

　　中国自 1985 年 7 月开始在甘肃民勤沙漠地点对大气甲烷和其他微量、痕量气体的浓度进行连续观测,所用仪器由美国俄勒冈研究生院提供,所用观测方法与世界气象组织规定的方法相同。由观测结果发现,甲烷浓度的变化有主周期为 12 个月和 6 个月的周期变化。

　　甲烷年增长率及年平均浓度都明显地随纬度变化,中国大陆测站观测到的甲烷年平均浓度比同纬度海岛站观测结果略高。这可能是由于中国大陆站更接近甲烷源区。

　　大气甲烷浓度增加的原因目前尚未完全弄清楚,因为它的源和汇都还没有完整的定量资料。大气甲烷的主要来源是生物圈。生物活动产生甲烷的过程非常复杂,它包括厌氧微生物作用下的有机物分解和产甲烷细菌作用下的氢气和二氧化碳的反应。这类化学反应需要在无氧环境中进行,而且对环境温度很敏感。因此,任何使地表生态系统的局地环境缺氧或使其温度发生变化的人类活动都可能使大气甲烷的生物源发生变化,造成大气甲烷浓度增加。与人类活动有关的大气甲烷的生物源主要是水稻田、反刍家畜以及生活垃圾填埋。根据有限的观测资料推测,全球家畜头数以每年大约 1.5% 的速率增加,全球家畜每年排放甲烷约 65×10^6 ～1×10^8 t。根据我国杭州、四川、湖南、广东、江苏等地区多年的系统观测资料和文献记载的世界其他地区的观测资料推算,全球稻田每年排放的甲烷约为 35×10^6 ～55×10^6 t。据全球气候变化协调委员会(IPCC)1992 年的资料,全球垃圾填埋每年大约排放甲烷 3×10^7 t。大气甲烷的非生物来源主要是生物质燃烧过程,每年大约排放 4×10^7 t,以及石油、天然气和煤矿瓦斯泄漏,每年大排放约 1×10^8 t。随着人类活动加剧,这种来源的排放也在增加。

　　大气甲烷的汇是干燥土壤的吸收和在大气中的氧化。关于土壤对大气甲烷的吸收,至今尚无准确的观测资料,IPCC 于 1992 年公布的全球土壤每年吸收甲烷的估计值约为 3×10^7 t。甲烷在大气中的氧化过程主要是与大气中 OH 自由基的反应,该反应主要与 OH 自由基的浓度和大气温度有关,它们的任何改变都可能使大气甲烷的汇强度发生变化,从而使其大气浓度发生变化。根据粗略估计,与 OH 自由基的反应每年约消耗甲烷 4.2×10^8 t。

　　目前大气中甲烷浓度为 1.72×10^{-6} 体积分数。在 1990 年前的大约 30 年中,大气甲烷每年以 0.75% ～1% 的速率增长。但在 1983—1990 年间,大气甲烷的年增长率从 1983 年的 13.3×10^{-9} 持续下降到 1990 年的 9.5×10^{-9}。尤其 1992 年,甲烷的增长率异常减少,北半球的年平均增长率从 1983—1990 年间的 11.6×10^{-9} 左右下降到 1992 年的 1.8×10^{-9} 左右,南半球下降到 7.7×10^{-9} 左右。下降的原因众说不一,比较普遍的观点认为很可能是源与汇异常变化,亦即源减弱和汇增强的结果。可能的机制主要有以下两种:

第一种是甲烷的排放源减弱。这主要表现在三个方面:一是天然气输气管道泄漏减少。天然气的主要成分是甲烷。西伯利亚的天然气储量约占世界的 1/3。因 1989 年输气管道爆炸,前苏联采取了卓有成效的修复措施来减少天然气的泄漏,到 1991 年,输气管道的天然气泄漏得到了有效控制。二是全球煤产量显著下降,使采煤所致的瓦斯释放量减少。瓦斯的主要成分也是甲烷。煤产量下降的主要原因是前苏联解体和东欧经济衰退。第三个可能的原因是菲律宾皮纳图博火山的大规模爆发产生的尘埃引起全球温度降低,导致北半球中高纬度地区的湿地以及南半球生物质燃烧排放的甲烷减少。观测已经表明,皮纳图博火山使 1992 年的对流层平均气温下降了 0.7 ℃。

第二种是平流层臭氧减少导致对流层 OH 自由基浓度增大,使更多的大气甲烷被氧化转化。据研究,1992 年的平流层臭氧比前 1 年更明显地减少。

另一种观点认为,一氧化碳排放源的减少是 1992 年大气甲烷增长速率异常下降的可能原因之一。在 1990—1993 年间,大气一氧化碳的浓度也以每年百分之几的惊人速度下降。1990 年 6 月到 1993 年 7 月,北半球的一氧化碳浓度下降了 7.3×10^{-9} 左右,南半球下降了 4.2×10^{-9} 左右,全球平均下降了 5.75×10^{-9} 左右。在 20 世纪 80 年代,大气一氧化碳以每年大约 1.2% 的速率增长,而在 1988—1992 年间,大气一氧化碳却以每年大约 2.6% 的速率下降。造成大气一氧化碳浓度下降的原因主要是排放源减少。

研究表明,一氧化碳排放源减少,一方面造成大气中一氧化碳浓度的下降,另一方面,也会引起大气中 OH 自由基浓度增大,促进大气甲烷的氧化转化过程,即增大了大气甲烷的汇,从而导致大气甲烷的增长速率下降。

三、大气臭氧含量的变化

大气臭氧浓度的变化是最早引起人们注意的全球尺度的大气成分浓度变化。尽管臭氧在大气中的含量很少,但它对地球气候和地表生态系统的影响却非常大。大气臭氧的重要性表现在两个方面:一是它对辐射和气候的作用;二是在大气化学中的作用。大气臭氧主要集中在平流层,它对太阳紫外辐射的强烈吸收使得到达地面的对生物有杀伤力的短波(波长小于 0.3 μm)辐射保持较低强度,从而保护着地表生物和人类。所以平流层大气的臭氧层常被称为"臭氧保护层"。平流层臭氧对太阳紫外辐射的吸收是平流层的主热源,平流层臭氧的分布在很大程度上决定了平流层的温度分布,因而对地球大气环流和地球气候的形成起着重要作用。

始于 1974 年的世界范围内的大气臭氧总量系统观测进一步确认,大气臭氧含量不仅有较大的地区差异和很大的季节变化,而且有很大的年际波动,但是逐渐减少的长期变化趋势还不太明显。十多年前发现的南极臭氧洞是大气臭氧变化的突出例子。南极臭氧洞首先是由英国人在他们的 Halley Bay 南极站发现的。Halley Bay 南极站始建于 1956 年,当年即开始了臭氧总量观测。观测结果表明,直到 20 世纪 70 年代中期,每年 10 月的臭氧总量观测值基本上保持不变,但 70 年代中期以来,10 月份的南极上空臭氧总量持续下降,至今已经下降了 40% 以上。卫星观测不仅给出了极地臭氧总量的变化,还给出了臭氧总量减少所波及的范围。臭氧总量减少的区域与极地涡旋的范围或南极大陆的范围相当。在极区臭氧总量减少的同时,南半球低纬度地区的臭氧总量却有所增加。因而,在南纬45°到南极之间,区域臭氧总量的值基本保持不变或略有增加。

由于臭氧前体物的人为排放量增加,对流层臭氧浓度比工业化以前大约增加了1倍。因为对流层臭氧既是吸热能力很强的辐射活性气体,又是化学活性极强的强氧化剂,对流层臭氧浓度增加,一方面导致温室效应增强和气候变暖,另一方面引起大气化学过程变化,间接地影响气候。此外,近地面大气臭氧浓度增加,直接危害人和生物的健康。因此,近年来,对流层大气臭氧的变化越来越受到广泛关注。

关于臭氧含量变化及其可能的原因,将在第六章里进行专门讨论。

四、其他微量气体浓度的变化

大气中最重要的微量气体是水汽。水汽不仅在天气系统的发展中扮演了特别重要的角色,它在地气系统辐射收支中的作用也是举足轻重的。水汽的空间分布变化很大,随时间变化的幅度也很大。但是,水汽在大气中的平均寿命只有10 d(天)左右,所以在较长时间尺度内的平均浓度没有什么变化。

大气中另外一些对辐射有影响的微量气体还包括氧化亚氮和氮氧化物(简记为 NO_x)。由于 NO_x 在大气中的寿命较短,一氧化氮为 $0\sim50$ d 不等,二氧化氮更短,因而,NO_x 在大气中分布不均,其浓度受局地源的影响较大。化石燃料燃烧过程是大气 NO_x 的第一大排放源,因而,在工业集中的地区,大气 NO_x 的浓度显著偏高,源区的大气 NO_x 浓度通常要比清洁背景大气高几个数量级。但20世纪80年代后期以来,由于采取了在汽车发动机上安装催化转化器的技术措施来减少汽车尾气的 NO_x 排放,较有效地抑制了北半球局部地区的 NO_x 排放。因为大气 NO_x 浓度的区域差异性很大,加上观测资料不够多,至今对其大气浓度的长期变化趋势还没有定论。大气中的氧化亚氮主要来自生物过程,但是农业生产大量使用化学氮肥会增加生物反硝化和硝化过程的氧化亚氮排放。目前每年因使用化学氮肥而向大气排放的氧化亚氮约为 $2\times10^6\sim3\times10^6$ t(以纯氮计),大约占人为源排放总量的一半左右。随着人口增长所致的粮食需求量增加,势必增加农田化学氮肥的投放量,大气氧化亚氮浓度可能继续增加。大气氧化亚氮的另一个重要来源是工业过程排放,主要是化石燃料燃烧和己二酸及硝酸生产过程排放。据报道,汽车发动机上使用的催化转化器虽然可以减少 NO_x 排放,但却会增加氧化亚氮排放,由此而增加的氧化亚氮排放有可能使当前的大气氧化亚氮浓度增长率增大20%。生物质燃烧排放也是大气氧化亚氮的重要来源之一。不过,全球的生物质燃烧量变化不大,因而生物质燃烧源的氧化亚氮排放量也相对恒定。总之,由于人为活动加剧,已经导致大气氧化亚氮浓度比工业化以前增加了15%,20世纪50年代以来的增长速率更快,平均年增长速率约为0.25%。

包括氟利昂在内的氯氟烃化合物是工业合成气体,它们在大气中的总浓度已经由40多年前的零达到了目前的 1×10^{-9} 左右。在80年代,我国西北地区观测到的氟利昂-11、氟利昂-12和氟利昂-113的年增长率分别为5%、2.3%和9.8%。这类化合物在对流层大气中相当稳定,是增温潜力很强的温室气体成分,它们惟一的汇是向平流层输送并在那里光化学分解,其分解产物直接破坏臭氧层。工业排放的氯氟烃将大部分在大气中累积,它们在大气中的浓度变化完全依赖于工业生产总量。为了保护臭氧层,稳定大气,1987年签订的蒙特利尔协议书规定,发达国家和发展中国家分别于1996和2010年停止氟利昂生产。近几年的观测研究结果表明,大气氟利昂的浓度已经没有明显的增长趋势。

第四节 大气化学组成的未来变化趋势

一、大气二氧化碳浓度变化趋势预测

大气二氧化碳浓度增加的主要原因是化石燃料燃烧排放、水泥工业排放以及人类活动对植被的破坏。人类活动排放的二氧化碳只有不到一半留在大气中,气留比的变化是由海洋的物理化学状态决定的。因此,要预测大气二氧化碳浓度的未来变化趋势需要进行两方面的工作:一方面是预测未来人为活动排放的二氧化碳的数量;另一方面是预测人为排放的二氧化碳的气留比,主要是海洋对人为排放二氧化碳的响应。前者是由包括人口增长速度、化石燃料总贮量和易开采贮量、替代能源的开发前景、世界各国的能源政策以及其他一些政治、经济、社会因素在内的社会经济发展诸因素决定的;后者是由海洋的物理化学状态、海洋环流以及海-气交换过程决定的。

预测人为活动排放的二氧化碳总量不仅涉及到对自然科学发展前景的预测,还涉及到对复杂的社会经济发展前景的预测以及一些难以预料的政治问题。在这里只简单地假定两个极端情形:一是未来的人为二氧化碳排放仍保持过去几十年来的高速度,即在 1985 年的每年 5×10^9 t 基础上每年递增 4%;二是保持低速发展,即在 1985 年的 5×10^9 t 基础上每年递增 2%。

为了预测人为排放二氧化碳的气留比,需要利用海-气耦合模式。模式中需要考虑海水的温度分布、海水中的含碳化合物(包括溶解的二氧化碳、碳酸氢根、碳酸根以及悬浮的有机碳)的化学反应过程以及与此有关的海水碱度分布、盐度分布、营养成分分布和生物活动情况。另外还应考虑海水运动及海—气交换过程。为了便于对模式预测结果进行检验,模式中还应包括 [14] C 的分布。

考虑到大气二氧化碳浓度的分布和海洋表层水温的分布主要表现为随纬度而变化,用二维海-气模式就可能很好地预测大气二氧化碳。在这类模式中,大气整体被作为一个二氧化碳贮库,海洋则被分成若干等温带,每个等温带又被分割成若干分室。对于每一个分室,都需要计算悬浮总有机碳、悬浮总无机碳、溶解的营养成分、溶解的无机碳、溶解氧的浓度以及盐度和碱度,为此,必须要考虑每一个分室中这些物质的产生过程和消耗过程。假设各个分室都处于稳态中,即每个箱中的各种物质的时间变率都等于零,那么,对于整个海洋的化学过程,模式中可以用由若干个齐次线性方程组成的方程组加以描述,解这个方程组可以求出上述各种化学物质的浓度分布。然后令模式中的大气二氧化碳浓度值为实际大气中的浓度值,通过适当调整模式的一系列参数,使计算结果与实测结果一致。这样就建成了模式,然后就可以利用此模式来预测不同人为排放率条件下的气留比和未来大气二氧化碳的浓度。根据这样的模式的模拟结果,在人为排放二氧化碳快速增加时,海洋吸收工业排放二氧化碳的能力将下降,人为排放的二氧化碳的气留比将很快上升,大气二氧化碳浓度也将迅速增加;但如果人为排放二氧化碳增加缓慢,则气留比将大致保持不变,大气二氧化碳浓度也将上升缓慢。

目前也已经设计出三维海洋环流模式,并用来研究海洋对人为排放二氧化碳的吸收和大气二氧化碳浓度的未来变化。根据三维模式模拟的结果,海洋对人为排放二氧化碳的响应是非线性的。如果人为排放二氧化碳的速率增加较快,海洋吸收二氧化碳的能力将随着时间推

移而下降,海洋响应的线性度更差。如果人为排放二氧化碳的速率增加缓慢,深层海水将有足够的时间响应表层海水的无机碳输送,则海洋吸收人为排放二氧化碳的能力基本保持不变。若人为排放二氧化碳每年递增 4%,大气二氧化碳浓度急剧上升,到 2100 年将达 2000×10^{-6} 体积分数;若人为排放每年递增 2%,则大气二氧化碳浓度将缓慢上升,在 2100 年达到 650×10^{-6} 体积分数。

其他还有一些模式,对于海洋对人为排放二氧化碳的响应有大体相同的结论,但不同模式给出的大气二氧化碳浓度的绝对值却差别较大。对于这些预测结果的准确度难以判断。到 2025 年,大气二氧化碳浓度将达到 $400\times10^{-6}\sim470\times10^{-6}$ 体积分数。大气二氧化碳浓度达到工业化前的 2 倍(即 560×10^{-6} 体积分数)的年份是 2025—2100 年,有 75 年的变化范围。

总之,对于未来大气二氧化碳浓度的预测,关键是对未来人为二氧化碳排放率的预测。

二、其他大气微量成分未来浓度变化趋势的预测

(一)大气甲烷浓度的未来变化趋势

虽然已经能够识别大气甲烷的源和汇,但对这些源和汇还缺乏准确的定量描述,因此,无法对未来大气甲烷的浓度作出准确的预测。如果大气甲烷浓度保持 20 世纪 80 年代观测到的年增长速率,那么到 2000 年,大气甲烷的浓度将达到 2.13×10^{-6} 体积分数,到 2050 年将达到 3.54×10^{-6} 体积分数,即达到它工业化前浓度的 5 倍左右。然而,进入 20 世纪 90 年代以来,大气甲烷浓度的增长速率显著下降,直到目前,大气甲烷浓度还大约在 1.75×10^{-6} 体积分数左右,并未达到原来预计的 2000 年的浓度。由于对大气甲烷浓度增长率发生变化的原因缺乏确定性的解释,目前尚难以预测大气甲烷浓度的未来变化趋势。如前所述,与人类活动有关的甲烷源主要是家畜、稻田和生活垃圾填埋场,其次是煤、石油、天然气开发的泄漏。据联合国粮农组织估计,世界家畜头数的增加与人口增加速度大致相当,即每年增加差不多 1.5%。世界水稻田播种面积 1940 年为 $0.8\times10^{8}hm^2$,1995 年增加到 $1.49\times10^{8}hm^2$,到 2000 年增加到 $1.51\times10^{8}hm^2$。近年来的稻田面积年增长率仅为大约 0.2%。今后稻田播种面积的增加主要发生在除中国以外的发展中国家,而中国的水稻播种面积近年来呈小幅度下降趋势,相应的中国稻田甲烷排放量也在下降。20 世纪 90 年代初,全球家畜的甲烷年排放量估计大约为 $1\times10^{8}t$,若单头家畜的排放率保持不变,则 2000 年的全球家畜甲烷排放量将达到 1.23×10^{8} t。90 年代初期的全球稻田甲烷排放为 $35\times10^{6}\sim5\times10^{7}$ t·a^{-1},如果单位面积的排放率保持不变,则 2000 年的全球稻田甲烷排放率将不会有太明显的增加。90 年代初期的化石燃料开发的甲烷泄漏估计为每年 6×10^{7} t,如果石油天然气开发速度以 2% 的年增长率增加,而泄漏率不变,则到 2000 年,全球甲烷泄漏将达到 78×10^{6} t。如果甲烷的自然来源和汇都保持不变,根据以上各种主要源的增加速率,到 2000 年,大气甲烷的浓度将达到 1.94×10^{-6} 体积分数。显然,和目前的观测结果相比,根据排放源预测的 2000 年大气甲烷浓度也略偏高。

(二)氟利昂等氯氟烃化合物的浓度变化趋势

工业合成的氯氟烃在对流层大气条件下是非常稳定的,它们的惟一汇是向平流层输送并在那里光化分解。地面排放的这类物质向平流层的输送速率要比地面源的排放速率低几个量级,所以工业排放的氯氟烃将几乎全部在大气中积累。只要能准确地预测未来生产量,就不难计算出它们的大气浓度变化。由于对于臭氧层破坏的严重关注,各国已经签署了限制氟里昂生产的蒙特利尔协议书。随着协议书生效,氟利昂生产量将逐步减少,并最终完全停止生产。

近年来的观测资料已经表明,某些氟利昂成分的大气浓度增长速率在近两年内已开始变缓。然而,无法估计这一协议书是否真正能在全球范围内完全停止生产氯氟烃类化合物,更不知道未来的替代产物有多少仍然是具有温室效应的碳氢化合物。因此,无法对大气氯氟烃化合物的浓度作出定量的预测。如果 1985—1987 年观测的大气氯氟烃浓度变化率是准确的,那么到 2000 年,大气氯氟烃的总浓度将由 1986 年的差不多 1×10^{-9} 增加到 1.5×10^{-9} 左右。对于氟利昂-11 和氟利昂-12 这类对臭氧有破坏作用的氯氟烃,其相对含量可能有所减少,但另外的新型制冷剂的浓度却有可能增加。

（三）氧化亚氮浓度的变化趋势

氧化亚氮在对流层大气中是仅次于二氧化碳和甲烷的大气温室气体成分之一,同时它在平流层中的光解产物一氧化氮又影响臭氧的光化学过程。氧化亚氮地面源包括生物过程、生物质及化石燃料燃烧过程以及硝酸和己二酸生产过程,其中所有非生物源和与农业生产有关的生物源氧化亚氮排放都与人为活动密切相关。

平流层光解是大气氧化亚氮最大的汇,也是平流层一氧化氮最大的源。一氧化氮的形成激发起一系列的平流层光化学反应,导致平流层臭氧的浓度和分布发生改变。除了臭氧光化学反应外,氧化亚氮光解产生的一氧化氮还氧化空气中的甲烷和一氧化碳等还原态气体。氧化亚氮在大气中是长寿命气体,且其主要的汇是输送到平流层并在那里光解,所以大气氧化亚氮的浓度取决于地面源排放,其浓度变化又与人为源排放密切相关。在工业化以来的大约 200a 间,大气氧化亚氮增长了 15% 左右。从 18 世纪中叶到 1994 年,大气氧化亚氮浓度从 275×10^{-9} 左右上升到了 312×10^{-9} 左右,年平均增长率约为 0.25% 或 0.7×10^{-9}。与二氧化碳和甲烷的变化趋势类似,大气氧化亚氮浓度在 1750—1950 年间上升较为缓慢,而最近 50 年来则呈急剧上升趋势。以现在的增长速率,到 2050 年,大气氧化亚氮浓度将达到 $350\times10^{-9}\sim400\times10^{-9}$。

（四）臭氧和反应性氮氧化物（NO_x）的变化趋势

臭氧和反应性氮氧化物都是化学活性很强的大气微量成分,它们在大气中的寿命较短,其浓度变化主要不是取决于地表源,而是取决于它们在大气中的光化学反应。也就是说,它们不象二氧化碳、甲烷、氧化亚氮和氯氟烃那样直接受人类活动排放源的影响,而是人类活动通过影响大气化学状态而间接地影响臭氧和反应性氮氧化物的浓度。

人类活动也直接向大气排放反应性氮氧化物,但是人类活动排放的反应性氮氧化物并不直接影响它们在大气中的浓度,因为它们在离源区不远的地方已发生了重要化学变化或已被清除。也就是说,一个局地的人为源不一定对全球反应性氮氧化物的浓度有直接影响,而人为活动排放的其他气体却有可能通过化学过程而影响反应性氮氧化物的浓度。因此不能利用简单的、基于源和汇平衡的模式来预测大气中反应性氮氧化物浓度的变化,而需要用复杂的大气化学模式。这种模式必须是三维的、全球尺度的。它不仅需要包括氧化亚氮和反应性氮氧化物的源和各种化学过程,还必须包括许多其他有关化合物的源和化学过程。

人为活动不直接向大气排放臭氧,但人为活动通过许多不同的途径影响大气臭氧的含量。虽然自 20 世纪 70 年代初期起人们对臭氧进行了大量的实际观测和模式研究,但是,至今还没有完全弄清平流层臭氧含量的全球尺度的变化规律,更没有弄清引起这些变化的原因。关于对流层臭氧,实际观测结果认为在严重污染的区域,地面臭氧浓度较高,如在北京,白天的地面臭氧浓度可高于 100×10^{-9},即使在农村地区,地面臭氧水平自工业化以来也呈不断上升趋势。历史上独一无二的地面臭氧定量测量曾于 1876—1910 年间在法国巴黎附近的 Montsouris 观象台进行。对其测量资料重新审查的结果表明,农村地区的地面臭氧水平在过去 100 a 间上升了 1 倍多。对比分析匈牙利 Budu 站在 1865—1888 年间和相距不远的 K-puszta 站在 1990—1993 年间的地面臭氧观测资料,也得到与 Montsouris 站类似的结果。但在模式研究方面,迄今为止只是对影响大气臭氧含量的个别因子进行了一些单因子敏感性实验,尚很难对大气臭氧含量的变化作任何预测。大气臭氧含量的变化是一个极其复杂的问题,它不仅涉及全球尺度极为复杂的光化学反应体系,还涉及到太阳活动和太阳辐射的变化。要认识大气臭氧的变化并对其未来变化趋势作出有科学意义的预测,必须同时考虑太阳活动和太阳辐射的变化、大气化学成分和大气温度场的结构、大气环流结构以及它们的变化规律。

第五节　大气成分在地球气候系统中的作用

地球气候系统是一个非常复杂的体系。它包括太阳辐射、变化着的大气化学系统、不均匀的陆地、运动着的海洋和千变万化的生物圈。应当承认,对这个复杂体系的运转机理还未完全认识清楚,对气候变化的规律和机理也还没有彻底弄清。尽管如此,至少定性地知道大气是地球气候变化的关键性因子。这是因为,大气是超级流体,它是联系气候系统其他元素的纽带,是整个系统中能量、动量和物质交换的媒介。人类活动造成的小范围地表状况的变化可通过大气而影响全球气候。海洋与大气的能量、动量和物质交换在气候系统中的作用更是显而易见的。更重要的是,大气是控制地球气候系统能量收支的最重要环节。地球的主要能量来源是太阳辐射,主要的能量汇是向外部空间的长波辐射。大气在整个能量的输送和转换过程中起着重要作用。

假设地球外围不存在一个大气圈,或者假设这个大气圈对各种波长辐射都是完全透明的,没有任何吸收,那么,地球表面能量平衡的结果,将使地表温度白天极高、晚上极低,冬、夏之差也很大,同时赤道附近也比两极地区要高得多,全球的地表年平均温度将只有 -18 ℃。

由于有了大气,全球地表平均温度实际上是 14 ℃,即比以上假设条件下的地表温度要高32 ℃,而且日变化和季节变化幅度大为减小,随纬度的变化也比较平缓。在讨论大气成分对气候的影响时,人们通常把大气成分比作温室的玻璃,把那些对地气系统辐射收支有影响的大气成分叫做"温室效应"气体。这种比喻虽然形象和易于理解,其实是很不确切的,因为大气成分对辐射传输的影响远比温室玻璃要复杂得多。

大气成分主要通过吸收、散射太阳辐射和地面热辐射来影响大气系统的能量传输过程,从而影响地球表面及大气的温度状况。对太阳辐射和地表热辐射有吸收的大气成分主要包括氧气、二氧化碳、臭氧、水汽、甲烷、氧化亚氮、一氧化碳、人为排放的氯氟烃、氢氟烃、全氟烃、六氟化硫等气体成分和碳黑气溶胶粒子。它们在吸收太阳辐射和地表热辐射的同时,自身也向上和向下发射辐射,硫酸盐气溶胶粒子还对辐射起散射作用。这种辐射的吸收、散射和发射对波长、大气的压力、温度等存在复杂的依赖关系。云是大气中另一种重要的辐射活性物质,在地-气系统辐射收支中也具有特别重要的作用。

在讨论大气的辐射传输问题及大气成分的影响时,通常假定大气在水平方向上是均匀的,在垂直方向上是分层的。具有一定波长和一定强度的单色辐射穿过一定厚度的这种大气后,大气吸收的辐射强度与穿越的大气厚度和大气成分的浓度有关,即穿越的大气越厚或吸收成分的大气浓度越高,被吸收的辐射能量就越高,或者说透过大气的辐射强度就越小。特定波长辐射穿过大气时被某种大气成分吸收的光谱强度与该波长的辐射进入大气之前的强度、该大气成分的浓度以及穿越的大气厚度的乘积之比,称为该种大气成分对该波长的吸收系数。若忽略各种吸收成分之间的光谱谱线重叠效应,就可以引进一个大气等效消光系数和相应的等效大气成分浓度的概念。大气等效消光系数也就是所有大气成分的对特定波长的吸收、散射系数之总和,它与大气温度和大气压力有关。等效大气成分浓度也就是对特定波长有吸收或散射作用的所有大气成分的平均浓度。特定波长透过整层大气后的强度与入射大气前的强度之比,称为该波长的整层大气光谱透过率。特定波长的整层大气光谱透过率的倒数取自然对数后,被称为该光谱的大气等效光学厚度。这些概念都是针对单色光而言的,在计算整个光谱区间的太阳辐射和地表热辐射通量时,需要对各个波段求和或对所有波长积分。

大气本身不仅吸收和散射通过它的太阳辐射和地面热辐射,它还向上和向下发出辐射。大气的发射辐射与其吸收辐射一样有很强的波长选择性。对于一个特定波长,大气发射辐射强度等于同温度下的黑体辐射强度与大气的灰体发射率和大气光谱透过率的乘积。穿过整层大气向上射出的辐射通量为地表的发射辐射强度与大气的灰体发射辐射强度之和。类似地,向下达到地面的辐射通量为透过整层大气的太阳辐射强度与大气的灰体发射强度之和。同样也可以得到任意高度处向上和向下的辐射通量。

辐射过程引起的任何高度上大气温度的变化取决于向上和向下的辐射通量差的梯度和大气成分的浓度。只要能准确地计算任意高度上的辐射通量,并确定了各种主要大气辐射活性成分的浓度,就很容易计算出各个高度上的大气辐射平衡温度及其变化。但是,在实际大气中,重要的吸收气体有几十种,在整个光谱范围内有几十万条强度不同的谱线,辐射通量的计算极为复杂。尽管利用现代大型计算机可以用逐线积分方法来计算实际大气的辐射通量,但是计算的工作量太大,把这样的计算方案用于复杂的动力气候模式就不行了。于是,出现了各种各样的简化辐射计算方案。尽管各种简化辐射计算方案的具体处理方法有许多不同之处,但它们本质上都是简化对波长的积分,即把对波长的连续积分变成对一些离散的波段进行求和,通过适当地划分波段和对每一波段选取合适的等效吸收系数就能达到相当高的计算精度。通常都用逐线积分法先算出参考通量,然后将简化方法计算的结果与之比较,得到满意的结果后就可以将简化方法用于气候模式。对于任意高度上大气辐射活性成分的浓度,也较难准确确定。目前通常采用高空气球或飞机观测大气成分浓度随高度的分布。在地面,通常在塔上架设观测仪器对近地面大气成分浓度进行观测。

第六节　大气成分浓度变化引起的气候变化

一、气候变化的数值模拟

大气化学成分是控制地表温度和大气温度结构的重要因子,其化学组成和浓度的变化将直接引起地表温度和大气温度结构的变化,并通过动力过程进一步引起其他气候因子的变化。目前大气中许多重要的辐射吸收气体浓度正在增加,同时,还在不断向大气排放新的辐射吸收气体。在未来几十年里,大气化学成分的这种变化将在很大程度上影响未来气候的变化。

由于大气是流体,它与地球表面的陆地、海洋、生物圈和外部空间不断地进行着动量、能量和物质交换。大气辐射传输过程受到许多外界条件的制约,存在许多复杂的反馈过程。要研究大气化学组成变化对气候的影响不能单靠简单的辐射计算,而是需要考虑各种因素的综合数值实验,这就是气候模式的任务。

有效的气候模式的建立首先依赖于对气候系统的物理、化学过程的系统的理论和实验研究。对气候系统的物理、化学过程有了充分认识,就能把各种过程用数学公式表示出来,再加上适当的边界条件和初始条件,就可以建立起气候数值模式。首先要用模式模拟现在的气候状态,并和实际观测结果进行比较,以检验模式的正确性。然后再改变有关参数,研究大气成分变化引起的气候变化。

当前用于研究大气成分浓度变化引起气候变化的气候模式可分为两大类:一类是热力学模式;另一类是流体动力学模式。热力学模式不考虑或只以非常简化的方式考虑大气运动场对辐射收支的影响,它只能预报大气成分变化引起的温度变化。能量平衡模式和辐射对流模式都属于此类。流体动力学模式考虑了辐射场以及大气位势能和动能之间的转化,考虑了温度场和运动场之间的相互作用,可以预报大气成分变化引起的温度场的变化和运动场的变化、以及由此而引起的降水的变化,大气环流模式和海-气耦合模式属于这一类。

二、简单模式预测的大气二氧化碳浓度加倍引起的气候变化

由于气候系统极为复杂,现代的计算机还不能将气候系统的各种物理、化学过程都完全详细地放在模式中,这就需要对有些过程进行简化处理。为了不同的目的,可以仔细地处理一些过程,同时简化另一些过程,这就产生了各种各样的简单气候模式。对气候系统进行简化的基本方法之一是进行空间平均。对三维空间平均,也就是假定整个大气圈是一个均匀的体系,就产生了最简单的零维模式。这实际上就是最简单的能量收支模式,可通过单纯的辐射传输计算来完成。根据这种简单模式计算的结果,当大气二氧化碳、甲烷、氧化亚氮、氟利昂-113、氟利昂-12的浓度的变化范围分别为 $300 \times 10^{-6} \sim 600 \times 10^{-6}$ 体积分数、$1.65 \times 10^{-6} \sim 3.3 \times 10^{-6}$ 体积分数、$300 \times 10^{-9} \sim 600 \times 10^{-9}$、$0 \sim 2 \times 10^{-9}$ 和 $0 \sim 4 \times 10^{-9}$ 时,全球地表平均温度分别变化 $2 \sim 4.2 \, ℃$、$0.3 \sim 0.6 \, ℃$、$0.3 \sim 0.4 \, ℃$、$0.2 \sim 0.4 \, ℃$ 和 $0.5 \sim 1.0 \, ℃$。许多研究者用这种简单模式模拟了大气二氧化碳浓度加倍的气候影响,结果给出的全球平均地表温度增加幅度介于 $0.48 \, ℃$ 到 $4.2 \, ℃$ 之间。

当在零维能量平衡模式中,再考虑到纬度变化对温度变化影响时,就产生了二维能量平衡模式。能量平衡模式虽然简单粗糙,但有较大的灵活性。它允许某些气候参数有较大幅度的变化,因而能够就特定因子的变化对全球气候的影响进行详细的实验和分析。

三、三维大气环流模式预测的大气二氧化碳加倍引起的气候变化

简单模式所给出结果的准确性很值得怀疑。首先,大气的运动所造成的辐射能量再分配必然破坏辐射平衡。对流层大气中的温度垂直变化就不是由局地辐射平衡决定的,而是在很大程度上取决于湿对流过程造成的垂直方向的能量再分配过程。大气运动造成的水平方向的能量输送、水汽输送以及云和降水的形成等等都会在很大程度上制约大气成分的辐射效应。地表状态的不同也会影响大气成分的辐射效应。而且,人们对气候变化的关注点主要不在于气候的全球平均状态的变化,而在于当地的或区域的气候变化。为了能比较准确地模拟大气成分变化对全球气候平均状态和对每一个特定地区的气候状态的影响,就需要使用三维大气环流模式。

三维大气环流模式需要考虑大气状态参数在三维空间的分布和随时间的变化。大气环流

模式的主要预报量是温度、水平风速和地面气压。相应的控制方程是热力学能量方程、水平动量方程和地面气压梯度方程。在适当的边界条件下，这3个方程和连续性方程、气体状态方程以及流体静力学方程联立，就构成了绝热无摩擦的自由大气的闭合方程组。这就是大气环流模式的动力学框架。另一方面，大气环流本质上是受热力驱动的。为了描述加热作用，大气环流模式还必须包括另外几个预报量以及它们的控制方程和相应的边界条件。这些预报量中最重要的是水汽，它的控制方程是水汽连续方程。同时要考虑在一定条件下水汽达到饱和并发生凝结时释放的热量。大气的另外一个热源是它和下垫面之间的热量交换。所以，三维大气环流模式中还要包括地面能量收支方程和水汽收支方程，预报量应包括土壤温度和湿度。当然，大气的主要热源是太阳辐射，重要的物理过程是辐射加热和冷却过程，这就需要在模式中包括辐射传输方程。

三维大气环流模式的控制方程组是非常复杂的非线性偏微分方程组，只能在大型计算机上用数值方法来求解。为了求得数值解，一般要先将大气沿垂直方向划分为若干层，把要计算的变量安排在各层中间。变量在每一层中的水平变化可以由一张覆盖着整个地球的网格点上的值来表示，也可以由有限个基本函数的线性组合给出。前者称为格点模式或有限差分模式，后者是谱模式。模式的时间变化也是离散的，给定变量在某一初始时刻的值，即初始条件，利用模式方程组按一定时间步长外推，这一过程也称为时间积分，这样就能求得它们在任意指定时刻的值。

由于计算机能力的限制，当代大气环流模式还不能详细地描述那些空间尺度小于网格分辨率而又对气候有重要影响的物理过程。这些模式不能分辨的物理过程称为次网格尺度过程。为了把这些过程考虑在内，通常是通过观测分析和理论研究找到一些用模式的大尺度变量来表示次网格尺度物理过程的经验关系式。这就是通常所说的参数化技术。在大气环流模式中需要参数化的次网格尺度过程包括：地球和大气之间热量、水分和动量的湍流输送过程；大气内部干、湿对流所形成的热量、水分和动量的湍流输送过程；水汽凝结过程；太阳辐射和地-气辐射的传输过程；云的生成过程及云和辐射的相互作用；雪的形成和消散过程；土壤中热量和水分的输送过程。

尽管大气是地球气候系统中最活跃的成分，大气环流模式中的变量是描述气候的主要参量，但是地球气候是气候系统中各种成分相互作用的结果，所以大气环流模式也必须考虑气候系统的其他成分对大气的影响，其中最重要的是海洋和海冰。在有些气候事件的模拟中，可以事先规定表层海水和海冰，把它们当作大气环流模式的边界条件。但是，有时不能把表层海水温度和海冰分布当作给定的边界条件来处理，而应当建立海洋和海冰的模式，并将它们与大气环流模式耦合起来，这就形成了海-气耦合模式。

在过去30 a里，世界上一些发达国家已建立了许多大气环流模式，并用它们研究了大气二氧化碳浓度加倍引起的气候变化。这些模式的共同特点是水平范围都是全球。由于是全球模式，它包括了赤道和低纬地区，准地转近似不能成立，故这些模式的控制方程组都是原始方程组。大多数模式在垂直方向都分较多层次，不仅能描述对流层大气，也能描述平流层和行星边界层。为了考虑地表对大气环流的影响，所有模式中都包含了比较真实的海陆分布和大尺度地形分布。为了把地形引入模式，大多数模式都采用了归一化的气压坐标，所有的有限差分格式都采用经度-纬度网格。

用大气环流模式研究大气二氧化碳浓度变化对气候的影响主要体现在对辐射传输过程的

计算中。辐射加热是大气环流形成的主要机制。大气中的辐射过程分为太阳短波辐射和地-气长波辐射两种过程。为了计算太阳短波辐射的加热作用,需要考虑进入模式大气顶的太阳辐射在其传输过程中所受的大气吸收、散射以及地表的反射。大气中吸收太阳短波辐射的主要成分是水汽、云和臭氧。臭氧主要决定平流层加热过程,模式中的臭氧分布通常取自观测资料,臭氧浓度随高度和纬度而变化。水汽和云分别是模式的预报量和诊断量,是模式本身要计算的变量,许多模式直接将它们用于辐射传输计算,这样,辐射加热就依赖于模式的变量。也有的模式在辐射传输计算中用的水汽和云不是模式计算的量,而是取观测的气候平均值。在过去的大气环流模式中,一般在计算短波太阳辐射时没有考虑二氧化碳,认为它对短波太阳辐射没有影响,但是近几年一些辐射模式计算已经证明,二氧化碳对太阳短波辐射的吸收作用是不能忽略的。为了计算地球和大气的长波辐射冷却过程,需要考虑水汽、二氧化碳和臭氧及其他温室气体成分的吸收以及云的影响。在一般大气环流模式中,二氧化碳浓度通常取为一个不随时间和空间而改变的常数值,是模式的一个外参数。用大气环流模式研究二氧化碳浓度增加引起的气候变化,实质上就是考察模式模拟的气候状态对这个外参数的敏感性。根据大气环流模式的模拟结果,大气二氧化碳浓度加倍将使全球地表平均温度增加 $0.2 \sim 4.2$ ℃,全球平均降雨量将发生 $-1.5\% \sim 11.0\%$ 的变化。

四、海-气耦合模式预测的大气二氧化碳加倍引起的气候变化

海洋和海冰是地球气候系统的重要组成部分,要研究大气二氧化碳等微量成分浓度变化对气候的影响,利用把海洋和海冰当作边界条件的大气环流模式是不够准确的,当前的研究是利用海-气耦合模式。但是大气环流模式和大洋环流模式本身都很复杂,把它们耦合起来是非常困难的。直到今天,成功的海-气耦合模式还不是太多。

Washington 和 Meehl 用海-气耦合模式研究了大气二氧化碳浓度突然加倍(从 330×10^{-6} 体积分数增加到 660×10^{-6} 体积分数)和二氧化碳浓度由 330×10^{-6} 体积分数每年以 1% 的增长速率增加两倍情况下气候的变化。在这个海-气耦合模式中,大气在垂直方向分成 9 层,在水平方向的网格尺度为 7.5(经度)$\times$4.5(纬度),积分时间步长为 40 min。模式本身计算了降水、蒸发和地表水循环过程,并模拟土壤水分和积雪的变化。对地表反射进行了参数化处理。模式中考虑了层云、积云和卷云的形成及云对辐射传输的影响。模式中考虑了地表热通量以及入射的太阳辐射和射出的长波辐射。模式中的海洋被分成 4 层,水平方向网格尺度为 5(经度)$\times$5(纬度),并包括了海底的大尺度地形,时间步长为 30 min,对小尺度的涡流和洋流进行了参数化处理来考虑它们对动量和热量传输的贡献。海冰的形成取决于海面温度,当海面温度降到海水冰点 -2 ℃时,海冰开始形成。海冰的增长量和溶化量取决于海冰表面上的能量平衡和通过海冰的热传导。海洋向海冰的热传导是根据温度差引起的热传导计算的,在这里简单地假定海冰底部的温度是海水冰点,海冰下面的海水温度就是海洋环流模式给出的海面层温度,未考虑海冰的热量贮存和盐水形成的详细过程。向海冰底部的热传输通量则是根据海洋模式第 1 层的中部与海冰底的温度梯度计算的。大气环流模式与海洋环流模式同步耦合起来,大气模式为海洋模式提供海面的风压、降水、蒸发以及海洋表面的能量收支,海洋模式为大气模式提供海面温度和海冰资料。

利用这样一个海-气偶合模式模拟了大气二氧化碳浓度为 330×10^{-6} 体积分数时的气候状态、大气二氧化碳浓度突然增加到 660×10^{-6} 体积分数时的气候状态以及在大气二氧化碳浓

度由 330×10^{-6} 体积分数开始每年增加 1‰ 的前提下 30 a 以后的气候状态。对每一种气候情景都模拟 30 a。根据模式模拟结果,在大气二氧化碳浓度固定为 330×10^{-6} 体积分数时,海面温度显示缓慢冷却趋势,平均每年约下降 0.02 ℃;对于大气二氧化碳浓度突然加倍为 660×10^{-6} 体积分数的情形,海面温度比较稳定,到第 30 年,大气二氧化碳浓度为 660×10^{-6} 体积分数时的全球平均地表温度比大气二氧化碳浓度为 330×10^{-6} 体积分数时高 1.6 ℃;对于大气二氧化碳浓度每年增加 1‰ 的情形,30 a 后全球地表平均温度比大气二氧化碳浓度固定为 330×10^{-6} 的情况下高 0.7 ℃。对于三种不同情形,深海水温度变化都较小。为了进一步比较大气二氧化碳浓度增加引起的气候变化,下面把在三种不同大气二氧化碳浓度条件下模拟出的第 26—30 年的气候状态平均起来加以比较。以大气二氧化碳浓度固定为 330×10^{-6} 体积分数的结果为参考标准,大气二氧化碳浓度增加的主要影响如下。

对于大气二氧化碳浓度突然加倍的情形如下。

(1)气温的变化

低层气温上升,上升幅度随高度增加而下降;高层气温下降,下降幅度随高度增加而增加。气温上升和下降的转变高度大致与对流层顶的高度一致。地表气温的变化首先随纬度不同而有明显不同,赤道地区升温较小,两极地区升温较多。南半球同一纬度圈上不同经度处升温幅度变化不大,但 Hudson 湾、欧洲和东亚中部温升均在 2 ℃ 以上。在 75°N 附近的洋面上,由于海冰的变化,冬季温升可达 5 ℃ 以上,但夏季不出现这一现象。全球平均表层气温上升约 1.7 ℃。

(2)海水温度和盐度的变化

海水温度上升主要表现在海洋上层,没有明显的季节变化。在大约 1 200 m 深度以下,温度没有什么变化,在 1 200 m 深度以上,升温幅度随深度减少而增加,表层升温幅度最大。60° N 附近升温幅度最高,达 1.7 ℃。南纬 50°附近为 1.3 ℃ 左右,两极地区升温幅度最少。与地表气温一样,海水表层升温也随经度不同而有些差异。在大多数地方升温幅度为 1~1.5 ℃,但北大西洋表面升温幅度可达 2.5~3 ℃,东赤道太平洋可达 2 ℃。海水盐度的变化也在表面层比较明显。南北两半球中高纬度地区海水盐度都有所减少,在 60°N 附近减少最严重,减少约 0.4‰,赤道附近盐度略为减少,而两半球副热带地区盐度均略有增加。盐度的这种变化反映出了这些地区的降水与蒸发之差的变化以及海水垂直混合的变化。因为大气二氧化碳浓度加倍引起的增温使全球范围海面水汽蒸发量都有所增加,所以盐度的变化也可粗略地与降水变化对应起来。降水增加的地区对应于海水盐度减少的地区。

(3)降水和土壤湿度的变化

根据海水盐度变化与降水变化的关系,在大气二氧化碳浓度突然加倍时,赤道附近降水略有增加,两半球副热带地区降水减少,中高纬度地区降水有所增加。但在热带和副热带地区,低层大气的空气湿度都略有增加。北半球中纬度大陆地区的土壤湿度在冬季都呈增加趋势;但在夏季,土壤湿度变化情况比较复杂,欧洲、北美和亚洲的大部分地区土壤湿度降低,北美北部和东亚部分地区土壤湿度增加。

对于大气二氧化碳浓度每年增加 1‰ 的情形的模拟结果可能更接近实际情况,因而可能更有实用价值。当然,每年增加 1‰,到第 26—30 年时大气二氧化碳浓度只增加不到 30%,气候变化的幅度要比大气二氧化碳浓度突然加倍引起的变化小得多。

(1)气温的变化

大气二氧化碳浓度缓慢增加,到第 26—30 年,已经引起了明显的气温变化。变化的总趋势与大气二氧化碳浓度突然加倍的结果是大体一致的,即对流层大气增温,增温幅度随高度增加而降低,平流层降温,降温幅度随高度增加而增加。但是,在这种情形下的增温幅度和空间分布与大气二氧化碳浓度突然加倍时显著不同。北半球高纬度地区冬、夏两季低层气温均呈降低趋势。夏季增温区处在 60°N 和 60°S 之间,冬季增温区在 30°N 和 60°S 之间。

在同一纬圈上温度变化随经度不同也有变化。在北半球,低层气温增加最大的地区是北美、欧洲、中亚和西北非洲。而北大西洋伸展过北欧直到北极的低层气温呈降低趋势。在南半球,大部分地区地表气温有所上升,上升幅度约为 1 ℃。这样,全球平均地表气温升高约 0.7 ℃。在北半球冬季气温变化幅度比夏季略大些,而在南半球这种季节差异不明显。

地面气温上升首先出现在亚热带地区,然后再向中高纬度地区扩展。

(2)海水温度和盐度的变化

海水温度的变化比气温更不明显。海水温度变化仅限于表面层,而且增温范围仅限于 20°N 和 45°S 之间,其他地区洋面温度或无明显变化,或略有降低。30°N 以北是明显的降温区,在 65°N 附近降温最为明显。

盐度变化的区域分布与大气二氧化碳浓度突然加倍时类似,只是变化幅度很小,许多地区变化很不明显,与此相对应的降水、大气湿度和土壤湿度的变化更不明显。

大气二氧化碳浓度增加除了引起大气和海洋的温度结构变化、水汽分布和降水的变化之外,还将引起大气环流和洋流形式的变化,而且大气二氧化碳浓度突然加倍和缓慢增加所引起的变化的主要差异就表现在对大气环流和洋流的影响上面,洋流和海洋化学状态对大气二氧化碳浓度变化的响应存在差别,这种差别将反过来影响大气二氧化碳浓度增加对温度结构的影响。

五、甲烷等其他微量气体浓度变化引起的气候变化

简单能量平衡模式、三维大气环流模式和海-气耦合环流模式都不仅能够模拟大气二氧化碳浓度增加引起的气候变化,也完全可以用来模拟甲烷、氯氟烃和氧化亚氮等化学性质稳定的微量气体浓度变化所引起的气候变化。甲烷、氯氟烃和氧化亚氮等微量成分的空间分布、光谱特性以及它们对气候影响的机理都与二氧化碳完全相同,在上述模式中考察这类气体的气候效应非常容易,只要在模式的辐射计算方案中加进相应的量就行了。当然,不同气体的吸收带的重叠效应可能给辐射计算带来一些麻烦。事实上,在许多简单模式中,只是通过比较微量气体与二氧化碳的光谱吸收强度来估计各种微量气体的气候效应的,而在三维大气环流模式和海-气耦合模式中经常是把各种微量气体折合成等效应量的二氧化碳来处理的。这样处理对于仔细的光谱计算来说可能很粗,但对于气候效应的结果却并不带来明显的误差。目前已根据这种简单的等效辐射效应法对主要大气温室气体浓度变化引起的全球地表平均温度的变化进行了模拟,表 5.6.1 列出了其中一些结果。由于 2000 年和 2030 年的大气温室气体浓度值很不确定,2000 年的值可能比实际值偏高,表中给出的增温幅度的绝对值有很大的不确定性,这些结果只是反映了各种主要大气温室气体浓度变化对地表增温的相对贡献。到 2000 年,表列微量气体和其他气体的温室效应总和可能与二氧化碳的温室效应相当。到 2030 年,所有其他微量气体的总温室效应可能超过二氧化碳。应当指出,以上预测没有考虑蒙特利尔协议书生效对未来大气氟利昂浓度的影响,这显然不合理。到 2030 年,氟利昂的大气浓度很可能与

当前的浓度较接近。因此,那时的氟利昂物质对气候的影响很可能小于表 5.6.1 所列的预测结果。但氟利昂替代物的大气浓度很可能大幅度增加。

表 5.6.1 模式计算的大气温室气体浓度变化引起的全球地表平均温度变化

微量气体	工业化前浓度	2000 年浓度	地表增温	2030 年浓度	地表增温
二氧化碳	280×10^{-6}	380×10^{-6}	0.96 ℃	470×10^{-6}	1.19 ℃
甲烷	0.7×10^{-6}	2.1×10^{-6}	0.30 ℃	2.94×10^{-6}	0.42 ℃
氧化亚氮	0.21×10^{-6}	0.31×10^{-6}	0.12 ℃	0.33×10^{-6}	0.13 ℃
氟利昂-11	0	0.41×10^{-9}	0.06 ℃	1.03×10^{-9}	0.15 ℃
氟利昂-12	0	0.55×10^{-9}	0.08 ℃	0.93×10^{-9}	0.14 ℃
氟利昂-113	0	0.08×10^{-9}	0.01 ℃	0.32×10^{-9}	0.05 ℃

六、气溶胶浓度变化引起的气候变化

自从工业化以来,人类活动不仅直接向大气排放大量粒子,还向大气大量排放二氧化硫,二氧化硫在大气中逐渐转化成硫酸盐气溶胶粒子。同时,人为排放的其他污染气体也可经气粒转化而形成大气气溶胶粒子。工业化以来,这种气溶胶粒子也有较大幅度的增加。

大气气溶胶粒子浓度增加的直接效应是影响大气水循环和辐射平衡,这两种过程都会引起气候变化。一般来说,气溶胶粒子能吸收和散射太阳辐射和地-气长波辐射,但对太阳辐射的影响较大。因而气溶胶粒子浓度增加对气候的影响主要表现为使地表降温。气溶胶粒子浓度增加对水循环的影响,一般也表现为使云滴数量增加,其气候效应也是使地表降温。一些模式研究表明,人类活动造成的气溶胶粒子浓度增加所致的气候变冷效应可以部分地抵消人类活动造成的温室气体增加所引起的气候变暖效应。但是大气气溶胶的气候效应比温室气体复杂得多,它对辐射的影响取决于其时空分布、粒子尺度、谱分布、化学成分等物理化学性质以及下垫面的光学性质,而这些因子都有极大的时间和空间变化,这给模式计算带来很大困难。至今还没有较好的模式来准确计算气溶胶的气候效应。气溶胶的气候效应仍然是人类活动引起的气候变化预测中最不确定的一个因素。

(一)气溶胶的增加趋势

尽管至今仍然没有足够的观测数据来证明大气气溶胶浓度的增加趋势,但在过去 200a(年)里,人类活动排放的气溶胶确实有较大幅度增加。大气气溶胶浓度的时间和空间变化非常巨大,而且其寿命相对较短,其长期变化趋势比温室气体更难监测。

许多观测事实都证明,污染气溶胶粒子可以输送到很远的地方。美国西海岸太平洋中的气溶胶被证明有许多来自亚洲大陆,例如,1998 年 4 月 15 日发生在中国新疆沙漠地区的一次强沙尘暴所产生的大量沙尘气溶胶不仅给中国东部造成大范围的"泥雨",而且通过高空西风气流输送到了美国西部沿海地区。观测结果表明,北大西洋上空云凝结核的浓度一般比南半球高 2~3 倍,这主要是人为排放气溶胶的结果。在南极大陆,过去 20 多年的观测也证明,凝结核浓度每年约增 10%。冰岩芯气泡的化学成分分析也证明了大气气溶胶浓度逐年增加的趋势。例如,格陵兰冰盖中硫酸盐浓度在过去 100 年里由 20 $\mu g \cdot kg^{-1}$ 增加到了 $100 \mu g \cdot kg^{-1}$,南极冰盖也有类似的记录。但由于观测资料不够,至今还不能定量地确定全球尺度的大气气溶胶浓度增加的趋势。

(二)气溶胶的光学性质

为了定量描述人为活动产生的气溶胶对气候系统的辐射作用,必须确定 3 个不同空间尺度的气溶胶光学性质,即微物理性质的气柱积分特性、气溶胶的地理分布以及半球和全球积分特性。

气溶胶对辐射传输的影响包括散射和吸收。气溶胶对可见光的吸收主要是元素碳引起的。气溶胶的光学性质依赖于其尺度谱分布和化学组成。理论上,有可能由粒子的尺度谱分布和化学成分计算出气溶胶的光学性质。但实际上,由于气溶胶的复杂和多变性,这种计算极为困难,难以在气候模式中应用。实用光学性质仍要靠实验测量。

全球平均而言,自然源的原生气溶胶中,土壤尘平均浓度最高,所以其光学厚度最大,达到 0.023;自然源次生气溶胶中,由自然源前体物所生成的硫酸盐气溶胶的平均浓度虽不高,但是其消光系数比较大,所以光学厚度也达到 0.014。在人为源气溶胶中,原生气溶胶的光学厚度很小,而硫酸盐和生物燃烧生成的次生气溶胶的平均浓度和消光系数均比较大,它们的光学厚度分别达到 0.019 和 0.017,仅次于土壤尘,是两种气候效应最显著的气溶胶。虽然人为源气溶胶的年均排放量和浓度分别占自然源和人为源总量的 80% 和 90%,但人为源气溶胶的光学厚度所占比重相对较大,约占自然和人为源气溶胶总量的 50%,其原因是硫酸盐气溶胶对光学厚度的贡献较大。近年来,对人为排放二氧化硫转化成的硫酸盐气溶胶研究得比较深入。硫酸盐气溶胶是经气粒转化过程形成的小粒子气溶胶,其粒径通常小于 1 μm,在大气中停留时间较长。就单位质量浓度的气溶胶而言,粒径小于 1 μm 的小粒子的散射效率要比大粒子高 1 个量级。另外,硫酸盐气溶胶具有较强的吸湿性。在对流层中,湿粒子的散射能力要比干粒子高 1 倍。

(三)气溶胶增加对气候的影响

1. 直接影响

90 年代初出现的三维化学/辐射模式成功地计算了整层大气硫酸盐气溶胶的光学厚度随纬度的分布。计算结果给出,北半球整层大气中人为硫酸盐气溶胶为 6.6 mg·m^{-3},相应的光学厚度为 0.066。地面因人为硫酸盐气溶胶而损失的太阳辐射直接取决于平均云量和人为硫酸盐气溶胶的光学厚度。利用测量的有关参数可以计算出,平均而言,人为硫酸盐气溶胶可使地面损失 0.8% 的太阳辐射,也就是说,因人为硫酸盐气溶胶的存在,地面直接损失太阳辐射约 1.6 W·m^{-2}。

应当承认,取得以上结果的计算过程是很粗的,误差很大。更复杂的模式还在发展中。

2. 间接影响

气溶胶粒子的存在是云形成的前提。在现代地球大气的温湿度条件下,如果没有气溶胶粒子,将永远不会形成云和降水。因此,气溶胶粒子增加的一个最直接的影响是使云滴数量增加。云增加,一般来说是使地表降温。当然云增加可能引起降水增加,进而影响地表湿度和植被,从而改变地表反照率,进一步影响气候。这一连串的间接影响至今尚无定量计算,是研究气溶胶对气候影响的一个重要的,也是极为困难的课题。

通过对北半球气溶胶粒度谱和浓度的观测资料推算,北半球人为产生的气溶胶可能使云滴数浓度增加 15%,这将使北半球地面的太阳辐射发生 0.8 W·m^{-2} 的变化。

应当强调指出,尽管气溶胶对气候的影响与温室效应气体的影响相反,但二者不能简单抵消。这是因为:首先,对流层气溶胶的寿命只有几天到几周,它对辐射的作用集中在排放源附近,而且基本只影响北半球,而温室气体的寿命是十年到百年时间尺度,已经在全球范围内产生影响;其次,气溶胶主要是对白天的太阳辐射产生影响,而且夏季低纬度地区的影响较大,而温室气体却是昼夜都有影响,且冬季中高纬度地区的影响大;此外,气溶胶对辐射的影响与下垫面的光学性质关系极大,对于同样光学厚度的气溶胶,下垫面光学性质不同时,它对辐射的影响会有很大差别,甚至引起相反的影响,而温室气体的影响则基本上与下垫面性质无关。

第七节　大气成分浓度变化引起的其他环境问题

大气成分浓度变化不仅会通过对辐射过程的作用直接引起地球气候变化,还会引起另外一些大气成分浓度的变化,从而间接影响气候和生态环境。有些大气成分本身对生态环境至关重要,它们的浓度变化将直接威胁生存环境。

大气成分浓度变化相互影响最重要的例子是平流层臭氧的光化学平衡问题。人为排放的氟利昂在平流层的光化学分解可能使平流层臭氧受到破坏。人为活动直接排放和由氧化亚氮光化学分解产生的反应性氮氧化物在一定条件下也能对平流层臭氧层起破坏作用。但是,另一方面,大气甲烷的增加又能抑制氟利昂对臭氧的破坏作用。大气的动力过程和热力过程显然对上述光化学过程有影响。因此,二氧化碳等微量气体浓度增加引起的对流层大气增温和平流层大气降温显然将会影响上述光化学过程,构成很复杂的反馈机制。

大气成分浓度变化引起大范围环境问题的另一个例子是对流层臭氧浓度增加可能直接危及人和动物的健康,造成森林大面积死亡。德国西部和其他一些地区曾经相继报导了对流层臭氧增加对森林的危害。但是造成森林死亡的原因可能很多,对流层臭氧的作用占多大比重尚无明确的结论。

从 20 世纪 70 年代初开始,酸雨问题引起了普遍重视。人类活动排放的大量二氧化硫和反应性氮氧化物可能造成大气环境和其他生态环境日趋酸化。二氧化硫和氮氧化物也是温室效应气体,都有较强的红外吸收带。但是,这类气体化学活性极强,很容易发生化学变化并被干、湿沉降过程清除,因而在大气中寿命很短,人为排放可能不造成它们在全球尺度大气中的浓度增加。但它们通过转化变成酸,最终又沉降到地面,确实增加了降水的酸度和地面酸沉降物,使某些地区的淡水水体和土壤酸化。酸性降水和土壤、水体的酸化也会使森林受到破坏、淡水鱼类死亡。酸沉降的这种危害已经从局部范围扩大到了区域范围,并且已经引起了一些国际争端。

综上所述,已有足够的证据证明,大气化学组成已经出现了全球尺度的变化,而且在可预见的将来会继续变化。大气化学组成的这种变化将会引起全球尺度的气候变化和生态环境变化。但是,对于大气成分变化引起的气候变化和生态环境变化的预测还存在着许多不确定性。

尽管已有许多模式预测了大气成分浓度增加引起的全球地表温度变化,模式预测结果的可靠性仍然值得怀疑。当前所有的气候模式都存在许多不确定的因素。首先,一些简单模式或完全忽视了大气运动,或对大气动力过程做不适当的过分简化,其预测结果的不准确性是显而易见的。大气环流模式和海-气耦合模式对辐射过程的简化处理、对云和气溶胶等物理过程的参数化处理以及对大气成分变化对水汽分布及云和降水形成过程的影响的简化处理都会造成一定误差。模式对大气和海洋中的一些反馈过程的处理不当,可能是模式预测误差的最大来源。另外,大气成分的光谱基础资料的误差也是模式预测误差的一种来源。尽管当前一些好的辐射模式计算精度可以与精确逐线积分计算结果相媲美,它们所依据的光谱谱线基础资料却都有一定的误差。

关于大气成分变化引起的气候变化的预测,其最大不确定性还不是来自气候模式存在的某些缺陷,而是来自大气成分浓度变化本身。对于大多数温室效应气体的未来浓度变化都还未能作出准确的预测,有些成分甚至连现有的浓度也还不能准确测定。在这种条件下,气候模式研究者根本无法依据对大气成分未来浓度的预测来研究未来气候,而只能假定某种大气成分变化的某一幅度来讨论气候变化,这显然与实际情况会不符的。换句话说,现在对气候变化的讨论只是由于大气成分浓度由一个定值增加到另一个定值所造成的气候状态的一种跃变,而实际气候是随大气成分逐渐变化的一种渐变过程。最新的气候模式虽然也研究了大气二氧化碳浓度逐渐增加的情况,但所用的大气二氧化碳浓度增加速率仍然与实际情况相差甚远。因此,关于大气成分变化引起的气候变化的研究尚有许多工作要做,其中最主要的是改进海-气耦合模式,尤其是对反馈过程的正确处理,并加强对微量气体浓度变化的监测和预测。

第六章　大气臭氧

第一节　光化学基础

一、概述

光化学研究光与分子相互作用所引起的物理和化学变化。凡由光的作用引起的,或在光的作用下进行的化学反应都叫光化学反应。

在均相气相物质中,两个分子相互碰撞而发生化学反应时,要求两个分子有足够高的动能来克服分子间的势垒,使反应物分子足够接近,使它们的电子云相互穿透,发生电子转移,导致有些化学键断裂,一些新的化学键产生,从而形成新的分子。如果分子的动能不够高,随着两分子接近,动能越来越小,势能越来越大,到一定距离时两分子的动能达到零,它们就会因分子间的斥力作用而分开,并向相反方向运动,反应就不能发生。使分子相互碰撞而发生化学反应,分子所必须具有的最小动能叫作活化能。在一定的温度下,气体分子具有一定的平均动能,温度越高,平均动能也越高。在温度高到一定值时,尽管分子的平均动能还低于活化能,但已有相当一部分分子的动能超过了活化能,这部分分子称为活化分子。当活化分子与分子总数之比达到一定值时,便有明显的化学反应发生。当然,不同反应具有不同的活化能,反应的活化能越低,活化分子的比例就越大,反应也就越快。对某一反应而言,在一定的温度下,反应物中活化分子的比例是一定的。因此,单位体积内活化分子的数目与反应物的浓度成正比。当反应物浓度增大时,活化分子的数目也增加,单位时间内的有效碰撞次数也随之增加,反应速度也就加快。

这类反应可以称为热反应。热反应的活化能来源于分子热运动和分子碰撞。在地球大气条件下,大多数气体分子的平均动能都远小于它们的活化能,活化分子极少。如氧气、氮气、水汽、二氧化碳等等,在正常大气温度条件下基本上没有活化分子,所以它们都不会发生常规的热反应。只有一些微量成分,如 OH 自由基、臭氧等,有较低的活化能,它们在常温下有可能发生热反应。但是,大气中包括氧气、氮气和水汽在内的许多成分都能够吸收光能而取得活化能而变成活化分子,激发化学反应,即发生光化学反应。大气中那些常温下能发生热反应的气体成分基本上都是光化学反应的产物。所以,大气化学实际上可以认为是直接或间接地由太阳辐射引起的光化学。

由于活化能来自光能,光化学反应的第一步是光吸收。但是,并不是所有的光都能激发光化学反应。气体分子只能吸收特定波长的光,而且只有吸收了能量大于一定值或波长小于一定值的光时,分子才能被活化。通常是要吸收紫外或可见光的某个特定波长范围内的光。一个气体分子吸收了适当能量的光子后,从基态跃迁到电激发态,即形成电激发态分子。电激发态分子具有较高的能量,可能已成为某些化学反应的活化分子。随后,电激发态分子有三条命运:一是与其他分子碰撞,失去了一部分能量而猝灭,不发生反应;二是与另一种分子碰撞并发生化学反应,形成新的成分,这种过程叫作直接光化学反应;三是自身分裂成为两种以上的分子,这种过程叫作光解。光解产物有可能具有活化能,可以与第 3 种成分发生反应,这种过程称为间接光化学反应。

除了分子活化过程不同外,光化学反应和热反应还有许多不同之处,比如,热反应一般是向着系统的吉布斯自由能减少的方向进行的,而许多光化学反应却可以向着系统的吉布斯自由能增加的方向进行。如果辐射源切断,系统应立即向吉布斯自由能减少的方向进行,以求恢复原来的状态。但是,这个反向的反应在常温下进行得非常缓慢,系统可能永远也不会再回到原来的状态。所以,光化学反应的平衡态也和热反应平衡态不同,不能用平常的平衡常数来衡量光化学平衡及平衡时的产物和反应物浓度。另外,对于热反应,其化学反应速度的温度系数很大,通常温度升高 10 ℃,反应速度大约增加 2～3 倍。然而,对光化学反应而言,其反应速度的温度系数很小,通常温度升高 10 ℃,反应速度只增加 0.1～1 倍。

大气中最有意义的光化学反应是与 OH 自由基的产生有关的以及与臭氧的产生和破坏有关的过程。

二、气体分子对光的选择吸收

经典量子力学理论告诉我们,气体分子的所有电子都只能在一系列特定的轨道上运动,轨道参数的取值是不连续的。与此对应,每个电子只能具有某一特定数值的能量,称为电子的能级。不同能级的取值是不连续的。在光照、加热等外界条件扰动下,电子只能从一个能级跃迁到另一个能级,而不能跃迁到两个能级之间的任何位置,而且只有具有某些特定参数的能级之间的跃迁才是允许的。也就是说,两个能级的参数之差符合某些特定要求时,电子才能在这两个能级之间跃迁。这些特定要求是由量子力学理论的选择定则规定的。符合选择定则的两个电子能级之间的能量差具有确定的值,一个气体的分子只能吸收能量等于这个确定值的光子而被激发。光子的能量与光的频率呈正比,而光的频率又与它的波长成反比,所以气体分子只能吸收一些特定波长的光。这就是气体分子对光的选择吸收。

分子吸收了一个具有特定能量的光子,电子从低能级跃迁到了高能级,分子处在具有较高能量的激发态,但不一定就成为活化分子。能使分子活化而激发光化学反应的光量子仅仅是那些能量超过活化能的光量子,或者说是波长小于由活化能确定的某一定值的光量子。对于实际大气来说,使气体分子活化的光量子一般是短波可见光和紫外光的光量子。当然,具体的光化学反应有其具体的要求,不能一概而论。所以在讨论光化学反应的光吸收时,通常要注明吸收的光的波长或频率。

三、量子效率

气体分子吸收光量子而被激发,但激发态分子并不一定被活化。也就是说,被吸收的光量子数并不等于被活化的分子数。从化学反应的角度看,参加反应的分子数应当等于活化分子数。一个光化学反应的量子效率被定义为参加反应的分子数与被吸收的光量子数之比。对于一级反应而言,量子效率总是小于 1。但是一级反应的产物还可能再与反应物发生反应,使表观的参加反应的分子数可能大大增加,因而表观量子效率可能大于 1。

首先,如果许多光量子的吸收没有使分子活化,当然量子效率小于 1。即使每 1 个光量子吸收都使 1 个分子活化,量子效率也不一定等于 1,这就是光化学反应与热反应的不同之处。被光量子活化的激发态分子在发生分解反应或与其他分子碰撞而发生反应之前,可能会因为自发发射辐射或与其他分子碰撞而失去一部分能量,由活化分子变成非活化分子。这一过程显然使参加反应的分子数减少,量子效率降低。另一方面,如果活化分子分解为原子或自由基,而下一步反应又不能立即进行,则有一部分分子分解的产物可能重新结合为原来的分子,总体效果也表现为参加反应的分子数减少,量子效率降低。反过来,如果分解产物很快与反应物分子发生热反应,则总体效果表现为参加反应的分子数增加,量子效率增加甚至会大于1。激发态分子也可能直接与未被激发的同种分子发生反应,在这种情况下量子效率也可能大于1。

四、感光反应

不管是直接光化学反应还是间接光化学反应,都是由初始反应物自身吸收光量子开始的。另外还有一类光化学反应,初始反应物本身未吸收光量子,反应物的活化能量来自另一种物质的碰撞传递,而被另一种物质传递的能量来自该物质对光子的吸收。这种物质吸收了光子能量又传递了反应物,而它本身没有发生任何变化。这种间接的光化学反应称为感光反应。起能量传递作用的物质叫做感光剂。例如,用波长为 $0.2537\ \mu m$ 的光照射氢气,不会有光化学反应发生,因为氢气不吸收这种波长的光。但用这种波长的光照射氢气和汞蒸气的混合气体,氢气就会被光解。在这个感光反应过程中,汞充当了感光剂。感光反应的另一个最常见的例子是植物的光合作用。尽管对植物光合作用的某些细节尚未完全弄清,但光合作用的本质是植物的叶绿素在太阳辐射的作用下把二氧化碳和水合成有机物。在这个反应中,有效太阳辐射是波长 $0.4\sim0.7\ \mu m$ 的可见光。但二氧化碳和水汽都不会吸收这一波长范围的光,植物的叶绿素却能吸收这一波长范围内的光,充当了感光反应的感光剂。

许多物质在没有感光剂时也能发生光化学反应,但量子效率很低,反应很慢。加进某种感光剂可大大提高其量子效率使反应加快,这种感光剂的作用与普通热反应中的催化剂比较类似。

五、光化学平衡

与普通热反应一样,光化学反应也存在可逆反应。可逆光化学反应可以正、反两个方向的反应都是光化学反应,也可以只有一个方向是光化学反应,而另一个方向是热反应。这两种情况建立起来的平衡都叫光化学平衡,在达到平衡以后,正、反两个方向的反应速率相等,再继续进行光照也不会使系统的化学组成发生变化。达到光化学平衡后,系统吸收的光能将被转化成热能,改变系统的温度。这一点与普通热反应的可逆反应不同。在热反应中,活化反应物的能源是热能,可逆反应达到平衡后,如果继续向系统供给热能,平衡条件就会变化。在光化学反应达到平衡时,物质浓度之间的关系主要取决于物质特性以及光的波长和强度,而与温度的关系较小。一般说来,初级反应主要决定于光的波长和强度,而活化分子与同种或不同种的另一分子的反应类似于普通的热反应,与温度有关。

可逆光化学反应的例子很多,如苯溶液中的蒽的二聚反应是光化学反应,但聚合物的分解是普通热反应。该反应形成的聚合物的平衡浓度与入射光强度成正比,比例系数与光的波长及反应物的特性等许多因素有关。二氧化硫的光氧化是两个方向都是光化学反应的可逆过程。二氧化硫在光的作用下与氧气反应生成三氧化硫,同时,三氧化硫又在光的作用下分解成二氧化硫和氧气。这一可逆光化学反应之所以发生,是因为反应物和产物都吸收大约 $0.3\ \mu m$ 波长范围的光。但是,二氧化硫和三氧化硫对某一特定波长的光的吸收系数可能差别很大,平衡时的物质浓度首先与入射光的波长有关,改变光的波长,平衡态就会变化。实验发现,在汞蒸气灯照射下,系统中二氧化硫与三氧化硫的浓度比约是 1:2,而且这一比例在 50～800 ℃温度范围内不随温度变化而变化。

实际大气中最重要的光化学平衡现象是氧和臭氧在太阳紫外辐射照射下的光化学平衡。

第二节 氧-氮大气的光化学平衡理论

一、氧分子对太阳辐射的吸收

大气的主要成分是氮气和氧气。氮气不能吸收波长大于 0.1 μm 的光,但它对波长小于 0.091 μm 的光有较弱的吸收,而且只有吸收了波长小于 0.0796 μm 的光才能开始离解。太阳辐射到达大气层顶后,波长小于 0.22 μm 的辐射强度开始随波长减小而急剧下降。除了在 0.12157 μm 处有一个对应于太阳中氢原子的 Lyman-α 发射的辐射峰值以外,波长小于 0.12 μm 的太阳辐射在大气层顶已非常微弱。因此,实际大气中氮气吸收太阳辐射的光致离解可以忽略不计。

进入大气层的太阳紫外辐射波长范围集中在 0.1～0.32 μm,这一波长范围被称为有效太阳紫外辐射。大气中对有效太阳紫外辐射有吸收的大气成分主要是氧气及其光致离解后反应生成的产物臭氧。氧气主要吸收 0.104～0.18 μm 范围的紫外辐射。在波长大于 0.18 μm 的范围内还有一个较弱的连续吸收区,它一直延伸到 0.24 μm,被称为 Herzberg 连续吸收区。在 0.104～0.18 μm 的波长范围内,氧气的吸收光谱很明显地分成 3 段:0.104～0.14 μm 之间,是选择吸收光谱,也叫线吸收光谱;0.14～0.17 μm 之间,是连续吸收光谱,通常称之为 Schumann-Runge 连续吸收区;在 0.17～0.18 μm 之间,又是一个选择吸收光谱。氧气吸收了 0.14～0.17 μm 波长范围的辐射能后,离解成一个基态氧原子 $O(^3P)$ 和一个电激态氧原子 $O(^1D)$,基态氧原子是形成臭氧的主要反应物。在高层大气中,0.14～0.17 μm 光谱范围的太阳辐射比较强,氧气的吸收系数也比较大,所以,这一波长范围的太阳辐射是高层大气光化学反应的最主要能量来源。

在氧的选择吸收光谱中有一点特别值得注意,即在太阳的氢原子 Lyman-α 发射峰区,氧的吸收系数最小。这一点对大气光化学有重要意义,因为波长为 0.1215 μm 的 Lyman-α 谱线可以穿透到 65 km 以下的大气中,而波长小于 0.18 μm 的其他波段的太阳紫外辐射在 85 km 高度就已消失。在 0.18～0.24 μm 的 Herzberg 连续吸收区,由于氧吸收系数很小,这一波段的辐射可深入到 20 km 高度以下。

臭氧吸收波长为 0.20～0.35 μm 的太阳紫外辐射。在这一波长范围内,臭氧的吸收光谱分成两个吸收带,即 0.20～0.30 μm 的 Hartley 吸收带和 0.30～0.35 μm 的 Huggins 吸收带。Hartley 带是一个较强的连续吸收带,而 Huggins 带则是一个很弱的选择吸收带。臭氧在可见光范围也有一个很弱的 Chappuis 吸收带。另外,臭氧在红外光谱范围还有一个很强的吸收带,所以臭氧也是一种温室效应气体。

由于氧气和由它产生的臭氧对太阳紫外辐射的吸收,使波长低于 0.29 μm 的太阳紫外辐射很难穿过大气层到达地面。事实上,地面上观测的波长小于 0.29 μm 的太阳紫外辐射是可以忽略不计的,而 0.29～0.32 μm 波长范围的太阳紫外辐射却非常强。到达地面的太阳紫外辐射强度取决于太阳辐射在大气层传输的过程中各种物质的吸收、反射和散射作用,同时,地面太阳紫外辐射强度的变化也在一定程度上反映了大气光化学反应状况的变化。影响到达地面的太阳紫外辐射强度的主要因素包括太阳天顶角、辐射传输途径中的大气臭氧总量、大气水汽含量和大气气溶胶含量。

二、臭氧的产生和破坏

臭氧主要产生于氧气的光致离解。

首先,氧气吸收 Schumann-Runge 连续吸收区的紫外辐射后分解为一个基态氧原子和一个电激发态氧原子。在大约 120 km 以上的上层大气中,Schumann-Runge 连续吸收区的太阳辐射很强,氧气吸收这一波段的太阳紫外辐射而离解的光致离解系数 $J_1\{O_2\}$ 可达 3.7×10^{-8} · s^{-1}。太阳辐射向下深入大气时,这一波段因被吸收而越来越弱,光致离解系数 $J_1\{O_2\}$ 也随高度降低而急剧下降,到大约 85 km 处 $J_1\{O_2\}$ 实际上已下降到零。

在 85 km 以下,Lyman-α 辐射、Herzberg 连续吸收区和 $0.17 \sim 0.18$ μm 波长范围的辐射共同起作用。氧气吸收 Lyman-α 辐射也发生与吸收 Schumann-Runge 辐射一样的反应,即分解为一个基态氧原子和一个电激发态氧原子。在 $70 \sim 85$ km 之间,氧气吸收 Lyman-α 辐射的离解系数 $J_2\{O_2\}$ 约为 3×10^{-8} · s^{-1},在 70km 高度以下,$J_2\{O_2\}$ 随高度下降而急剧减少,到 30 km 高度处,$J_2\{O_2\}$ 降到 10^{-12} · s^{-1} 以下。

氧气吸收 Herzberg 连续光谱区的太阳紫外辐射后,离解成两个基态氧原子。在 80 km 高度以上的大气中,氧气吸收 Herzberg 辐射的光致离解系数 $J_3\{O_2\}$ 约为 10^{-8} · s^{-1},在 80 km 高度以下,$J_3\{O_2\}$ 随高度下降而急剧减少,到大约 60 km 高度,减少到 10^{-9} · s^{-1},到大约 30 km 高度,降到 10^{-12} · s^{-1} 以下。

氧气吸收波长介于 0.17 μm 和 0.18 μm 之间的辐射后,不会马上离解,而可能首先生成电激发态氧分子,然后电激发态氧分子在离解成两个基态氧原子。在 90 km 高度以上的大气中,氧气吸收 $0.17 \sim 0.18$ μm 辐射的光致离解系数 $J_4\{O_2\}$ 可达 5×10^{-8} · s^{-1}。在 90 km 高度以下,$J_4\{O_2\}$ 随高度下降而急剧减少,到大约 80 km 高度以下,$J_4\{O_2\}$ 降到 10^{-8} · s^{-1} 以下,到 60 km 以下,$J_4\{O_2\}$ 降到 10^{-12} · s^{-1}。

综上所述,氧气在太阳紫外辐射的作用下将发生光致离解。在 80 km 以上,主要是 Schumann-Runge 连续吸收区的辐射起作用;在 $30 \sim 80$ km 之间,Herzberg 连续吸收区、Lyaman-α 线和 $0.17 \sim 0.18$ μm 范围的辐射均有重要贡献。这 4 种过程的总离解系数 $J\{O_2\}$ 随高度降低而减少,到大约 2km 高度处,$J\{O_2\}$ 降到 10^{-12} · s^{-1} 以下,可认为这时已不再发生光致离解。但是,由于氧气的浓度随高度下降而增加,所以,在大约 42 km 高度处,氧气在太阳辐射作用下的离解速率最大。

氧气光致离解产生的基态氧原子是大气臭氧的主要源。在氧-氮大气中,消耗基态氧原子的主要反应有两个:一个是在第三体的参与下,两个氧原子化合成一个氧分子;另一个是在第三体的参与下,一个氧原子与一个氧分子化合成一个臭氧分子。这里的第三体通常由氧气分子或氮气分子充当,主要起能量传递的作用,不参与化学反应。这两个反应都是通常的热反应。

臭氧也会因吸收太阳紫外辐射而被破坏。臭氧吸收 Hartley 带的紫外辐射后离解为一个电激发态氧原子和一个氧分子。在 $40 \sim 50$ km 高度的大气层中,吸收 Hartley 带辐射的光致离解是破坏臭氧的主要过程。在 40 km 高度以下的大气中,臭氧主要吸收 Huggins 或 Chappuis 带的太阳紫外辐射而被离解。臭氧吸收 Huggins 带的辐射后,既可以离解产生一个激发态氧原子和一个氧分子,也可以离解为一个基态氧原子和一个氧分子。臭氧吸收 Chappuis 带的辐射时,被光致离解成一个基态氧原子和一个氧分子。在 60 km 以下的大气中,太阳过顶时,以上各个臭氧光解反应的总光致离解系数 $f\{O_3\}$ 可达 $2.0 \times 10^{-2} \cdot s^{-1}$,且 $f\{O_3\}$ 随高度降低而逐渐减少,到 10 km 高度,$f\{O_3\}$ 降到 $1.1 \times 10^{-4} \cdot s^{-1}$。

臭氧也可因与原子氧反应而被破坏,即在第三体的参与下,一个臭氧分子与一个氧原子化合成两个氧气分子。这也是一个热反应,其反应速率常数记为 K_3。

当然实际大气中不只有氧气和氮气,还有一些微量气体,它们也通过光化学反应生成或破坏臭氧。但是,由于这些微量气体的浓度一般要比氧气的浓度低 5~6 个量级,所以,尤其是在平流层大气中,它们对臭氧浓度的贡献与氧气比较起来可以忽略不计。

可能通过光致离解产生臭氧的最重要微量成分是氮氧化物。自然干净大气中,最重要的氮氧化物是氧化亚氮,它可以与氧气光致离解产生的电激发态氧原子反应生成一氧化氮,一氧化氮与臭氧分子相遇,就会发生反应生成二氧化氮和氧气。二氧化氮吸收 0.285~0.375 μm 波长范围的紫外辐射后,发生光致离解反应而生成一氧化氮和基态氧原子。基态氧原子又可与氧气分子反应生成臭氧。

大气中可能导致臭氧破坏的过程主要是臭氧与一些自由基的反应。在自然干净大气中,主要的反应过程包括臭氧与 H、OH 和 HO_2 自由基的反应,这些反应的总体效果是使臭氧破坏。关于污染大气中更复杂的光化学反应,将在人类活动对臭氧层的破坏一节中再详细讨论。

三、氧-氮大气中的臭氧光化学平衡

Chapman 于 1930 年首先提出,大气臭氧浓度是由纯氮-氧大气中的光化学平衡决定的,并认为氧气分子吸收太阳紫外辐射所致的光致离解反应,氧原子与氧分子生成臭氧的反应以及臭氧分子吸收太阳紫外辐射所致的光致离解反应共同决定了大气中氧原子和臭氧分子的浓度。当大气中的这些反应达到平衡状态时,臭氧浓度和氧原子浓度均不随时间而发生变化,亦即浓度的时间变化速率为 0。由此可以得出:

$$[O_3] \approx 2.2361 (JK/f)^{1/2} [O_2]^{3/2},$$

式中,$[O_3]$ 和 $[O_2]$ 分别表示大气中臭氧和氧气的浓度,J 表示氧气的总光致离解离解系数,K 表示氧原子与氧气分子反应生成臭氧的反应速率常数,f 表示臭氧分子的总光致离解系数。如果系数 K、J 和 f 及其随温度或随高度的变化能够准确地计算出来,则原则上可根据氧气浓度的垂直分布由上式计算出各高度上的臭氧浓度。

用上述光化学平衡理论公式计算的臭氧浓度垂直分布与实际观测到的臭氧浓度垂直分布相比,计算结果能大体反映臭氧浓度的实际分布,说明 Chapman 的经典光化学平衡理论反映了臭氧生成和破坏的主要过程。但是,从定量的角度来看,计算结果和观测结果存在较大差别,这也反映了 Chapman 光化学平衡理论的缺陷。Chapman 光化学平衡理论的缺陷主要体现在两个方面:首先,OH 自由基和氮氧化物等其他微量成分的光化学过程对臭氧产生和破坏的影响未被考虑。二氧化氮如光解产生基态氧原子的过程肯定将使臭氧浓度增加,臭氧与 H、OH、HO_2 等自由基的反应将使臭氧浓度降低。但是,对这些过程至今尚没有准确的定量结果,因为还缺乏有关微量成分的大气浓度的准确实际测量资料。此外,在大约 30 km 高度以下的大气层中,臭氧的寿命相对较长,其浓度将被大气运动重新分布。事实上,这里的大气

臭氧浓度不是仅仅取决于光化学平衡,而是由大气运动和光化学过程共同决定。大气臭氧浓度实际上并不处于局地光化学平衡状态,大气输送对大气臭氧浓度起着相当重要的作用,局地光化学平衡只决定大气中氧原子和臭氧的比例。

第三节　平流层臭氧

一、概述

　　尽管臭氧在大气中的含量很低,但它对人类和地表生物的生存却极为重要。臭氧在大气环流和地球气候的形成中也起着非常重要的作用。过量的紫外辐射能阻止细胞核分裂,抑制细胞增长,从而影响生物发育,甚至危及生命。正是由于臭氧对太阳紫外辐射的吸收,使波长小于 $0.3\ \mu m$ 的太阳紫外辐射很难穿透整层大气而到达地面,因而这一波段的极具杀伤力的紫外辐射在地面的强度很低,使地表的生物和人类免遭太阳紫外辐射的伤害。所以,称平流层臭氧层为臭氧保护层。根据光化学平衡理论,臭氧层主要集中在 $15\sim45\ km$ 高度范围的平流层大气中,臭氧浓度最大值通常出现在 $25\ km$ 高度左右,气柱臭氧总量主要取决于这一层大气中的臭氧浓度。根据简单的辐射传输计算,如果气柱中臭氧总量减少 1%,地表 $0.28\sim0.32$ μm 波段的紫外辐射强度将增加约 2%。有些统计资料表明,人类的皮肤癌发病率与地表紫外辐射的强度存在很强的正相关。

　　臭氧对太阳紫外辐射的吸收是平流层的主要热源,平流层臭氧浓度及其随高度的分布直接影响平流层的温度结构,从而对大气环流和地球气候的形成起着重要作用。平流层臭氧浓度下降,将引起平流层上层的温度下降以及平流层下部和对流层的温度上升,从而改变大气环流结构。因此,平流层臭氧浓度的变化是大气的重要扰动因子。由于大气臭氧的自然含量很低,它很容易受到人类活动的冲击。20 多年来,人们一直关注着人类活动的影响可能造成的平流层臭氧变化。

　　另一方面,地表附近的臭氧又是一种重要的污染气体。近年来的研究发现,人类活动造成的大气污染,不仅使城市地区地表附近臭氧浓度大幅度增加,而且地表臭氧浓度有普遍增加的趋势。地表臭氧浓度增加的害处主要表现在两个方面:首先,由于臭氧是一种强氧化剂,地面大气中的高臭氧浓度将直接影响生物正常生理活动,尤其对呼吸系统有严重的破坏作用。有研究表明,地表臭氧浓度达到 0.1×10^{-6}(在城市污染大气中经常达到这样的浓度水平)时,就会引起人的呼吸道发炎,当浓度达到 5×10^{-6} 时,就会危及人的生命。亦有许多研究指出,地表臭氧浓度增加是造成一些地区森林大片死亡的重要原因之一。此外,由于臭氧对红外波段的热辐射有很强的吸收,因而它在对流层大气中也是一种很重要的温室气体成分,其地面大气浓度的增加将直接导致温室效应增强。就对流层大气温度变化而言,无论是平流层臭氧减少,还是对流层或地面大气臭氧增加,都将导致对流层大气的温度升高。因此,在关心人类活动造成平流层臭氧总量减少的同时,也要关心地表臭氧浓度增加的问题。

　　为了表征大气臭氧含量,除了采用 $\times10^{-6}$ 体积分数、$\times10^{-9}$ 体积分数、$\mu g\cdot kg^{-1}$、$\mu g\cdot m^{-3}$ 等惯常用于微量气体浓度的表示方法外,对平流层臭氧总含量还使用了一种特殊的表示方法,即气柱臭氧总量。假定垂直气柱中的臭氧全部集中起来成为一个纯臭氧层,用这一纯臭氧层在 $0\ ℃$ 和 1 个标准大气压条件下的厚度来度量气柱臭氧总含量,厚度为 $1\ cm$ 时称为 1"大气厘米",厚度为 10^{-3} cm 时,则定义为一个 Dobson 单位。Dobson 单位是表征平流层臭氧总量的最常用单位。很显然,1"大气厘米"等于 1000 Dobson 单位。表征平流层臭氧浓度也经常使用臭氧的分压力,常用单位是 10^{-4} Pa。

二、平流层臭氧含量的空间分布和时间变化

(一)平流层臭氧含量的垂直分布

根据经典的氧-氮大气光化学平衡理论,臭氧主要集中在 15～45 km 高度范围内的平流层大气中,大约 25 km 处的臭氧浓度最大,自由对流层和高层大气中的臭氧浓度很低。但是,实际情况并不如此简单。大量的观测结果表明,臭氧浓度的垂直分布是很复杂的,而且随时间和地点的不同有很大的变化。

在中纬度地区,平流层臭氧浓度的垂直分布大体可分为两种不同的类型,即单峰型和双峰型。对于单峰型分布,臭氧浓度最大值随时间地点的不同而在 20～28 km 之间变化,平均高度为 24 km,浓度最大值随季节不同而在 120×10^{-6}～170×10^{-6} hPa 范围内波动,平均为 140×10^{-6} hPa。对于双峰型分布,主峰仍在 20～28 km 范围,但在 10～14 km 范围内出现一个次峰,在 14～21 km 范围内出现一个极小值。双峰型的峰值浓度比单峰型的峰值浓度略低。双峰型垂直分布多出现在春季,而单峰型垂直分布则多出现在秋季。

臭氧浓度的垂直分布随纬度变化很大,同时也有一定的季节变化。纬度越高,臭氧浓度峰值所在的高度越低,而峰值浓度越高。在同一纬度上,峰值浓度在春季明显偏高,秋季明显偏低,但峰值浓度所在高度的季节变化却不大。

(二)气柱臭氧总量的空间分布及其季节变化

在热带地区,气柱臭氧总量的月平均值没有明显的季节变化。随着纬度增加,气柱臭氧总量月平均值的季节波动越来越大,在冬末春初出现最小值,秋季出现最大值。在赤道与极圈之间,气柱臭氧总量随纬度增加而增加,这种空间变化在春季最为明显。

气柱臭氧总量的这种地理分布和季节变化显然不能用经典的 Chapman 光化学平衡理论来解释。根据经典光化学平衡理论,臭氧总含量应当是赤道附近最高;纬度越高,含量越少;在同一纬度上,低纬度区应没有明显季节变化,中高纬度上有明显季节变化,夏季含量高,冬季含量低。这些几乎都完全与观测结果相反。实际观测到的气柱臭氧总量的季节变化和空间分布只能用大气运动的影响来解释。低纬度平流层的光化学过程产生的臭氧被大气环流输送到高纬度。中低纬度平流层下部的这种极向环流在冬、春季尤其强烈,而且在冬、春季节,这种极向环流在极区变成下沉气流。冬、春季强盛的极向环流将在热带平流层低层的光化学过程中产生的高浓度的臭氧,并向两极输送,形成了高纬度地区冬、春季平流层低层的臭氧高浓度层。这是导致冬、春季高纬度地区臭氧总含量高的原因。极区的下沉气流造成中高纬度地区臭氧浓度极大值出现的高度随纬度增加而下降。另一方面,赤道地区的上升气流将臭氧浓度很低的对流层大气带到平流层中,部分地取代了那里的极向移动的含高浓度臭氧的大气,这样,热带地区平流层下层的臭氧浓度很低,臭氧总量也就被降低,且浓度最大值高度被抬高。在其他季节,这种极向环流较弱,因而臭氧含量的经向梯度也就较小。

(三)气柱臭氧总量随时间的变化

在气柱臭氧总量的空间分布有明显季节变化的同时,气柱臭氧总量本身也会有明显的季节变化。综合全球近 100 个臭氧站几十年的观测资料后发现,气柱臭氧总量的平均值在秋末

出现最小值,春天出现最大值,且最大值比最小值高 30% 以上。近代卫星观测也得到了类似的结果。

除了明显的季节变化外,气柱臭氧总量日平均值也存在明显的逐日波动。

特别值得注意的是,气柱臭氧总量有比较复杂的年际波动和长期下降的趋势。冬、春季节气柱臭氧总量的年际波动幅度较大,长期下降的趋势也比较明显。整个北半球全年平均的气柱臭氧总量在过去 20 年里差不多下降了 3%。考虑到气柱臭氧总含量是在地表测量的,它包括了从地面一直到平流层顶的整个气柱的全部臭氧,而过去 20 多年里,北半球中纬度地区地表附近的臭氧浓度每年大约增加 1%,那末,平流层气柱臭氧总量在过去 20 年里下降的值应当超过 3%。最近的一些数值模式计算结果也确实证明,平流层臭氧总量和 35 km 以上大气中的臭氧浓度在过去 20 多年里的下降幅度都大于 3%。

对地面的气柱臭氧总量观测资料进一步分析得出,在 30°—64°N 之间,冬、春季的气柱臭氧总量在过去 20 年里下降了 4%,夏季的气柱臭氧总量下降要小一些,大约只有 1%,而秋季气柱臭氧总量没有明显的下降趋势。

在赤道和南半球(除了南极外),气柱臭氧总量的观测站较少,而且观测资料的质量也不尽相同,因此还不能得出明确的结论。但是,对个别观测站的资料进行仔细分析后,发现南半球中高纬度地带的气柱臭氧总量变化与北半球类似。

气柱臭氧总量的年际波动和长周期缓慢下降趋势在两极地区,尤其是在南极地区,更为明显。根据南极地区的观测结果,气柱臭氧总量年际波动很大,而且在大多数时段显示出明显的准两年周期波动。长期下降的趋势也特别明显,尤其是南半球春天的气柱臭氧总量变化更为明显。1970 年以后,这种下降趋势变得更加迅速,1994 年的春季气柱臭氧总量比 1972 年下降了 40% 以上。除了准两年周期波动和长时期的下降趋势以外,南极地区的气柱臭氧总量还存在约 10~12 a 的周期性变化。1960 年的气柱臭氧总量是一个很高的值,以后除了两年的周期波动外,基本上呈下降趋势,到 1968 年达到了一个极小值,以后连续几年上升,到 1972 年达到了另一个高值,以后又逐年下降,1978 年下降到另一个极小值,1979 年达到另一高值后逐年急剧下降。此时,准两年周期的波动也变得不太明显了,只有 1986 年有比较明显的上升,1987年又急剧下降到一个新的极小值,1988 年又有明显增加。南极特殊的大气环流形式可能是造成气柱臭氧总量这种特殊变化的原因。

北极地区气柱臭氧总量的变化与南极地区显然不同,尽管准两年周期的波动也非常显著,但长时期逐年下降的趋势并不太明显,10~12 a 的周期变化也不太明显。这种特征与北极地区的大气运动状况有关。在北极地区,极地大气与中纬度大气的交换比较频繁,极地涡旋不象南极地区那样强,平流层光化学平衡状况也不象南极那样受到严重的人为干扰,因而平流层臭氧只在较短的时间内有明显波动。

对平流层臭氧的观测始于 1929 年,但是早期的观测资料存在许多问题,不同观测站的观测结果之间可比性比较差,大大降低了资料的利用价值。1957 年,世界气象组织(WMO)建立了国际臭氧观测网,制定了统一的观测规范。从那时起,世界范围的臭氧观测纳入了统一的轨道,而且自 1960 年起,加拿大代表世界气象组织建立了全球臭氧资料中心,对各观测站的资料用统一的格式进行了记录和编辑,并定期出版,公开发行。从那时起到现在还不到 40 a,对于 11 a 左右的周期变化,个例还显然不够,对于长期下降的趋势就更难有确定的结论。既然气柱臭氧总量存在明显的准 2 a 周期波动和差不多 11 a 周期变化,那么周期更长的周期变化是否存在？自 1970 年以来的臭氧总量下降趋势是否正处在某个时间尺度的周期变化的降低阶段？要明确回答这些问题尚需要更多的观测和理论研究。

大气中的臭氧浓度首先取决于吸收太阳紫外辐射而引起的光化学反应,其次取决于大气运动。影响光化学反应的因素主要是大气微量成分的浓度、太阳紫外辐射强度和大气温度结构;大气运动状态主要取决于大范围大气环流特征。所有造成上述诸因子波动的扰动力都能引起气柱臭氧总量的变化。例如,太阳活动造成的紫外辐射强度变化可能是气柱臭氧总量 11 a 周期变化的主要原因;大气环流状态的波动可能是造成气柱臭氧总量准 2 a 周期波动的原因;而人为排放的氟氯烃类化合物可能是造成气柱臭氧总量逐年减少的长期变化趋势的原因。当然,由于上述因素是互相联系互相制约的,大气臭氧的分布和变化必然是十分复杂的,任何单因子的研究都不能得出正确的结果。

三、南极臭氧洞

南极臭氧洞是近 20 多年来使科学界困惑且社会各界普遍关注的重大科学问题。所谓南极臭氧洞,是指在南极的春天,亦即每年 10 月,南极大陆上空的气柱臭氧总量急剧下降,形成一个面积与南极极地涡旋相当的气柱臭氧总量低值区。南极臭氧洞有两重含义:一是从空间分布的角度来看,随着纬度增加,气柱臭氧总量逐渐增加,而在南极环极涡旋外围形成臭氧含量极大值,但进入环极涡旋后,气柱臭氧总量突然大幅度下降,形成气柱臭氧总量低值区;二是从南极上空气柱臭氧总量的季节分布来看,从 9 到 10 月,南极地区气柱臭氧总量突然大幅度下降,形成季节变化中的低谷。

南极臭氧洞首先是由英国学者通过分析英国的南极 Halley Bay 观测站的臭氧观测资料后提出的。Halley Bay 站建立于 1956 年,并从那时起开始观测。从建站到 1976 年的 20 a 里,10 月份的平均气柱臭氧总量几乎保持不变。但 1976 年以后,10 月份的平均气柱臭氧总量急剧下降(如图 6.3.1 所示),从 20 世纪 70 年代中期到 1994 年的大约 20 a 间下降了 40％以上。从 1979 年以后的卫星观测资料中进一步证实了南极地区春季气柱臭氧总量的下降趋势。卫星观测还画出了气柱臭氧总量的空间分布。其分布状态大致是:60°S 以北,气柱臭氧总量基本上随纬度的增加而增加,到 60°S 附近,气柱臭氧浓度达到最大值;而进入极地涡旋圈内,气柱臭氧总量随纬度增加而急剧下降,在极点周围形成一块气柱臭氧总量极低的区域。气柱臭氧总量低值区所覆盖的范围与极地涡旋的相当,大致是南极洲大陆的范围。自 1979 年有卫星观测以来,观测到南极臭氧洞覆盖的范围有明显的两年周期波动,并有逐渐扩大的趋势。臭氧洞内气柱臭氧总量最低值区的气柱臭氧总量绝对值也有类似的准 2 a 周期波动和逐渐下降的长期变化趋势,并且最近十几年变化的幅度特别大。

南极地区的气柱臭氧总量长期减少趋势在不同地区和不同月份是不同的。1979—1986 年间的旬平均气柱臭氧总量与 1957—1978 年间的相比,9 月和 10 月的气柱臭氧总量下降最多,且越靠近南极,下降的幅度越大,而在其他月份,差别明显变小。

对于南极臭氧洞,还有一个重要的观测事实,即与 9—10 月极区气柱臭氧总量的极小值逐年下降的同时,极区以外较低纬度上的气柱臭氧总量极大值却在逐年增加。在 45°S 至南极之间,气柱臭氧总量的面积加权平均值不仅没有减少,反而略有增加。这就是说,在过去 30 多年里,45°S 至南极之间的大气臭氧总量并未发生变化,只是在空间分布上发生了变化。

关于南极臭氧洞产生和变化的原因,至今尚未完全弄清楚。根据前面所讲的一些观测事

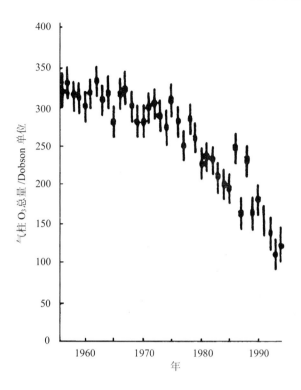

图 6.3.1　南极 10 月份平均气柱臭氧总量的变化

实和大气环流特点来分析,南极臭氧洞主要是大气运动造成的,是一种自然现象,只是过去没有发现而已。在南极地区,冬季盛行强大的环极环流。从 4 月直到 10 月,这一环极涡旋一直控制着南极大陆上空。这种环流结构造成了南极上空平流层极低的温度,通常在-84 ℃以下,极低的温度导致南极上空经常出现极地平流层云。这种极地平流层云有利于臭氧的破坏过程。同时,南极的冬季无太阳辐射,臭氧产量极低。另外,南极的环极涡旋阻止了极区大气与中低纬度大气的交换,中低纬度平流层中产生的臭氧输送不到极区,而在极区环极涡旋外面累积,在那里形成臭氧浓度极大值区。正是由于冬季南极上空的臭氧破坏因极地平流层云的出现而加剧,同时被破坏的臭氧又得不到补充,因此便在极区形成了臭氧浓度极低的气团。

北极的冬季同样是臭氧产量低的季节,近年来也呈现冬季气柱臭氧总量下降的趋势,但由于北极地区的环极涡旋弱且持续时间短,极区大气与中低纬度大气的频繁交换使其大气臭氧浓度保持了高水平,因而其冬季的气柱臭氧总量下降幅度远小于南极,在空间分布的意义上基本上不存在一个臭氧洞,在季节变化的意义上,也只在短时间内出现气柱臭氧总量下降的趋势。

对于臭氧洞的年际波动和长期变化趋势的原因,和全球臭氧含量的变化有类似的解释,也就是说,有太阳活动的周期性变化,有极区环极涡旋强度和范围以及大尺度大气环流的波动,还有人为活动造成的长期效应。

四、人类活动对平流层臭氧的影响

早在 20 世纪 60 年代初,就开始认真考虑人为活动对平流层臭氧破坏的可能性。从臭氧产生和破坏的过程可以知道,大气臭氧的含量取决于太阳辐射、氧气、氮氧化物和含氢自由基等大气化学成分以及大气运动状况。人类活动的影响主要表现为对大气成分的扰动。

首先,人类活动的强度还不至于影响氧气的浓度,但却明显引起了大气微量化学成分的变化。大气中的含氢自由基主要来自水汽的光化学离解。模式计算结果表明,臭氧与含氢自由基的反应在臭氧破坏总量中占 5%～10%。但是还没有任何观测事实确实地证明人类活动改变了大气含氢自由基的含量,所以人们首先把注意力集中到氮氧化物上。氮氧化物包括氧化亚氮和反应性氮氧化物,其中反应性氮氧化物又包括一氧化氮和二氧化氮,二者合称为 NO_x。人类活动使大气氧化亚氮浓度正以平均每年 0.25% 的速率增加。反应性氮氧化物在大气中的寿命较短,其浓度在大气中的分布很不均匀,目前还没有数据说明其全球大气浓度的变化,但有限的观测事实证明排放源区的大气反应性氮氧化物浓度通常要比清洁背景大气高几个数量级。地面的工、农业生产和汽车尾气都直接向大气排放反应性氮氧化物和氧化亚氮,这些来源的反应性氮氧化物和氧化亚氮被输送到平流层而参与臭氧的光化学反应过程。同时,人类活动通过超音速飞机直接向对流层上层和平流层下层排放反应性氮氧化物。人类活动直接排放的反应性氮氧化物以及人类活动排放的氧化亚氮在平流层光解产生的反应性氮氧化物均可在平流层中发生破坏臭氧的反应:即臭氧与一氧化氮反应生成二氧化氮和氧气,二氧化氮又与氧原子反应生成氧气和一氧化氮。这两个反应结合在一起,构成一个二氧化氮和一氧化氮相互转化的循环,反应的总效果只是导致了臭氧破坏,反应性氮氧化物保持不变。另一方面,反应性氮氧化物也可发生产生臭氧的反应,即二氧化氮光解生成一氧化氮和氧原子,氧原子在与氧分子发生反应而生成臭氧。模式计算指出,在平流层上部,起主要作用的是破坏臭氧的反应,而在平流层下部,起主要作用的是生成臭氧的反应。这就是说,人类活动造成的氧化亚氮和反应性氮氧化物的增加可能会改变臭氧浓度的垂直分布,使平流层上部的臭氧浓度下降,下部的臭氧浓度增加,但对气柱臭氧总量的影响则比较小。发生这种变化的结果,将导致平流层上层的大气温度下降,平流层下层的大气温度上升。而这种大气温度结构的变化将会导致大气环流结构的变化。应当承认,关于人类活动造成氧化亚氮和反应性氮氧化物增加对平流层臭氧的影响至今还没有可靠的定量结果,尚需要更多的关于氧化亚氮和反应性氮氧化物及有关微量成分浓度的测量资料,也需要与氧化亚氮、反应性氮氧化物有关的一系列光化学反应深入的理论研究。

在 20 世纪 70 年代初,关于氟利昂对平流层臭氧的可能冲击曾经引起人们极大关注。工业合成的氯氟烃主要包括用于制冷设备的各种氟里昂以及用作发泡剂的哈龙类物质,这些物质的生产从 20 世纪 50 年代末起直线上升,到 1972 年,全世界氟利昂-11 和氟利昂-12 的年产量分别达到 3×10^5 t 和 4×10^5 t。这类工业合成物是大气中本来不存在的,它们排放到大气中以后,在对流层中相当稳定,几乎不发生任何化学反应,排放多少就积累多少,因此,随着其产量和排放量的增加,它们在对流层大气中的浓度也急剧上升。在过去 40 多年里,氟利昂-11 和氟利昂-12 的浓度已分别从零上升到了 0.2×10^{-9} 和 0.4×10^{-9} 以上。当氯氟碳化合物被输送到平流层以后,就会发生光解反应而产生原子氯。以氟利昂-11 和氟利昂-12 为例,其反应过程是:氟利昂-11 和氟利昂-12 吸收波长小于 0.226 μm 的紫外辐射后发生光致离解生成含卤素的自由基和原子氯。除了发生光致离解反应产生原子氯外,氟氯碳化合物在平流层中还能与激发态原子氧直接反应产生含卤素的自由基和 ClO 自由基。上述过程产生的原子氯和 ClO 自由基破坏臭氧的化学反应过程是:一个原子氯 与一个臭氧分子反应生成一个 ClO 自由基和一个氧气分子,这个 ClO 自由基遇氧原子,又会发生反应而生成一个原子氯和一个氧气分子。在此反应过程中,原子氯和 ClO 自由基都未被消耗,只是相互循环转化,原子氯和 ClO

每循环转化一次,就破坏一个臭氧分子。如果原子氯和 ClO 的循环转化周而复始的进行,臭氧的破坏就在不断地进行。很显然,如果这一机制不被其他过程干扰,那么,只要产生少量的原子氯或 ClO 自由基,就会使臭氧层很快破坏。

1975 年,Wofsy 等根据这一机制计算了对氟利昂生产采取不同措施的条件下平流层气柱臭氧总量的未来变化。根据他们的计算结果,如果世界氟利昂生产一直稳定在 1972 年的水平,不增产也不减产,则平流层气柱臭氧总量将在 100 a 之内下降 10%,这将使地表紫外辐射增加 20%,平流层上部的温度下降 10 ℃;如果世界氟利昂生产保持 1972 年水平,但到 1987 突然完全停止生产,则平流层气柱臭氧总量到 1990 年左右将下降大约 3%,以后便缓慢上升,并在 70～80 a 内恢复原状;如果世界氟利昂生产在 1972 年的基础上每年递增 10%,但在 1995 年停止生产,则平流层气柱臭氧总量将在 2000 年左右下降大约 15%,以后缓慢上升,并在 100 a 里恢复原状;如果世界氟利昂生产在 1972 年的基础上每年递增 10%,而且不采取任何限制措施,则平流层气柱臭氧总量将在 2014 年左右就可减少 35% 以上。

Wofsy 的模式计算结果曾经引起全球轰动。为此,世界气象组织对世界臭氧观测网加强了组织领导,组织了世界范围的仪器统一标定。但观测事实证明,从 1957—1988 年的 30 多年里,北半球的气柱臭氧总量平均值只下降了不到 3%,而在这期间,世界氟利昂产量几乎一直以每年大约 10% 速率递增。这就是说,Wofsy 的模式预测结果已被观测事实否定。

尽管 Wofsy 的模式预测结果与观测事实不符,但是氟利昂类物质在平流层大气中的光化学反应机制却是完全正确的。问题在于,除上述原子氯和 ClO 自由基循环反应破坏臭氧的反应外,平流层中还存在更复杂的光化学反应,而 Wofsy 的模式却没有将它们考虑进去。这些复杂的光化学过程是相互影响相互制约的。

首先,反应性氮氧化物就可能与氯元素的光化学过程有关。ClO 自由基一旦与一氧化氮分子碰撞,就可发生反应而生成原子氯和二氧化氮。在第三体的参与下,二氧化氮既可与原子氯发生反应而生成 $ClNO_2$,也可与 ClO 反应生成 $ClONO_2$。尽管现在还不清楚 $ClNO_2$ 和 $ClONO_2$ 从大气中清除的过程,但反应性氮氧化物与原子氯和 ClO 的反应很有可能消耗原子氯和 ClO,从而抑制它们对臭氧层的破坏作用。

此外,日益增加的大气甲烷可能在平流层原子氯的消耗中起着重要作用,从而也在一定程度上抑制了氟利昂对臭氧的破坏。原子氯遇到甲烷分子就可能发生反应而生成 CH_3 自由基和盐酸汽,CH_3 自由基进一步的氧化转化过程可产生 H_2 以及 H、HO_2 和 H_2O_2 等含氢自由基,这些 CH_3 自由基的氧化产物都可能与原子氯反应而生成盐酸汽。盐酸汽在大气中很容易通过湿沉降过程而被清除。

很显然,上述这些反应构成了以 O 和 O_3 为中心的非常复杂的光化学反应体系。这些反应的相对重要性是决定平流层臭氧浓度的关键所在。现有模式的计算结果与实际观测结果不一致以及各种模式的计算结果存在较大差异,就是因为这些模式都未能正确、全面地处理这一复杂的光化学体系。但模式中要正确、全面地处理这些复杂的光化学过程尚有许多困难,因为各种反应物的浓度至今尚没有准确的测量资料,对这些过程的科学认识还很不足。

关于南极臭氧洞的形成和发展,也曾认为主要是由于氟利昂等氯氟烃化合物的破坏。但是,事实上用氯氟烃化合物的光化学反应不可能解释臭氧洞的准 2 a 周期波动和 11 a 左右的周期变化,然而在南极地区的大规模大气物理和大气化学综合观测,以及相应的化学动力学理论和实验研究已经较好地回答了为什么主要在北半球中纬度地区排放的氯氟烃化合物对南极地区臭氧的破坏作用最大这一问题。在南极地区,每年 4—10 月一直盛行很强的南极环极涡旋,它经常把冷气团阻塞在南极达几周之久,使南极平流层极冷,温度达到 -84 ℃以下,因而形成了平流层冰晶云。实验已经证明,在这种特定的条件下,原子氯的活性大大增强,使它与臭氧的反应变得更加迅速,这就使南极春天平流层臭氧浓度大幅度下降。实际观测表明,南极平流层云出现的高度恰好是平流层臭氧浓度极大值所处的高度。平流层臭氧浓度在这一高度上的大幅度下降当然要造成气柱臭氧总量大幅度下降。由于强极地环极涡旋阻止了极地气团与较低纬度气团的交换,因而平流层冰晶云被限制在南极区很小的范围,气柱臭氧总量大幅度下降的地区也就局限于这一小范围。在北极地区,虽然也存在环极涡旋,但其强度较弱,且持续时间较短,不能有效地阻止极地气团与中低纬度气团的交换,因而北极地区平流层气温很少会低于 -80 ℃,通常不会形成平流层冰晶云,原子氯对平流层臭氧的破坏也就比南极地区弱,再加上气体交换造成的臭氧向极区输送,从而使北极臭氧洞不如南极那样明显。

氟利昂类物质在大气中的寿命为 $70 \sim 160$ a 的量级,因此,在北半球中纬度地面排放的这类物质有足够的时间在全球范围内输送,使得南极地区平流层中的这些物质浓度足够高。

为了保护平流层臭氧,各国政府已经签署了蒙特利尔协议书,该协议书要求发达国家 1996 年停止生产氟利昂,发展中国家 2000 年停止生产。因此,氟利昂对大气臭氧的破坏将随着各国履行此协议而逐步得到缓和。不过,大量氟利昂替代物的生产和使用也将给大气带来一系列新问题,如大多数氟利昂替代物都是吸热能力极强的温室效应气体,它们的大气浓度的增加将在一定程度上导致温室效应增强。因此,自 1997 年在日本召开的京都会议以来,这些氟利昂替代物质也开始引起人们的重视。

尽管关于人类活动对平流层臭氧的影响已进行了多年的研究,平流层光化学理论研究已取得了重大进展,平流层大气化学观测近年来也已取得了长足的进步,但是,至今仍不能完全地、定量地描述平流层臭氧,平流层臭氧的浓度分布和变化是太阳活动、大气物理状态的变化和大气化学状态的变化综合作用的结果,必须把太阳物理学、天体物理学、大气热力学和大气动力学与大气化学结合起来研究,才能得到正确的结论。可惜,过去的研究都是由太阳物理学家、大气物理学家和大气化学家分别进行的,他们各自都得出了正确的但却是片面的结论。

第四节　对流层臭氧

尽管在早期的大气污染研究中,已经注意到了臭氧污染的严重性,但真正对大尺度范围对流层臭氧的系统研究却是最近十几年的事。

臭氧作为一种强氧化剂,在许多对流层大气化学过程中起着重要的作用。例如,许多有机化合物的分解氧化、二氧化硫的氧化、氮氧化物的转化等都与臭氧有关。同时,臭氧也是光化学烟雾的成因之一和重要指标。

地表附近的臭氧是一种重要的大气污染成分,其浓度增加将直接危害生态环境。另外,臭氧在 $9.6\ \mu m$ 范围的大气红外窗区有一个很强的吸收带,这使对流层臭氧成为一种非常重要的温室气体,对流层臭氧增加将使地表增温。这些紧迫的实际环境问题正使对流层臭氧研究越来越受到普遍重视。

一、对流层臭氧的源和汇

对流层臭氧的重要来源是平流层注入和在对流层大气中发生的光化学过程。

尽管平流层中大气垂直运动很弱,平流层和对流层大气之间的交换也很慢,但是许多观测事实都证明对流层大气中的臭氧有相当一部分来自平流层。平流层臭氧向对流层输送量随空间和季节而有很大的变化。大气动力学研究表明,对流层顶经常是不连续的。由气团运动产生的这些对流层顶裂缝是平流层臭氧向对流层注入的主要通道。平均而言,在纬度 60°—30° 附近,因冷暖气团相遇而形成对流层顶裂缝;在纬度 42°—45° 附近,冷暖气团接触形成所谓对流层顶折叠。就全球范围平均而言,根据大气环流模式计算和少数探空资料推测,每秒钟有 300 亿～1200 亿个臭氧分子从每平方厘米的对流层顶注入对流层大气。

研究发现,产生臭氧的光化学过程不仅发生在城市污染大气中,也会发生在干净对流层大气中。对流层光化学过程产生的臭氧在数量上可能超过平流层注入的量,是对流层臭氧的主要来源。对流层大气中,产生臭氧的光化学过程与反应性氮氧化物、碳氢化合物以及一氧化碳的光化学反应有关。对流层中产生臭氧的氮氧化物主要是二氧化氮。只要有二氧化氮存在,二氧化氮光解并产生臭氧的反应在对流层大气条件下就易发生。但一氧化氮可很快地与臭氧发生反应,又转化成二氧化氮。这一臭氧的产生和破坏过程是一个快速循环过程,其净效果并不产生臭氧。但是,如果形成二氧化氮的过程不是一氧化氮与臭氧的反应,而是一氧化氮与其他化学成分的反应,就将会阻止新生成的臭氧与一氧化氮发生反应而被破坏,那么,上述过程将会产生臭氧。在污染大气中,非甲烷烃和一氧化碳就是这种与一氧化氮反应而产生二氧化氮的重要反应物。非甲烷烃首先与 OH 自由基和氧气反应生成大分子的过氧碳-氢自由基,该过氧碳-氢自由基再与一氧化氮和氧气反应生成二氧化氮、HO_2 自由基和大分子含碳化合物,其中的反应产物 HO_2 自由基还可以与一氧化氮反应生成二氧化氮。非甲烷烃参与反应的净效果是一个非甲烷烃分子可以产生两个臭氧分子,而一氧化氮和二氧化氮既不增加,也不减少,只是相互循环转化。和非甲烷烃类似,一氧化碳也是首先与 OH 自由基和氧气发生反应,生成二氧化碳和 HO_2 自由基,HO_2 自由基再与一氧化氮反应生成二氧化氮和 OH 自由基。该反应的净效果是一个一氧化碳分子形成一个臭氧分子。

很显然,这些光化学反应过程中的臭氧产生速率取决于大气中反应性氮氧化物、甲烷和非甲烷烃以及一氧化碳的浓度以及太阳紫外辐射的强度。近年来,已有不少研究者根据上述反应机制建立了光化学模式来计算对流层臭氧的光化学产率。遗憾的是,由于不同研究者采用的反应性氮氧化物、非甲烷烃、甲烷、一氧化碳等成分的浓度差别比较大,计算出的对流层臭氧光化学产率有较大的变化范围。模式计算给出,全球平均而言,在每平方厘米地面以上的对流层垂直气柱内,光化学过程每秒钟可产生 1 000～10 000 亿个臭氧分子。根据美国大气与海洋局环境研究实验室的模式计算,若考虑到人为排放的反应性氮氧化物和碳氢化合物,则在每平方厘米地面以上的对流层垂直气柱内,夏季的光化学过程每秒钟可产生 20 000 亿个臭氧分子,而冬季却只有 2 000 亿个分子;如果只考虑自然排放的反应性氮氧化物,则夏季和冬季的相应的数值分别是 12 000 和 1 200 亿个分子。尽管不同模式给出的计算结果相差较大,但普遍的结果是:夏季的对流层臭氧光化学产量要比平流层注入量大得多;而在冬季,对流层臭氧的光化学产量与平流层注入量相当或略大一些。

对流层臭氧的重要汇包括:(1)在地表被破坏;(2)在大气中的光化学分解;(3)在地表附近

与生物排放的某些还原态气体的快速反应。

对流层大气的垂直运动将臭氧输送到地表。臭氧一旦到达地面,就立即被破坏。所以,臭氧在地表的破坏速率通常表示为地面上的沉降速率。不难理解,由于地表物理、化学特性随空间和时间而有着巨大的变化,臭氧的地面沉降速率也随空间和时间而有巨大的变化。过去曾用测量微量气体地表生物源排放的方法测量过地表上的臭氧沉降,这种测量多采用静态箱方法。在快速响应激光臭氧仪出现以后,微气象学方法中的涡度相关法便被用来测定大范围均匀表面上的臭氧的沉降速率。实际测量到陆地表面上的臭氧沉降速率约为 $0.2\sim2$ cm·s^{-1},水面和冰面上的臭氧沉降速率约为 $0.02\sim0.1$ cm·s^{-1}。根据这样一些测量结果估计,全球的地表臭氧破坏量大致与平流层臭氧注入量相当。

在对流层大气中,破坏臭氧的光化学过程主要包括臭氧光解以及臭氧与 OH、HO$_2$ 自由基的反应。臭氧吸收波长小于 0.32 μm 的太阳紫外辐射后被光解而产生电激发态氧原子,该电激发态氧原子与水分子反应生成 OH 自由基,臭氧与 OH 自由基反应生成 HO$_2$ 自由基,HO$_2$ 自由基可与臭氧反应,生成氧气分子和 OH 自由基。如果 OH 和 HO$_2$ 自由基的持续地循环转化,臭氧分子将不断地被破坏。根据一些实际观测结果推算,在每平方厘米地面以上的对流层垂直气柱内,这些光化学反应每秒钟可以破坏 1 000~2 000 亿个臭氧分子。当然,这一破坏率也随时间和地点而有较大变化。

臭氧作为一种强氧化剂,可与许多大气成分发生氧化还原反应而被破坏。首先,反应性氮氧化物在通过光化学反应产生臭氧的同时,也会直接与臭氧反应而使之破坏。例如,一氧化氮可直接与臭氧反应生成二氧化氮,二氧化氮又可直接与臭氧反应生成三氧化氮。臭氧还可与其他还原态成分直接发生反应。

另外,臭氧可能被大气水滴吸收而使水滴中的某些成分氧化。例如,臭氧在二氧化硫的液相氧化过程中起重要作用。臭氧被大气水滴吸收后,一是使其他成分氧化,臭氧自身被破坏,二是大气水滴形成降水时将吸收的臭氧带到地面,从而构成通常的臭氧湿清除过程。

应当指出,尽管已经大致了解对流层臭氧的源和汇,但对这些源和汇的强度还缺乏定量的认识,前面给出的一些数值都存在相当大的误差范围。对流层臭氧的源和汇的定量化是当前臭氧研究中急需解决的问题。

二、对流层臭氧的全球分布和季节变化

由于90%以上的臭氧集中在平流层,因而从地面和卫星观测的气柱臭氧总量很难提取对流层臭氧浓度的信息。虽有一些臭氧观测站进行臭氧探空测量和地面臭氧浓度测量,但是因使用的仪器不同,又未经相互比较标定,资料的可比性较差,由此得到的对流层臭氧全球分布信息仅具有定性的意义。对流层臭氧浓度在纬度为 60°、40°和 30°附近出现明显的极大值。这与臭氧平流层注入随纬度分布的特征相对应,是臭氧平流层注入机制的一个证据。

近地面大气臭氧浓度有较大的逐日波动和明显的季节波动。在中纬度地区,对流层臭氧浓度的季节波动可以近似地用正弦曲线来表示。这和平流层臭氧浓度的季节变化规律非常相似,只是极大值出现的时间向后推移 1~2 个月。这是平流层臭氧注入在对流层臭氧来源中具有重要地位的又一证据。当然,不能据此来否定对流层臭氧的光化学来源和光化学破坏过程的重要性。对流层臭氧的光化学源和光化学汇的强度有完全一致的季节波动特征,因此,它们对臭氧浓度季节波动的影响相对较少。一般地,近地面大气臭氧浓度在 4 月底至 5 月初出现

极大值,比气柱臭氧总量的极大值差不多晚两个月;极小值出现在 12 月底,也比气柱臭氧总量极小值出现时间滞后约两个月。

在全球尺度上,近地面大气臭氧浓度已经表现出逐年增加的趋势。根据比较巴黎附近 1876—1910 年间和波罗的海沿岸的 1956—1983 年间的观测资料,近地面大气臭氧浓度有比较明显的年际波动,而 1956—1983 年间的平均浓度比 1876—1910 年间的平均浓度增加了 1 倍多。将匈牙利 100 a 前观测的资料进行适当的变换处理后与当今的观测资料进行比较,也得到类似的结论。

三、对流层臭氧的环境效应

臭氧不仅有很强的紫外辐射吸收带,而且还有一个很强的红外热辐射吸收带。因此,平流层臭氧对太阳紫外辐射的吸收是平流层大气的主要热源,而在对流层中,臭氧吸收太阳紫外辐射的加热效应已不重要,但臭氧吸收地表红外辐射的加热效应却不容忽视,这使对流层臭氧成为一种重要的温室效应气体。对流层臭氧浓度增加引起的气候变化是臭氧环境效应的一个重要方面。

另一方面,臭氧是一种化学活性气体,它在许多大气污染物的转化中起着重要作用。例如,在某些特定条件下,臭氧在二氧化硫的均相液相氧化过程中起着决定性作用。这一过程是某些地区酸雨形成的主要原因,对流层臭氧浓度增加可能使这类地区的酸雨污染变得更为严重。又如,光化学烟雾生成的起点是出现高浓度臭氧,因此,对流层臭氧浓度增加可能增加城市光化学烟雾发生的频率。臭氧很容易和烃类化合物发生反应,产生 OH,HO_2 等含氢自由基和大分子过氧碳-氢自由基 RO_2,R 为烃基,这些自由基可使复杂的有机化合物氧化分解,这类过程是当代污染化学的重要研究内容。

除了作为氧化剂直接与其他化学成分发生普通氧化反应外,臭氧还很容易发生光化学分解而产生电激发态原子氧。这种电激发态原子氧与水汽的反应是对流层中 OH 自由基的重要来源。因此,对流层臭氧浓度增加可能改变对流层大气中 OH 自由基的浓度。由于许多大气化学反应过程都是由 OH 自由基驱动的,对流层中 OH 自由基浓度的增加将对与之有关的大气化学过程产生重要影响。

臭氧本身对地表生物的危害也是当今重要的环境科学研究课题。如光化学烟雾对人体健康的危害,高浓度臭氧对人呼吸系统的破坏作用。已有文献报道,当农作物较长时间地暴露于含有高浓度臭氧的空气中,其产量将显著下降。许多文献报导,欧洲森林的大面积死亡可能与地表臭氧浓度增加有关。当然,导致森林死亡的原因很复杂,臭氧在其中的作用是过去十多年中争议很激烈的问题,也是环境科学中的一个重要研究课题。

第五节　臭氧观测概要

一、气柱臭氧总量和平流层臭氧浓度分布的地面光学观测方法

臭氧在 $0.2 \sim 0.32$ 及 $0.32 \sim 0.36$ μm 的紫外光谱波段、$0.45 \sim 0.75$ μm 的可见光波段和 9.6 μm 的红外光谱范围都有较强的吸收带。利用臭氧的光谱吸收特性,根据地面观测的太阳直射辐射和散射辐射,就可以推算出气柱臭氧总量和平流层臭氧浓度的垂直分布。在地面光

学观测方法中,通常使用吸收较强的 $0.2\sim0.32\ \mu m$ 波长范围的吸收带。

太阳直射光或散射光穿过大气层时,必然受到气体分子的吸收以及气体分子和气溶胶粒子的散射。在臭氧的强吸收带内选择适当的波长,尽量避开其他气体分子的选择吸收,那么,选定波长的单色太阳光通过大气后到达地面的辐射强度将取决于入射光强度和气柱臭氧总量。如果臭氧吸收系数、太阳光穿过大气层的实际光学路径长度与臭氧层厚度之比、垂直气柱空气的散射系数、太阳光穿过折射大气的实际光学路径长度与垂直气柱高度之比、垂直气柱中气溶胶粒子的散射系数和太阳天顶角已知,则原则上可由测量的太阳辐射强度,通过解辐射传输方程就可以求出气柱臭氧总量,但是,求解辐射传输方程时需要计算大气的分子散射和气溶胶散射,这是非常复杂的。为避开这个复杂的计算问题,在实际工作中经常利用差分吸收的技术,也就是在臭氧强吸收的波长附近再选择一个臭氧吸收很弱的波长,在地面同时观测这两个波长的辐射强度。这样,根据两个波长的辐射强度观测值、臭氧吸收系数和观测时的太阳天顶角就可求出气柱臭氧总量。为了更好地消除大气散射的影响,提高测量精度,可选用两组波长进行同步对比观测。

首先根据这一原理对平流层臭氧进行定量观测的是英国牛津大学教授 G. M. B. 多普森。他于 1929 年研制成用于臭氧观测的紫外分光光度计。后人称之为多普森臭氧仪,是现在国际公认的气柱臭氧总量的标准测量仪器。多普森臭氧仪实际上是一台双棱镜紫外分光光度计,其基本结构和工作原理与一般分光光度计相同,只是它不对测量光谱范围连续扫描,而是借助转动轮和挡光板从经过两个棱镜两次色散的单色紫外光中选出两条不同波长的光线,使之交替通过输出狭缝到达光电接收器。标准多普森臭氧仪同时观测 4 对波长,即 A 组为 0.3055 和 0.3254 μm,B 组为 0.3088 和 0.3291 μm,C 组为 0.3114 和 0.3324 μm,D 组为 0.3176 和 0.339 和 0.4536 μm。对这 4 对波长的臭氧吸收系数曾经进行过广泛的测量,经过几次修正,到 1957 年,国际上开始采用统一的吸收系数。原则上,可由 A、B、C、D 组中任何一对波长的测量求出气柱臭氧总量,但国际上统一规定由 A、D 组的测量计算气柱臭氧总量。

除了作为标准仪器测量气柱臭氧总量以外,多普森臭氧仪也被用来测量平流层臭氧浓度的垂直分布。这种测量所依据的原理是所谓的逆转效应。逆转效应是用多普森臭氧仪观测天空太阳散射辐射时所看到的一种异常现象。用多普森臭氧仪观测的一对波长的天空散射辐射强度之比随太阳天顶角增大而逐步减小,到太阳接近地平线时,也就是太阳天顶角约为 85° 时,这一比值达到一个最小值,此后,这一比值又随太阳天顶角增大而增大。将这一比值随太阳天顶角的变化作成一条曲线,称为逆转曲线。逆转曲线的形式与平流层臭氧浓度的垂直分布存在某种对应关系。Götz 于 1934 年首先提出了一种由逆转曲线求臭氧浓度垂直分布的方法,并取得了一些有关平流层臭氧浓度垂直分布的资料。此后,许多科学家对 Götz 的方法提出了改进计算方案。但是,由于逆转曲线所能反映的臭氧浓度垂直分布信息十分有限,由逆转曲线求臭氧浓度垂直分布的方法始终未能成为普遍接受的观测手段,现在正逐步地被其他方法所取代。逆转曲线法的根本局限性在于,由很小的辐射观测误差就可导致完全不同的臭氧垂直分布,同时,逆转曲线反映的信息量非常有限,不可能获得臭氧浓度垂直分布的某些细微结构。

除了多普森臭氧仪以外,前苏联和东欧国家普遍使用滤光片分光光度计测量气柱臭氧总量。这种仪器所依据的原理与多普森臭氧仪相同。与多普森臭氧仪不同的是,这种仪器用滤光片取代棱镜来获取臭氧强吸收波段和臭氧无吸收波段的单色辐射,具有结构简单,造价低兼、操作方便等优点。但是,由于滤光片的带通宽度较宽,水汽和气溶胶等其他大气成分对辐射传输的影响难以消除,使滤光片分光光度计的测量结果受测站环境条件的影响很大。因此,这种仪器对气柱臭氧总量的测量结果始终未被国际臭氧组织承认。

二、平流层臭氧浓度分布的空中观测

随着气球、飞机、火箭等运载工具的发展,人们不断地探索在空中直接测量不同高度上的臭氧浓度的方法。用于气球上探测臭氧浓度的探测仪通常称为臭氧探空仪。第一次臭氧探空实验是 V. Regener 于 1934 年完成的。当时在探空气球上安装了 1 台紫外摄谱仪。随着气球上升,摄谱仪拍摄下不同高度、不同太阳天顶角的 $0.30\sim0.34$ μm 波长范围的太阳紫外辐射光谱图,然后,用测微光度计定量地测量拍摄的光谱图上选择波长组的黑度,便可求出气球所在高度以上的气柱臭氧总量。根据在不同高度上的测量值就可以推断臭氧浓度的垂直分布。这种方法比较繁杂,精度也不高,所以未能得到广泛应用。从那以后,人们不断设计出各种不同型号的臭氧探空仪,按探测原理的不同,可大致分为三大类,即光学臭氧探空仪、电化学臭氧探空仪和化学发光臭氧探空仪。

（一）光学臭氧探空仪

光学臭氧探空仪于 1958 年首次投入实际应用,此后曾出现了各种各样的光学臭氧探空仪。尽管它们在结构上各不相同,但本质上都属于简单的滤光片分光光度计,其工作原理与地面观测中使用的滤光片分光光度计相同。通过测量臭氧对太阳紫外辐射的吸收来推算气球所在高度上的气柱臭氧总量,据此确定臭氧浓度的垂直分布。

一般说来,光学臭氧探空仪只能测量平流层臭氧浓度的垂直分布。对流层臭氧浓度很低,气球在不同高度上获得的信号差别太小,基本上得不到对流层臭氧浓度垂直分布的信息,最多只能得到对流层气柱中臭氧的总量。

（二）电化学臭氧探空仪

电化学臭氧探空仪是根据臭氧的电化学性质设计的,其基本工作原理是使含有臭氧的空气通过碘化钾水溶液,观测臭氧与碘化钾水溶液反应的产物的产率,从而确定臭氧的浓度。臭氧和碘化钾水溶液反应生成氢氧化钾、碘气和氧气。在样品空气量一定的条件下,碘气的产量与样品空气中臭氧的浓度有确定的对应关系。在碘化钾水溶液中插入两个电极,以铂为阴极,银为阳极,两极间加上稳定不变的电压,让含有臭氧的空气样品以恒定的流量流过碘化钾水溶液,反应产生的碘在阴极被电离,成为电流载体,又在阳极上恢复为分子。因此,电路中电流的大小就成为碘气产率,也就是样品空气流中臭氧的浓度的一种度量。测量电流大小就可推算臭氧浓度。这种仪器灵敏度很高,可以比较准确地测定流入仪器的样品空气中臭氧的浓度。但是,它的响应速度较慢,只有放在缓慢上升的气球上才能较好地测定臭氧浓度垂直分布。在实际工作中,可令仪器在一定高度上将一定量的样品空气抽入样品池,然后将仪器的进气口关闭,让样品空气与碘化钾水溶液充分反应。

（三）化学发光臭氧探空仪

化学发光臭氧探空仪是根据臭氧与某些特定的物质发生反应时能发光,并且发光强度与臭氧含量有关而设计的。通常使用的物质是含有洛丹明的矽土胶,这种物质是由洛丹明的水溶液与二氧化硅凝胶和阿拉伯树胶混合,经真空烘干后制成的。它在空气中会因洛丹明与臭氧的反应而发光,其发光强度较准确地正比于空气中的臭氧浓度。因此,用光电倍增管测量暴露在空气中的洛丹明荧光粉的发光强度就能直接求出仪器所在的空气中臭氧的浓度。

这种仪器具有灵敏度高,响应速度快的优点,自 1962 年首次问世以来已在许多观测站得到了广泛应用。

目前所用的臭氧探空仪都不是绝对测量型,需要用其他方法来标定。电化学臭氧探空仪和化学发光臭氧探空仪可以用臭氧浓度准确已知的样品空气加以标定。

三、臭氧的卫星观测

人造地球卫星的出现为大气探测开辟了一条新途径。与常规方法相比,卫星观测最突出的优点是能够获取最佳时间和空间覆盖率,能够对广阔的大洋和人迹罕至的大陆地区进行观测。用于大气探测的人造地球卫星有两种:一种是地球同步卫星,它固定在赤道上空 35 000 km 外的固定点上,与地球同步运动,能对地球大气的 1/4 进行连续观测;另一种是极轨卫星,它的轨道是椭圆形的,与赤道平面的交角在 80° 以上,平均高度为 1000 km 左右,它 1 周绕地球转 14 圈,1d 至少可对整个大气观测两次。

从卫星上探测大气成分依靠的是对来自地球大气的辐射的观测。安装在卫星上的辐射计接收到的来自地-气系统的辐射可分为两部分:一部分是地表、云、大气反射和散射的太阳辐射;另一部分是地表和大气发射的红外辐射。对这些辐射的观测可以得到大气温度结构和大气成分分布的丰富的信息。对于臭氧观测,主要使用在 $0.2 \sim 0.3 \ \mu m$ 波长范围大气散射的太阳紫外辐射和 $9.6 \ \mu m$ 范围的地表和大气发射辐射,但同时又要利用 $15 \ \mu m$ 范围和 $4.3 \ \mu m$ 范围的地-气发射辐射进行大气温度结构的观测。

安装在卫星上的辐射计可以正对着地球垂直向下观测,也可以斜视地球进行所谓临边探测。对于垂直向下的卫星观测,可以得到大气温度和大气成分随高度分布的信息。选择吸收系数不同的一系列波长,根据其卫星辐射计接收的辐射强度,就可以求出臭氧浓度随高度的变化。对于临边探测来说,卫星辐射计观测的是来自大气路径的辐射,这是通过红外波段观测大气成分常用的方法,用这种方法可以探测浓度很低的大气成分。大气臭氧浓度分布的卫星观测已经取得了大量臭氧浓度随纬度和高度变化的资料。

卫星观测臭氧浓度分布的最大问题是仪器的标定问题,这也是大气遥感探测中的一个最大的共同问题,至今还没有很好的方法。因为卫星观测与探空仪观测所探测的对象实际上是不同的,严格说来,这两种观测方法所得的结果没有可比性。目前对臭氧卫星观测仪的标定仍然使用多普森臭氧仪。但是多普森臭氧仪本身只能较好地解决气柱臭氧总量的观测问题,而不能给出关于臭氧浓度垂直分布的可靠资料。所以通常是由卫星观测的臭氧浓度垂直分布求出气柱臭氧总量,再将结果与多普森臭氧仪观测的气柱臭氧总量对比来实现间接标定。

四、地表臭氧浓度的观测方法

近地面大气的臭氧浓度很低,在一般干净大气中,地表臭氧浓度只有 $30 \ \mu L/m^3$ 左右,而臭氧又是一种化学活性极强的物质,所以,地表附近的臭氧浓度观测非常困难。现代用于地表臭氧浓度测量的仪器可分为 3 大类,一类是基于光度学测量原理的激光差分吸收仪器,一类是化学荧光类仪器,另一类是电化学类仪器。

激光差分吸收臭氧仪的测量原理与前面所讲的多普森臭氧仪的观测原理相同,只是这里使用激光光源,使得臭氧吸收波段和臭氧无吸收波段的光源单色性很强,臭氧吸收的反应更灵敏。另外,在地面观测中通常是把样品空气抽进一个多次反射的样品池,使激光光源发射的光多次通过样品空气,拉长有效光路长度,增加探测灵敏度。有时也把光源和光度检测系统分开,在离光源一定距离处放置反射镜,增加有效光路长度。在这种情况下,测量的是光源和反射镜之间长路径上的臭氧平均浓度。现代商业化的仪器多用吸收池法,此法测量的是仪器所在地点的局地臭氧浓度。所用激光光源有两种,一种是可调谐氦-氖激光器或可调谐红宝石激光器。它们被调谐成发射紫外光谱范围内臭氧强吸收带上某个特定波长和臭氧无吸收的某个波长上的两种单色辐射。并能经简单调节而交替发射两种波长的辐射。另一种是可调谐二氧化碳激光器,它可连续输出 $9.6\ \mu m$ 范围臭氧有吸收波段和臭氧无吸收波段的单色辐射。

　　用于臭氧探空的电化学臭氧探空仪原则上也能用来测量地表臭氧浓度。考虑到地表臭氧浓度很低的情况,可以使通过碘化钾溶液的样品空气的流量增大以使其产生的电流信号加强。对于化学发光臭氧测量仪也可有类似的考虑。但是,这两种仪器用于地面臭氧测量均显得灵敏度不够,因而较少应用。

第七章　云雾降水化学

第一节　云雾降水基础知识

一、水汽和水

地球上的水是地球生命起源的重要环境因子。水和生物圈是形成和维持地球大气独特化学成分的最重要因子。地球表面的 70％被水覆盖,但大气中的水汽含量通常仅在万分之一以下。尽管大气中水汽含量很低,它在大气中的作用却是十分重要的。水汽凝结形成云或雾,云发展成降水,这一过程是天气学研究的最重要内容。地球上空约有一半的面积有云,云和降水的形成是地球气候系统发展变化的最重要的反馈机制之一。降水又是地表气候资源的最重要因素。可以说,降水量多少在很大程度上决定着地表生物圈的状况。水汽和水对于人类和其他生物的生存环境实在太重要了。

在常温下水呈液态。但液态水表面上总是存在水汽。在水汽达到饱和水汽压以前,水分子将不断地由液态转化到汽态。当液态水表面上的水汽压达到了某一确定值时,液态水分子逃离液体表面的分子数与气相水分子进入液态水的分子数相等,这时的水汽压称为饱和水汽压。饱和水汽压与液面上的温度有关,温度越高,饱和水汽压也越高。在弯曲的表面上的饱和水汽压要比同温度下水平表面上的饱和汽压高,所以弯曲表面上蒸发要快一些。由于小液滴表面上的饱和汽压大于大液滴和水平表面上的饱和水汽压,所以在实际大气中通常是水汽压对于大液滴已达到饱和,而对于小液滴却未达饱和,小液滴的水还在继续蒸发而大液滴上已开始凝结。这时小水滴将逐步被消耗,而大液滴却继续长大。

液态水在一个大气压条件下达 100 ℃时便开始沸腾,0 ℃时开始结冰。100 ℃时单位质量的水转化成蒸汽所吸收的热量称为蒸发热;0 ℃时单位质量的冰变成水所需要的热量称为融化热。每克水的蒸发热和融化热分别为 2253 J(焦耳)和 334 J(焦耳)。在较低温度下,单位质量的水变成蒸汽吸收的热量更多。例如,15 ℃时每克水变成蒸气所需热量为 2462J(焦耳)。水汽凝结释放的热量称为凝结潜热。水结冰释放的热量称为冻结潜热。

液态水与一般液体最大的差别在于,它不是随温度降低而体积越来越小,而是在 4 ℃时有最大密度。这种不寻常的特性使得深水湖泊即使在寒冷的北极也不会完全冻结。水温下降到 4 ℃时达到了最大密度,水温继续下降时,深层水因密度变小而上升,只有表面水可下降到 0 ℃以下而结冰。表层冰与下面的水隔绝,使其温度保持在 4 ℃甚至更高。水的比热也比其他地壳物质高,因此,海洋和大面积水体的温度日变化和季节变化远比陆地表面小。

液态水具有较高的表面张力,它的表面张力仅次于汞而高于其他液体,这便是毛细管现象产生的原因。在直径为 0.03 mm 的玻璃管中,水会因毛细作用上升 120 cm。这一点对陆地植物特别重要,土壤深处的水会因毛细作用沿土壤颗粒之间的狭窄空间源源不断上升供给植物根系吸收,植物体内水的上升也是靠毛细作用。纯水是无色透明的。在常温常压下水会少量的离解为水合氢离子(H_3O^+)和羟基离子(OH^-)。水合氢离子是一个水合质子,通常简单的表示成 H^+。

在纯水中,氢离子和羟基离子的摩尔浓度积是 1 个常数,即 10^{-14} mol·L^{-1},其中氢离子和羟基离子浓度相等,各等于 10^{-7} mol·L^{-1}。

水的另一重要特殊性能是凝华和升华过程,即水汽可不经过液相而直接转化成冰,冰可不经液相而直接转化成水汽。实际大气中,水汽的凝华与凝结一样也要有一个核。能促使水汽凝华的质点叫做凝华核。凝华核主要是小冰粒或者外表包有冰衣的其他微粒。冰中的水分子运动不像水中那样自由,冰分子从冰表面跑出来比水分子从水面跑出来要困难一些,因此,与同温度的过冷水面相比,冰面上的饱和水汽压要低一些。

二、云的形成和分类

在实际大气中,云的形成主要取决于大气的不稳定性和大气运动,同时受水汽和凝结核含量及一些微观物理过程的制约。

云的形成是由于暖湿空气上升,随着空气冷却,水汽达到饱和而凝结成小水滴。水汽均质成核需要 320% 的过饱和度,而实际大气中的过饱和度很少达到 1%,所以水汽凝结通常是从已有粒子的表面开始的,这种粒子称为凝结核。原则上,只要有足够高的水汽过饱和度,所有大气气溶胶粒子都能作为凝结核。但是,在过饱和度低于 1% 的实际大气条件下,只有吸湿性的大粒子可以成为凝结核。一般说来,大气中总是存在相当数量的凝结核,因而云的形成主要取决于大气的垂直运动,即上升气流的特点。

按照形成云的上升气流的特点,可以把云大致分为积状云、层状云和波状云三大类。积状云形成于对流中,是垂直发展的云块,水平方向尺度一般较小,可分为淡积云、浓积云和积雨云。空气的对流运动能否形成云首先取决于大气对流高度和凝结高度的相对位置。如果对流高度低于凝结高度,上升气流达不到凝结高度,就没有云形成;只有当对流高度高于凝结高度时,才会有云在这两个高度之间的大气层中形成。在对流发展的不同阶段里,上升气流的速度和上升气块达到的高度不同,形成的云也具有不同的特点。对流发展之初,由上升气块达到的高度稍高于凝结高度,只能形成淡积云,淡积云的云底高度通常为 500~1200 m,云厚为 200~2 000 m,云中湍流运动较弱,上升气流速度也不大。随着对流的发展,上升气块所达到的高度超过了凝结高度很多,云层加厚,逐渐发展成浓积云。浓积云厚度可达 4 000~5 000 m,云顶通常可伸展到 0 ℃层以上,因而浓积云常由过冷水滴组成。浓积云中的上升气流速度通常可达 15~20 m·s^{-1},湍流运动也得到充分发展。对流进一步发展,浓积云进一步壮大,当云顶伸展到温度低于 -15 ℃以下的高空时,云顶的过冷水滴逐渐冻结成冻晶,浓积云发展为积雨云。积雨云的厚度很大,在中纬度地区可达 5 000~8 000 m,在低纬度可达 10 000 m 以上,有时可一直伸展到对流层顶。积雨云中湍流运动很强,上升气流速度可达 20~30 m·s^{-1}。

空气是连续介质,对流发展造成气流上升的同时,在其周围必然形成下沉气流以构成闭合环流。下降气块的温度是上升的,不会发生水汽饱和与凝结。因此,云只在小范围上升气流区形成,上升气流周围的大范围下沉气流区无云。这就是说,积状云是孤立的、分散的。空气中对流运动发展的起因很复杂。由于地表状况不同产生的地表辐射加热不均匀而激发的对流运动,称为热力对流。这种对流随太阳辐射的变化而有明显的日变化,上午对流较弱,形成淡积云,下午对流发展,逐渐形成浓积云和积雨云,夜间对流逐渐减弱以至完全停止,积状云逐渐消失。当然,并不是所有的对流活动都能发展成云。冷暖气流水平运动过程中相遇而形成的锋面上也会产生对流,这种对流称为锋面对流。积状云通常出现在冷锋上,在那里,暖湿空气被冷空气强迫抬升,形成积状云。锋面上的积状云沿锋线排列成一条狭长的云带,并随锋面一起运动。锋面云一般要比热力对流云更强盛一些。在暖锋上,如果沿着锋面上滑的暖空气有较强的上升运动,也有可能形成积状云。水平气流过山时,也可因地形原因使气块抬升而产生对流,如果气块上升运动较强、湿度较大,就有可能形成积状云。

层状云形成于大范围空气的上升运动,它呈现为均匀幕状云层,水平范围较大。大范围空气上升运动通常发生在暖锋锋面上。在暖锋锋面上,暖湿空气沿着冷空气楔缓慢滑升,上升空气因绝热冷却而逐步达到饱和,形成层状云。一般说来,这样形成的层状云的云底高度与倾斜的锋面大体一致,而云顶却是接近水平的。因此,在锋面的不同部位上,云层的厚度会有较大的差异。通常,靠近锋线是雨层云,云底高度为 1 200 m 以下,云顶高一般为 6 000~7 000 m,有时可达 10 000 m。离锋线最远的是卷层云,厚度一般只有 1 000~2 000 m。在卷层云和雨层云之间的是高层云,厚度为 1 000~3 500 m,云底高度一般在 5 000 m 左右,云顶高度在 8000 m 以上。当然,暖锋上的实际云系并不如此简单。由于暖空气的湿度和暖空气沿锋面上滑的速度一般不均匀,云在水平方向上的实际分布亦是很不均匀的。云底高度和云厚都有复杂变化,云顶也不是水平的。在暖空气比较干燥时,锋面上可能并不出现雨层云,而只有高层云和卷层云。

波状云的成因有两种,一是空气的波状运动,二是空气的湍流混合。由于密度和运动速度的不均匀性,空气中经常产生各种尺度的波动。在水平传播的波动运动中,波峰处存在空气抬升,波谷处空气下降。若波峰处气块中湿度较大,气块水汽会因气块上升而达到饱和,便会在波峰处形成云。如果空气波动刚好发生在已经形成的层状云上,则波峰处空气上升使云层加厚,波谷处空气下降增温使云层变薄甚至消失,结果,本来水平均匀的层云就变成波状云了。

由混合过程而产生的冷却成云有两种情况,一是垂直的湍流混合,一是接近饱和的两个气块的水平混合。若在稳定气层中发生垂直湍流混合,混合层上部的热量会逐渐向下传递,因而温度逐渐下降。同时,由于水汽分布通常是随高度增加而减少,垂直混合的结果是使水汽向上输送。这样,湍流混合层的上部一方面水汽增加,一方面被冷却,便有可能达到饱和发生凝结而生成云。当两个接近饱和的气团水平混合时,如果两者的温差较大时,混合后也可能局部达到饱和。混合过程形成的云主要是层云和碎层云,多在夜间生成,日出后逐渐消散。这里只是介绍了冷却成云的一般宏观现象。由于大气运动的不均匀性,会有各种复杂形状的云的形成。另一方面,空气达到饱和并发生凝结后能否成云,还要取决于大气水汽含量和其他一些微观物理过程。

三、降水的形成

大气降水包括雨、雪、冰雹等。这些降水物是由云中降落下来的,但是有云不一定形成降水。在许多情况下,由于云滴太小,它在空气阻力或上升气流的作用下悬浮在空中或缓慢下降。悬浮在空中的云滴会因云中水汽减少而逐渐蒸发消散;缓慢下降的小云滴在落到云底以下的未饱和空气后也会很快完全蒸发掉。只在当云滴大到足以克服上升气流的抬举力和空气阻力而以较大的速度下降,且只有在下降到地表之前不被完全蒸发掉时,才会形成降水。

云滴长大到降水滴的微观机制是很复杂的。人们曾经提出了许多云滴增长的理论,概括起来主要是凝结(凝华)增长和碰并增长。在云的形成和发展阶段,或由于云体继续上升而绝热冷却,或由于云外不断有水汽输入云中,使云滴周围的实际水汽压大于饱和水汽压,云滴就会因水汽凝结(凝华)而长大。由于在一定的水汽压条件下,对于大的水滴空气已经过饱和,而对于小水滴则可能还未达到饱和,因此大水滴可能继续凝结增长而小水滴可能不断蒸发以至完全消失。当云中气温降到 0 ℃以下时,可能同时还存在冰晶和过冷水滴。冰晶表面的饱和水汽压要比水滴表面的饱和水汽压低,在$-5\sim-25$ ℃的温度范围里,这一差别有可能造成冰晶凝华长大,而水滴逐渐蒸发消失。云中冰晶的形成也需要有一个核,纯水滴即使冷却到-40 ℃时也不会结冰。但在实际云层中,温度低于-22 ℃时,云滴就主要是冰晶而很少有水滴了。由于云中冰核的数量远少于凝结核的数量,所以在有冰晶的冷云中容易形成大的降水滴。当然,一块云到底能否形成降水还取决于云中的大气宏观特性,如过饱和度水平及其维持的时间以及上升气流的速度和云厚等。随着云滴长大,云中水汽被消耗,云中的过饱和度将随之下降,如果没有水汽补充或云体上升,云滴增长将会停止。另一方面,云滴长大需要时间,如果云中上升气流速度较大,则云滴有机会在云中上、下反复几次,有足够的时间长大到足够的大小,同样云层较厚也有利于云滴长大。反之,如果上升气流速度小,云层薄,云滴在还没有长到足够大时就已落到云底下的未饱和空气中,在那里,它们很快被蒸发掉了,而不能形成降水。

云滴碰并增长的过程也很复杂。有人曾经提出,云滴带电是造成云滴碰撞的原因。但是后来的观测事实证明,云滴带电不足以构成主要碰撞机制。云中湍流运动可能导致小水滴相互碰并。更重要的碰并机制可能是大水滴在下落和随上升气流上升时捕获小水滴。云滴下降时,个体大的降落得快,小的降落得慢,其速度相差很大,降落得快的大水滴就会追上降落得慢的小水滴并吞并它们而使自己长大。云滴越大,其下降速度越大,且横截面积也大,吞并小水滴的机会也越大。这种大云滴吞并小云滴的现象不仅出现在云滴降落的过程中,也可以出现在云滴随气流上升的过程中。因为大云滴惯性大,它随气流上升的速度要比小云滴慢得多,小云滴将追上它并与之并合。云滴并合可能主要发生在水滴之间或水滴与冰晶之间。冰晶与冰晶之间的并合可能是雪花形成过程。与凝结(凝华)增长一样,云滴由于相互并合而增大的速度也与云中含水量和云中气流密切相关。一般说来,云中含水量越大,云滴大小越不均匀,云滴越容易并合增大。云中上升气流速度大时,为云滴提供了上下反复运动的机会,也有利于云滴并合增大。反之亦然。

云滴增大的上述两种机制,在云滴增大成降水物的全过程中始终都是起作用的。不过,在云滴增长的初期主要是凝结(凝华)过程起作用。理论计算表明,直径小于 20 μm 的云滴之间的并合几乎不起什么作用,它们主要靠凝结(凝华)增长;在云滴直径大于 20 μm 以后,碰并增长的速度仍然很慢,主要的增长机制仍然是凝结(凝华);云滴长到大约 $50\sim70$ μm 直径时,并合增长和凝结(凝华)增长差不多同等重要;云滴长大到直径约 200 μm 以后,凝结(凝华)作用已不明显,云滴的碰并增长速度很快,可在几分钟内迅速长大到直径 0.5 mm 以上,降水开始,云滴仍能继续长大到 $2\sim3$ mm。

实际大气中降水物具有不同的形态,如雨、雪、霰和冰雹等。从云中降落下来的究竟是雨还是雪(霰)主要取决于云内和云下的温度。冰雹的形成则还取决于云中的气流状况。当云内温度高于 0 ℃时,云完全由水滴组成,云滴一般不会长得太大,降下的是小雨滴,降水强度较小。如果云中温度远低于 0 ℃而云下温度高于 0 ℃时,云中可能是冰水混合物;如果温度适当,还可能主要是冰晶;但它们降到云下后便会融化成水滴。在雨的形成过程中,大水滴和持续上升气流起着关键作用。当云中大水滴下降时,可能受气流冲击而分裂,大水滴裂成的碎片中的较大部分下降为雨,而其中的小碎片则可能被上升气流携带上升,在云中进一步长大,当大到气流不能举起时又下落。这样,每一个大水滴下落分裂后可能促成好几个大水滴生成,如此造成较强的降水过程。这样的大水滴的直径通常为 2~3 mm。

当云下温度也低于 0 ℃时,云中的冰晶可长成雪花,造成降雪天气。尽管雪花的形态是多种多样的,有星状的、枝状的,柱状的等,但其基本形态都是六角形的。雪花的这种六角形基状是由水分子在冰晶中的排列方式决定的。水分子的极性结构使得冰中水分子按一定取向有序排列,每一个水分子周围可有 6 个弱氢键,形成六角形晶体。这种六角形晶体在不同条件下可能长大成不同形状的雪花。由于冰晶的面上、边上和角上的曲率显著不同,它们所对应的饱和水汽压也不同。因此,在特定饱和汽压条件下,各部位的凝华增长速度就很不相同,因而也就形成了各种形状的雪花。例如,当云中水汽压仅略大于水平冰面上的饱和水汽压而小于曲率较大的冰晶边、角对应的饱和水汽压时,水汽只在冰晶面上凝华,从而就会形成柱状或针状雪花;当云中水汽压大于冰晶边上对应的饱和水汽压但小于角上对应的饱和水汽压时,水汽在面上和边上凝华,但边上凝华增长较快,从而形成片状雪花;当云中水汽压较高,已大于冰晶角上所对应的饱和水汽压时,水汽将在冰晶的面、边和角上同时开始凝华,以角上凝华增长最快,形成枝状或星状雪花。

冰雹是一种特殊的降水现象,常伴随强度很大的降雨。冰雹是发展剧烈的积雨云产生的,一般是小范围、短时的强烈降水。在气流速度较大的强盛积雨云中,如果温度条件适当,过冷水滴、冰晶和雪花同时存在,它们相互碰并时,立即冻结在一起形成不透明的小雪球,降下时成为霰,如果此时云中上升气流速度较大且有较大的变率,则霰粒将随气流反复升降,继续与水滴、冰晶并合,逐渐长成冰雹。在霰粒随气流上下运动时,有时会进入 0 ℃ 以上的云中,过冷水滴与冰晶并合时的冻结潜热来不及释放而使一部分冰晶融化,在表面上形成一层水;它又随气流上升时,表面就会冻结成一层透明的冰;冰晶和雪花在其上并合又会因形成一些空隙而形成不透明的一层,如此反复便形成了冰雹的透明、不透明相间的层状结构。由于长大时的环境条件不同,冰雹的形状也是很复杂的,有球状的,圆锥状的和不规则形状的。冰雹的直径一般为几毫米至几厘米,大者可达 20~30 cm。

四、雾

与云的形成类似,雾的形成也要有两个条件,一个是空气湿度达到过饱和,一个是空气中有足够的凝结核。与云不同的是,雾形成于地面以上几米至几十米。要使空气达到饱和,从根本上说只有两个途径,一是增湿,二是降温。对于在高空形成的云来说,尽管也存在气团混合增湿的情况,但主要途径是降温;而雾却不同,地面蒸发增湿,特别是在江、河、湖、海表面上,常常成为使空气达到饱和的重要途径。当然,降温过程仍然是很重要的。云的形成主要靠空气上升的绝热冷却,而形成雾的机制却要复杂得多。地面,特别是水面的蒸发和降水滴在地表附近的蒸发常能使地面空气饱和,暖湿气块和干冷气块混合也常使干冷气块达到饱和。而冷却过程就更多了,如地面和低层大气的夜间辐射冷却、暖空气与冷的下垫面的接触冷却、湍流运动引起的热量输送造成的湍流冷却和暖空气平流到冷的下垫面上的平流冷却等。这些冷却和增湿过程可以形成各种类型的雾。同时,这些不同类型的雾还与地面的特征有密切关系。

由大气平流产生的雾统称为平流雾。平流雾又可分为平流冷却雾和平流蒸发雾。当暖湿空气因平流运动到冷下垫面时,空气与下垫面之间的热量交换使空气冷却而达到饱和,凝结成雾,这种雾就是平流冷却雾。冷空气流到暖的水面时,由于水汽大量由温度较高的水面上蒸发到冷空气中,增加了空气中的水汽使之达到饱和,也有可能凝结成雾,这就是平流蒸发雾。实际上,平流雾的形成除了由于热量交换外,还有空气混合的问题。暖空气平流到冷的下垫面上时,首先发生的是与冷下垫面上原来的冷空气混合,在与下垫面发生热量交换之前,冷暖空气的混合作用就可能使空气达到饱和,这时发生凝结生成的雾可叫做混合雾。如果混合后空气未达到饱和,而其温度又高于下垫面的温度,那末,空气与下垫面的热量交换将进一步使空气的相对湿度增加,热量将从空气向地面输送。热量输送的机制有两种,一是分子交换,二是湍流交换。分子交换过程很慢,主要是湍流交换起作用。综上所述,平流冷却雾的形成是混合、冷却、蒸发同时起作用的。它们的相对重要性取决于空气与地表原来的温差、空气的相对湿度和地表状况。

平流冷却雾常发生在水陆界面附近,平流蒸发雾多发生于大尺度水面上,内陆地区经常出现的雾是辐射雾。辐射雾是由地表和贴地层空气辐射冷却形成的,多在晴天的夜间形成,日出后逐渐消散。在大陆地区,白天在太阳辐射作用下地表很快被加热,大量水汽蒸发到低层大气中使之接近饱和;太阳落山以后,地面迅速辐射冷却,同时使贴地层空气迅速冷却而达到饱和,便会凝结成雾。

由于雾生成于地表附近,凝结核多来自局地源,包括人为污染源,所以雾滴常含有大量污染物。一般情况下,雾在白天消散,污染物以不同形态重又散布到大气中,即雾不构成污染物的清除过程。

雾滴平均直径为 $10\sim100~\mu m$。内陆雾的雾滴直径小些,海洋及大型湖泊水面上形成的雾的雾滴直径略大些。雾滴浓度也有很大的变化范围。内陆薄雾的雾滴浓度可能只有每立方厘米 1 个,而浓雾,特别是海面上的雾滴浓度可达到每立方厘米 500 个。

在实际大气中,小水滴总是存在的,通常以地面能见度和水滴浓度来判断雾的形成。在水滴浓度大于每立方厘米 1 个且地面水平能见度小于 1000 m 时,便认为有雾生成。雾中的水平能见度取决于雾滴浓度、雾滴尺度谱分布和雾中含水量。这些量之间存在复杂的相互依赖关系,一般说来,雾中含水量越大,雾滴浓度也越大,雾中能见度就越低。雾中含水量可小到 $0.2~g\cdot m^{-3}$,此时能见度可接近 1000 m;浓雾中的含水量可大到接近 $10g\cdot m^{-3}$,此时的能见度可能只有几米。

第二节　云化学

一、观测到的云水化学成分

尽管云水化学成分对于气象、环境、航空等许多领域都是很重要的,但是,由于实际观测的困难,对云水化学成分的观测并不多。首先,云中含水量较低,要收集足以进行化学成分分析的样品很不容易。其次,由于样品绝对量小,收集时间又长,防止污染,保证测量结果的精度也就相当困难。

云水化学成分的测量大多采用飞机采样,然后在实验室用离子色谱仪对样品进行化学分析,常用的云水采样仪是根据撞击收集原理设计的。通常由一系列半柱状管子组成。收集器安装在飞机外面,柱状管子凹面朝前,借助飞机速度,云滴撞在管子上被收集,一排凹形管收集到的云水汇集到一条导水管,然后流入安装在飞机机舱内的集水瓶中。另一种云水收集器的撞击集水部分是由几排聚四氟乙烯棒组成的。其收集云水的原理与上面的凹槽管集水器相同。这类云水收集器统称为被动式云水收集器。主动式云水收集器的结构和工作原理类似于撞击式气溶胶采样器。云水样品收集器的最大困难是防止样品污染。尽管可以在飞机起飞以前将收集器和整个管道系统用去离子水冲洗并干燥,但从飞机准备起飞到进入云中仍然要经过一段时间,要在地面滑行和穿过云下大气。在这期间会收集到相当多的低层大气气溶胶,它们将被云水冲刷一起进入云水样品,其中的可溶性成分将溶于云水样品而影响云水样品本来的化学成分。由于通常收集到的云水样品绝对量很小,这一污染造成的误差是相当大的。在云已开始降水时,问题更为严重,飞机进入云以前整个收集器和导水管的壁已被雨水浸湿,这种污染水量的量级可与云水样品的量级相比拟,因而误差就更大了。另外,为取得足够量的样品,飞机要在云中长时间飞行,所取得的样品代表很大范围和较长时间的平均。因返回飞行需要飞机飞出云外,收集器又收集了空中的气溶胶粒子。在降雨云中的采样,收集器不能区分雨水和云水。由于上述种种困难,云水化学成分的测量还很少,现有观测结果的准确性和代表性都较差。不同地区不同地点观测的化学成分浓度绝对值的可比性也很差。

二、云化学

因为云的形成先由凝结核活化开始,每一个云滴至少有一个凝结核,所以云化学过程先由气溶胶粒子的雨冲刷过程开始。大气气溶胶的化学成分是很复杂的,它涉及许多自然的和人为的气溶胶生成过程,因此,云中与气溶胶凝结核有关的化学过程必然也是复杂的。云水中的化学成分首先来自气溶胶物质中的可溶性成分,云中化学过程首先是气溶胶物质的溶解过程。大气气溶胶中可溶性物质主要是海盐(氯化钠和各种硫酸盐)、硝酸、硫酸以及铵盐。这些物质溶于水形成钠离子、铵离子、钾离子、硝酸根离子、硫酸根离子和氯离子等。云水中这类物质的浓度与所在高度大气层中气溶胶的化学组成及浓度有关。

云化学的另一个重要的方面是微量气体成分被云滴吸收并在其中发生化学反应。能被云滴吸收的大气微量成分很多,这就决定了云化学的极端复杂性。大气中最容易被水滴吸收且浓度较高的气体是二氧化碳、二氧化硫、氨气和硝酸气。它们被水滴吸收以后,首先会发生溶解、离解过程。这些气体进入水溶液并发生离解后可能继续发生一系列的化学反应。如二氧化硫可被云滴溶解的臭氧氧化成三氧化硫,而后与水作用生成硫酸或离解成亚硫酸根离子,再被臭氧、双氧水等氧化生成硫酸根离子。

应当指出,这些反应在实际大气条件下的反应速度还研究得很不充分。要计算云水中与此有关的化学成分的浓度及其与相应的大气变量之间的关系不是一件容易的事。当二氧化硫被云水滴吸收并且云滴水溶液为碱性时,二氧化硫在云滴中的吸收和氧化反应才构成对大气二氧化硫的明显清除,云滴中才因此而有较多的硫酸和硫酸根。否则,与二氧化硫有关的这些反应对云水化学成分的影响将明显小于凝结核和二氧化碳的影响。

在云滴中,亚硫酸氢根和亚硫酸根转化为硫酸根的速度是很快的,所以通常在云水中观测不到亚硫酸氢根,测得的亚硫酸根浓度一般也比硫酸根浓度低得多。亚硫酸氢根只存在于酸性云滴中,碱性微滴的亚硫酸根平衡浓度远大于亚硫酸氢根。在有催化剂存在时,可能加速云滴对大气二氧化硫的吸收,但并不明显增加水滴中的硫酸根浓度,因为有一部分二氧化硫被络合物束缚。例如,在溶液中存在较多的二价锰离子时,可能增加水滴吸收二氧化硫的速度,但并不增加水滴中的硫酸。

大气中还有一些含量更低的痕量成分,如 OH 自由基、HO_2 自由基、亚硝酸气、二氧化氮、三氧化氮、硫化氢、盐酸气、溴化氢以及甲酸、甲醛等有机化学成分,它们或多或少总能被云滴吸收,并在其中发生复杂的氧化还原反应。例如,云滴吸收氮氧化物后的一系列反应可增加云滴水溶液的酸度。

水滴吸收的大气痕量成分有些在紫外和可见光波段有很强的吸收带,因此,可以预期在云滴中存在某些重要的光化学反应过程,但这方面的实验资料还很少。

第三节　降水化学

一、观测的降水化学成分

降水的化学成分是非常重要的环境要素,对地表生物的生存至关重要。因此降水化学成分观测是大气化学研究中较早发展的项目之一。早在 20 世纪 50 年代初,欧洲国家就在西欧建起了统一的大气降水化学监测网,对降水化学成分开展了系统的、长期的观测研究。我国也对降水化学成分进行了许多观测分析。从现有的观测资料来看,降水化学成分有很大的地域特点,而且随降水云系的发展而有很大的时间变率。同一地点,不同季节、不同降水云系的降水化学成分也有很大的不同。

降水化学成分的观测方法至今尚未统一。一般是在降水时收集降水样品,然后把样品集中到实验室进行化学分析。对于降雨,目前使用了两种类型的雨水样品收集器,一种是水文气象学中通用的普通雨量器,另一种是由美国国家环保局推荐的自动雨水采集器。这种收集器在平时是关闭着的,降水开始时便会自动打开,降水结束时又会自动关闭。利用常规雨量器时,不可避免地收集了气溶胶和其他一些微量成分的干沉降物,它们溶于雨水样品中而改变降水本来的化学成分。所以,用普通雨量器是不合适的。另外,雨水样品在雨后的蒸发也会改变降水化学成分的浓度。自动雨水采集器在一定程度上克服了上述两个缺点,提高了观测结果的精度。

雨水采集中的另一个重要问题是采样时间没有统一规定。在许多情况下是按水文气象观测的要求,每次降水取一个样品;有些观测站规定定时采样,即在降水时每隔几小时采样一次,或分白天或夜间每 24 h(小时)收集两个样品;在有些研究实验站,则根据实验设计需要不定时的采样。

对于样品的预处理和保存也存在很多问题。有些国家和地区规定,雨水样品在收集以后应立即过滤,除去样品中的固体物质并加入小量化学稳定的防腐剂;样品应保存在密封容器中并置于 $1\sim4$ ℃的环境下,且保存时间应尽量短等。

对于雪样的收集和处理问题更多。在为数不多的观测中,多采用雨量器收集雪样,然后加热将其融化、过滤,再进行化学分析。这些处理过程显然会在一定程度上改变降水本来的化学成分。由于以上种种原因,在研究过去的观测资料,特别是在将不同地区、不同时间的观测结果加以比较分析时,应当充分注意观测实验方法方面的差别。

降水化学成分的浓度通常表示为每升水样中所含该物质的毫克数。有时需要知道单位表面上因降水沉积的某种化学成分的质量,这就需要将降水中该化学成分的浓度乘上雨量。

降水中的微量成分包括不反应的可溶气体以及可溶性的酸和盐。由于降水中酸和盐的浓度一般很低,所以溶解的酸和盐一般都已离解为离子。因此通常的降水化学观测主要是测量降水中的离子成分。降水中的微量成分浓度与地域有很大关系,下面将给出不同类型地区的一些实际观测结果。

(一)遥远海洋大气中降水的化学成分

在离开被人为活动污染了的大陆很远很远的海洋上空,大气气溶胶的无机物成分主要是粒径大于 $0.1~\mu m$ 的大颗粒海盐粒子和粒径较小的硫酸盐粒子。前者来自海水,其组成与海水总体上类似。后者可能来自气相二氧化硫转化物的长距离输送。因此,大洋上空降水的化学成分主要是海水中的成分,大陆地表矿物质及人类活动污染物的相对含量比较低。例如在澳大利亚海域两个岛屿上测得的雨水化学成分给出,一些金属离子和氯离子、硫酸根离子等海盐成分的浓度明显地比其他成分高。以海水为参考物质,以氯离子为参考成分计算降水中各成分的富集因子,则能更清楚地反映海洋上降水组成的这一特点。同样以在澳大利亚海域两个岛屿上测得的雨水化学成分为例,其中富集度较高的成分只有铵离子和硝酸根离子,它们可能来自气相污染物的长距离输送,钠、钾、镁、钙离子和硫酸根离子等海水成分的富集度都很低。

(二)遥远干净大陆地区降水的化学成分

在大陆上,即使是未被污染的遥远地区,大气气溶胶和微量气体的来源也比海洋上空要复杂得多,更何况,大陆未被污染的遥远地区只不过是污染相对较轻而已。气溶胶和微量气体不仅来自复杂的地表,还来自更为复杂的人为活动。而且,海盐也总是对大陆降水的化学成分有一定的贡献,因为降水云系中的水汽总有一部分来自海洋,海盐也随之而来。因此,干净大陆大气中的降水化学成分应当比海洋上空的降水化学成分复杂得多,而且,随观测地点不同而有较大的差别。首先,海洋的影响与观测地点离开海洋的距离有很大的关系。有限的一些观测资料表明,大陆降水中海盐成分的浓度随观测地点离海岸的距离减小而急剧增加。一般来说,离开海岸约 $10~km$,海盐成分的浓度就下降了 80%。另一方面,即使离开海岸几百公里,甚至几千公里,海盐粒子的贡献仍然存在。

除了海盐成分以外,大陆大气中的降水化学成分还包括地表矿物质中的可溶性成分及人为活动的污染物。这些物质的浓度随天气条件的变化而有很大的时间变化率,因此,在同一地点测量的降水化学成分浓度变化范围经常达若干个数量级,以致用浓度平均值无法说明任何问题。

(三)城市污染大气降水的化学成分

城市污染大气降水的化学成分更为复杂,而且不同城市之间的差别很大,以至无法给出一个一般的描述。在城市地区,云中气溶胶不仅来自地表土壤和人为污染物,还来自周围地区的长距离输送。换句话说,在云的高度上的气溶胶具有大尺度的区域特征。另一方面,降水云下的气溶胶的浓度及化学组成以及微量气体成分的浓度却在更大程度上代表当地的来源分布特点和地形、气候特点。由于城市地区云下低层大气中的气溶胶和微量气体的浓度要比云中和干净地区高得多,所以,这里云下过程对降水化学成分的贡献就相对更大一些。因此,在城市地区观测的地面降水化学成分及其浓度与当地的污染状况有密切关系。但是,城市大气中污染物浓度不仅与当地的污染源有关,还与当地的天气条件和大气稳定度有密切关系。在风速较大,大气稳定度较低时,污染物将较快地向外输送和扩散,本地的污染物浓度就相应下降。降水过程本身是大气污染物的最重要清除过程。多雨地区,大气中的污染物,特别是气溶胶物质的浓度要比干燥的地区低得多。这样,实际测量的降水化学成分浓度将与降水前和降水期间的天气状况有关。在一次降水过程中,降水化学成分的浓度将会有较大的变化。

近年来,城市降水化学成分浓度观测较多,资料比较丰富,但是,不同地区的情况各不相同,观测方法和观测时段也不同,所给出的资料并不具有代表性和可比性。

与干净大陆地区相比,城市污染大气降水中硫酸根、硝酸根和重金属离子浓度要高得多,有些地区的氢离子浓度也很高。中国与外国一些城市比较起来,重金属离子和硫酸根浓度更高一些,而硝酸根的浓度并不高,这在一定程度上反映了中国城市的大气污染特点,即工业排放二氧化硫和颗粒物污染较为严重。

二、降水化学

降水化学成分是由云中的过程和云下的过程两部分贡献的总结果。与云中的过程一样,云下过程也包括两部分,一部分是微量气体的吸收和化学反应,另一部分是气溶胶的吸收和反应过程。对于微量气体,云中的所有物理、化学过程在云下都能发生。不同的是,雨滴从云底降落到地面所经历的时间一般要比云滴形成、发展所经历的时间短,有些反应的贡献相对较小。但是,另一方面,由于云下相应反应物浓度比云中高,尤其在城市污染地区,云下过程对降水化学成分的贡献可能是很重要的。有些文献认为云下过程并不重要,有些则认为云下过程比云中过程更重要。造成这种认识差别的原因可能有两个,一是所考虑的具体化学成分不同,结论自然不同;二是考虑的大气条件不同,在干净的无局地污染影响的地区,大气微量成分的垂直分布相对均匀,云下过程的重要性可能就不明显,而在城市污染地区,大气微量成分浓度取决于当地的地表源排放,云下低层大气中的浓度比云中高得多,云下过程的重要性就更明显一些。雨滴下降过程中对云下微量气体的吸收过程是大气微量气体成分的主要湿沉降。大气微量气体对降水化学成分的贡献正是通过这种雨滴冲刷过程来实现的,因为雨滴因冲刷大气微量成分往往引起自身某些化学成分浓度的变化。像云中一样,如果被雨滴吸收的气体在雨滴中发生化学反应,则雨滴与大气之间的物质交换速率将明显变化,相应地,雨滴中该化学成分的浓度的变化速率也随之变化。

对于气溶胶,雨滴下降过程将收集其扫过的气体体积内的云下气溶胶粒子。雨滴收集气溶胶粒子的机制类似于撞击式气溶胶采样仪,收集效率取决于粒子尺度和雨滴的大小。

三、降水化学成分浓度与降水量和降水类型的关系

降水中各种化学成分的浓度随降水量增加而减少,但是降水化学成分浓度与降水量之间的定量关系是非常复杂的,而且因时因地而不同。

降水化学成分浓度也取决于降水云系的气象学特征。在同一地点,大气微量成分和气溶胶浓度大致相同时,大雨和暴雨中雨滴的含水量多,形成某一特定降水量所需时间很短,因而降水中微量成分的浓度就低;毛毛雨和小雨雨滴小,含水量小,形成同样降水量所需时间很长,因而降水中微量成分的浓度就高。但是,很难定量描述降水化学成分浓度与降水类型之间的关系。有时用单位时间的降水量,亦即雨强,作为降水云系特征类型的一个指标。一般说来,雨强越大,降水中微量成分浓度就越小。

另外,降水云的形成有时与大尺度气团运动有关,云区气团中的气溶胶和微量成分可能并不限于局地来源的影响。因此,它形成的降水的化学成分浓度还与大尺度气团特征、气团路径和风向风速有关。

由于上述原因,在同一地点观测的降水化学成分浓度差别很大。如果以常规水文气象观测方法采样,每次降水的化学成分浓度都大不一样。雨量越小,资料离散程度越大。例如,在德国法兰克福附近的长期观测发现,对于 1 mm 量级的降水,降水微量成分浓度的变化幅度达 20 倍;对于 10 mm 量级的降水,变化幅度就只有 10 倍;而对于 20 mm 量级的降水,这一变化幅度就只有 5 倍了。同一地点的降水化学成分浓度有很大的季节差异,并且不同地点有不同的季节变化规律。不同类型的降水具有完全不同的化学组成。在季风区,海洋气团的降水含有较多的海盐,其他降水云系也反映不同地区的大气成分特征。

四、降水化学成分的一般特征

(一) 降水中的硫酸根离子

硫酸盐可能是降水中最重要的微量成分。在大洋上和内陆边远干净地区,降水中硫酸根的浓度一般低于 1 mg·L^{-1},而在内陆污染地区降水中,硫酸根的浓度可达 20 mg·L^{-1} 以上。从大量实际观测结果来看,中国沿海地区降水中硫酸根的浓度绝大部分在 2~3 mg·L^{-1},最大不超过 10 mg·L^{-1};华北地区有时可达 20 mg·L^{-1} 左右;在重庆市区,观测到的降水中硫酸根平均浓度约为 20 mg·L^{-1};在中国西北污染城市,降水中硫酸根浓度可达 65 mg·L^{-1}。在美国,降水中硫酸根的浓度平均为 3 mg·L^{-1},其中沿海地区一般为 1~2 mg·L^{-1},内陆地区一般在 3 mg·L^{-1} 以上。墨西哥东部沿海地区降水中硫酸根的浓度比一般沿海地区要高得多,多数为 3~8 mg·L^{-1},最高达 10.78 mg·L^{-1}。这可能是因为当地降水气团来自附近大陆污染地区。在英伦三岛上,由于本身的工业污染,降水中硫酸根的浓度也达到了 5 mg·L^{-1} 左右。

降水中的硫酸根除小量来自海水和陆地地表矿物外,主要来自工业排放的二氧化硫。二氧化硫在大气中被转化成硫酸和硫酸盐,然后被云滴和降水滴吸收,或二氧化硫直接被云滴和降水滴吸收然后在液相中转化成硫酸盐。这一结论被降水中的硫酸根离子与氯离子的比值进一步证实。海水中硫酸根浓度与氯离子的浓度之比约为 0.14,海洋上降水中的这一比值大致与海水相当,为 0.16~0.18,而在大陆上污染地区降水中,这一比值则要高得多,例如在中国重庆市区,这一比值高达 11.3,比海水中的比值大 80 倍之多。

在大气气溶胶中,硫酸盐主要是硫酸铵,即铵离子和硫酸根离子的摩尔浓度比接近 2。但是,在降水中,其比值只有 0.05~0.5。这间接地证明了在降水过程中气相二氧化硫直接在液相转化成硫酸盐的重要贡献。二氧化硫的液相氧化除增加了降水中的氢离子浓度外,还会与一些碱性物质发生反应。

(二) 降水中的氮化合物

降水中经常观测到的氮化合物成分主要是铵盐和硝酸盐,有时也会观测到亚硝酸盐。铵盐在降水中的浓度较高,变化幅度也很大。经常观测到的铵离子浓度为 0.1~0.2 mg·L^{-1},中国重庆市区降水中铵离子的浓度高达 5 mg·L^{-1},但在大洋上空,降水中的铵离子浓度可低到 0.02 mg·L^{-1}。降水中的铵离子主要来自气溶胶中的硫酸铵和氨气的吸收。大气中的氨气主要来自土壤排放。土壤的氨气排放随土壤理化特性的不同而有很大的差别,一般来说,酸性土壤的氨气排放较弱,碱性土壤的氨气排放较强。因此,降水中铵离子的浓度与地表土壤状况有关。当然,降水气团的运动路径会很大程度上改变由土壤氨气排放所决定的降水中铵离子浓度的空间分布。工业污染和农田使用的含氮化学肥料也会改变大气中氨气浓度的分布,从而对降水中铵离子浓度的空间分布产生一定影响。

如果在液相样品中有充足的氧和臭氧,铵离子会被氧化成亚硝酸盐和硝酸盐,有些细菌也会将铵离子转化成氨气或氮氧化物。因此,降水样品如果未经特殊处理,其中的铵离子浓度会很快下降。样品处理方法和样品保存时间的不同可能会造成测量结果的很大差别。

降水中的硝酸根离子主要来自气溶胶中的硝酸盐和大气中的硝酸气,可能还有一部分来自氮氧化物的液相反应。因为对大气氮氧化物浓度的观测资料还很不准确,目前还无法估计氮氧化物的液相反应对降水中的硝酸根离子浓度的贡献。原则上,二氧化氮与 OH 自由基反应可以生成硝酸气,同时,降水中的硝酸根离子也会被许多化学反应过程转化成气相氮氧化物,例如,硝酸根离子可与 OH 自由基反应生成羟基离子和三氧化氮。因此,降水样品中的硝酸根离子也是难以准确测定的成分。

降水中偶尔观测到的亚硝酸根离子可能主要来自大气气溶胶和气相氮氧化物的吸收。气相氮氧化物和溶液中亚硝酸根离子之间可能存在一些可逆反应,但是目前对这些反应的细节还没有清楚的认识。

(三)降水中的氯离子

氯离子也是降水中含量较高的微量成分。降水中氯离子的浓度一般为 $0.2 \sim 1.1$ $mg \cdot L^{-1}$。在大洋上,降水中的氯离子浓度可高达 40 $mg \cdot L^{-1}$;而在内陆一些地区,降水中氯离子的浓度可能低于 0.1 $mg \cdot L^{-1}$;沿海地区降水中的氯离子浓度平均为 $2 \sim 8$ $mg \cdot L^{-1}$,在离开海岸 $10 \sim 25$ km 范围内,降水中氯离子浓度随离海岸的距离增加而逐渐下降,在离开海岸 25 km 以上的内地,降水中氯离子浓度则随着离海岸的距离增加而呈指数下降。这些说明,降水中的氯离子主要来自海盐粒子。但是观测发现,大气中的氯有许多工业污染源。例如,在我国北方和西北一些工业地区,降水中氯离子浓度都比较高。另一方面,降水中的氯离子在一定条件下可与氢离子结合而释放出氯化氢气体,从而使降水中的氯离子浓度降低。因此,在降水酸度较高的地区,尽管大气污染很严重,降水中的氯离子浓度仍然偏低。如,中国重庆市区降水中氯离子浓度只有 0.8 $mg \cdot L^{-1}$,南京的年平均值为 1.3 $mg \cdot L^{-1}$,而北京降水中的氯离子浓度却高达 5 $mg \cdot L^{-1}$。

(四)降水中的金属离子

降水中的金属阳离子有钾、钠、钙、镁离子等,它们主要来自大气气溶胶。含钾和钠多的气溶胶主要来自土壤和海水,因此,它们在降水中的浓度的地理分布不仅与离开海岸的距离有关,还与当地的土壤特性有关。降水中钾离子的浓度一般为 $0.1 \sim 0.3$ $mg \cdot L^{-1}$。在海洋上,降水中的钠离子的浓度与氯离子的浓度之比与海水相同;在内陆地区,其比值一般会比海水中大些,因为氯离子浓度会因降水中的化学反应而降低。但在一些工业区,钠离子与氯离子浓度之比又会因氯离子有污染来源而减少。大洋上,降水中钠离子浓度可达 20 $mg \cdot L^{-1}$,沿海地区为 2 $mg \cdot L^{-1}$ 以上,而到内陆地区就降为 $0.2 \sim 0.4$ $mg \cdot L^{-1}$。

降水中的钙离子主要来自土壤尘和水泥石灰尘,其浓度随地域不同的变化幅度很大。在大洋上,降水中钙离子的浓度可低于 0.3 $mg \cdot L^{-1}$,沿海地区为 $0.3 \sim 0.5$ $mg \cdot L^{-1}$,而内陆地区通常为 $1 \sim 3$ $mg \cdot L^{-1}$,在我国北方一些大城市,降水中的钙离子浓度可高达 10 $mg \cdot L^{-1}$。

降水中的镁离子可能来自海洋和土壤。在大洋上,降水中镁离子和钙离子的浓度大致相当,而在内陆地区,镁离子的浓度要比钙离子的浓度低得多,一般只有 $0.5 \sim 1$ $mg \cdot L^{-1}$,最高不超过 4 $mg \cdot L^{-1}$。重庆市区镁离子浓度为 0.7 $mg \cdot L^{-1}$,郊区则只有 0.2 $mg \cdot L^{-1}$。北京

郊区镁离子浓度为 $0.3\sim0.7$ mg·L^{-1}。

（五）降水中的其他化学成分

降水化学成分非常复杂,除了上述成分外,还存在大量浓度很低的其他成分,如各种重金属元素、磷、碘和有机化合物以及一些不溶于水的物质。

降水中经常出现的重金属元素包括汞、铅、铜、铁等。它们在降水中存在的形态也是多种多样的。

降水中的磷主要是五氧化二磷,含量可达 0.1 mg·L^{-1}。

在沿海地区的降水中经常出现碘,多以碘离子的形式出现。它可能来自海水,但降水中的氯离子与碘离子浓度之比要比海水的高。在荷兰沿海观测的降水中碘离子浓度平均为 0.0035 mg·L^{-1}。

降水中含有各种各样的有机物。根据瑞典观测的结果,雨水中有机碳总含量平均为 2.5 mg·L^{-1}。降水中经常出现的有机物有甲酸、甲醛、乙醛、丙烯等,有时还可以测出多氯联苯及一些多环芳烃。

降水中一种有重要意义的化学成分是双氧水。在日本,曾观测到降水中的双氧水浓度为 $0.08\sim0.86$ mg·L^{-1}。在中国重庆等地也曾观测到降水中的双氧水。

降水中的不可溶物质的含量是很高的。如果降水样品未经过滤,不可溶性物质含量可高达 48 mg·L^{-1}。降水中的不可溶物质显然是由凝结核的不可溶核心及云滴、雨滴捕获的气溶胶粒子产生的。其化学成分包括大气气溶胶的所有化学成分。降水中的不可溶成分有些是以大颗粒形式出现的,可用过滤法和沉淀法把它们分离出来。也有一些是以极小的粒子形式存在的,它们几乎是永久性的存在于降水中,通常的过滤和沉淀不能将它们分离,但它们又有别于可溶性成分。

第四节　雾化学

雾中发生的化学反应十分类似于云中的化学反应。原则上,云中所发生的所有化学过程在雾中均能发生。但是,由于雾出现在地表,雾中大气化学成分更为复杂,许多化学成分的浓度也比云中高,因此雾中的化学反应更为复杂。另外,雾滴多为水滴,冰晶雾较为少见。

雾水化学成分与云水有某些类似之处,但更复杂一些。美国曾对远离重要污染源的农村地区的雾水化学成分进行测量,发现雾水化学组成与云水和雨水很接近。但是美国的测量也发现,雾水酸度一般要比雨水高。在美国加利福尼亚南部,1982 年 12 月曾观测到 pH 值仅有 1.69 的雾水。对于这一观测结果的解释是,当时地面存在很强的低层逆温,污染物不能垂直向上和向外输送,而是在源区附近水平散布开来,在盆地内堆积起来,其中一些酸性物质被雾滴吸收,因而形成酸度很高的雾水。

也有一些观测发现,雾水化学成分不仅受当地污染源的影响,也与雾形成前和发展中的气流方向有密切关系。例如,在美国洛杉矶以西 96.6 km 的一个海岛上,观测到雾水 pH 值通常在 5.6 左右,但如果形成雾的气流来自洛杉矶方向时,雾水的 pH 值就可能降到很低。

在中国石塔山云雾站上观测的雾水 pH 值一般在 $6.20\sim7.60$ 之间,但在四川峨眉山上的雾水 pH 值常低于 4。

由于雾水直接接触地表生物,所以雾水化学成分是一项很重要的生态环境指标。近年来雾水化学成分的观测和雾化学的研究受到越来越广泛的重视。

第五节 酸雨问题

一、溶液酸碱度的一般描述

水溶液的酸度和碱度是两个互补的概念。在酸、碱、盐的平衡溶液中,酸是氢离子的供给者,碱是氢离子的接收者。水溶液的酸度也叫水溶液的碱中和能力,水溶液的碱度也叫水溶液的酸中和能力。原则上,任何一种平衡溶液都可以作为参考溶液来度量水溶液的酸碱度,将水溶液用酸或碱滴定到任何一个参考氢离子浓度水平所需要的酸或碱的量,即为该溶液的碱度或酸度。通常用纯水作为水溶液的参考溶液来讨论酸碱度。

纯水中,有一部分水分子电离成氢离子和氢氧根离子,并存在电离平衡。纯水达到电离平衡时,氢离子和氢氧根离子的摩尔浓度乘积为常数。该常数值的大小取决于温度,温度越高,其值越大。24 ℃时,该常数的值为 1×10^{-14}。但是通常认为常温下该常数值保持不变,且在水的酸或碱性溶液中也一样。因此,只要确定了溶液中的氢离子浓度,其氢氧根离子浓度也就惟一地确定了。所以,可统一地用氢离子浓度或氢氧根离子浓度来度量溶液的酸碱度。在纯水中,24 ℃时的氢离子浓度与氢氧根离子浓度相等,均为 10^{-7} mol,通常就选择氢离子浓度为 10^{-7} mol 作为参考水平来度量溶液的酸碱度。总之,当氢离子浓度大于 10^{-7} mol 时,溶液呈酸性,具有中和碱的能力,氢离子浓度越大,酸性越强,中和碱的能力也越强;反过来,当氢离子浓度小于 10^{-7} mol 时,溶液呈碱性,具有中和酸的能力,氢离子浓度越小,溶液的碱性越强,中和酸的能力越强。

在一般溶液中,氢离子浓度很小,用它来描述溶液的酸碱度很不方便。因此,Sorensen 于1909 年引进了 pH 值代替溶液的氢离子浓度来描述溶液的酸碱度。pH 值定义为水溶液中氢离子浓度的负对数,这个度量标尺使用起来非常方便。纯水的 pH 值为 7,以 pH 值等于 7 为参考点,pH 值小于 7,溶液为酸性,pH 值越小,酸性越强;pH 大于 7,溶液为碱性,pH 值越大,碱性越强。由于 pH 值与溶液的氢离子浓度有一一对应的关系,那么已知溶液的氢离子浓度,就很容易计算出溶液的 pH 值,反之亦然。

应当指出,尽管习惯上用 pH 值的大小来衡量溶液的酸碱度,但是 pH 值和溶液的酸碱度是两个概念。pH 值是溶液中氢离子浓度的量度,而酸度或碱度则是相对于某一参考溶液而言的溶液中和酸或碱的能力。参考溶液的选择是可以带任意性的。例如,可以用大气二氧化碳与纯水处于平衡态时形成的溶液为参考溶液来度量雨水的酸碱度。在这一条件下,一个pH 值为 7.5 的雨水样品,其碱度将为 $100 \, \mu g \cdot L^{-1}$ 的氢离子,意思是说,把 1 L 的该雨水样品滴定到大气二氧化碳与水平衡的溶液状态所需加入的氢离子的量为 100 μg。如果以纯水为参考点,同样是这一个雨水样品,其碱度却只有 3.2 $\mu g \cdot L^{-1}$ 的氢离子。又如,若以纯水为参考溶液,则 pH 值为 8 的海水的碱度为 10.0 $\mu g \cdot L^{-1}$ 的氢离子。

事实上,要完全确定一个溶液的酸碱特性,pH 值是很不够的,需要同时确定溶液 4 个方面的特征量,它们是:(1)组成溶液的酸和碱以及生成这些酸和碱的气相成分的化学动力平衡特性;(2)以一种特定的酸碱溶液为参考的碱或酸中和能力;(3)氢离子的浓度和活度,即自由氢离子的强度因子;(4)溶液中的化学反应。通常,溶液的氧化-还原状态也是决定其酸碱度的重要因子。

二、酸雨问题一般描述

早在 1852 年,英国化学家就曾描述过英国曼彻斯特市的"酸性雨"。此后,英国、瑞典和其他欧洲国家的科学家都曾收集和分析过降水的酸度,但直到 1954 年的观测缺少定量的资料。

1955 年,欧洲科学家开始对降水的酸度进行系统的定量观测。从 1956 年起,由瑞典斯德哥尔摩国际气象研究所主持建立了欧洲大气化学监测网,对欧洲降水化学开展了全面而系统的长期观测研究。观测结果表明,整个欧洲的降水都是酸性的,而且酸度和酸性降水的分布范围有逐年扩大的趋势。这引起了农业、土壤、生物和环境界的极大关注,并开始研究酸雨的分布及其成因,研究酸雨形成与大气污染之间的联系,研究酸雨对湖泊和陆地生态系统的影响。

1972 年,美国在其东部地区进行了大范围的降水酸度普查,发现美国东部大部分降水也是酸性的。同年,瑞典政府向联合国人类会议提出"跨越国界的大气污染——大气中硫和降水对环境的影响"的报告,引起了很大反响。此后世界各国相继开展了降水酸度普查,并研究酸雨对生态环境的影响。在此期间,不断有文献报导酸雨导致湖泊水体酸化、水生生物死亡、森林大面积死亡等。1976 年,美国出版了第一部关于酸雨的专著,宣称美国和欧洲降水酸度不断上升,强酸雨影响的范围也在逐年扩大,酸雨使建筑物受侵蚀,生态系统被破坏,酸雨可能是当前人类面临的最严重的国际性危机之一。但是,上述这些结论经常受到反对意见的批评,有许多文献力图证明,森林大面积死亡的更直接的原因是地表臭氧增加而不是酸雨,河流、湖泊中鱼类的死亡可能主要是由于水中有机物污染而造成水体缺氧。这一理论强有力的证据是英国泰晤士河下游在有效控制了有机物污染以后又重新发现了灭绝近 30 年的鱼类,而这期间泰晤士河流域的降水酸度却没有减少,甚至还略有增加。研究还发现,被认为是酸雨主要来源的大气硫化物至少有一半来自自然过程,与人类活动无关。酸雨的另一成因——氮氧化物也大多来自自然源。于是有人提出,酸雨可能是一种自然现象而不是人为造成的。有人重新分析了美国科学家据以得出"降水酸度和酸雨影响范围正在逐年增加"这一结论的资料后指出,上述结论是由于作者将不同观测站、在不同时期用不同方法所测量的结果列在一起分析而得出的错误结论。如果把同一测站若干年的观测资料单独加以分析,则根本得不出降水酸度逐年增加的结论。把各个时期共同进行同步观测的测站的资料加以分析,也得不到酸雨影响的范围有逐年增加的趋势。中国自 1981 年在全国开展降水酸度观测,发现降水酸度与大气污染并无简单的直接相关联系,酸雨分布主要与地理和气候条件相关,但是,上世纪末的观测表明,中国降水的酸度有随着大气污染加重而上升的趋势。总之,对于酸雨的形成及其与人类活动的关系、对于酸雨对生态环境的危害,目前都还没有明确的令人信服的结论。除了在现场对大气成分和降水化学进行观测外,20 世纪 70 年代,在实验室也对降水物理过程、化学过程进行模拟实验,并发展了区域性降水化学模式,用来模拟计算大范围的降水酸度分布。

由于人们对于酸雨的成因及降水中酸性化合物的由来还缺乏定量的可靠描述,酸雨也成了引起国际争端的一个环境问题。美国和加拿大之间关于加拿大东部酸雨源问题争论多年。日本和东南亚国家也有人提出日本和南亚国家的酸雨是由中国的大气污染物造成的。中国的一些研究也证明,中国东部沿海的酸雨有时是由来自日本的大气污染物形成的,有时是由南亚来的污染物造成的。所有这些见解都是基于气流路径分析得出的,只是定性的结论。

三、酸雨判别标准质疑

由于历史原因,人们习惯地称 pH 值小于 5.6 的降雨为酸雨。有些人甚至说,pH 值大于 5.6 的降雨是不酸的。从第五节第一小节的分析中可以看出这一定义是很不确切的。这一判别标准是 20 世纪 50 年代初,人们根据当时对大气化学成分的认识而确定的,那时认为大气中浓度足以影响降水酸度的大气自然成分只有二氧化碳,其他酸性或碱性微量成分主要来自人为活动。因此,把大气浓度为 330×10^{-6} 体积分数的二氧化碳与纯水处于平衡态时的溶液作为自然降水酸碱标准液。浓度为 330×10^{-6} 体积分数的大气二氧化碳与纯水处平衡态时,在 0 ℃时的溶液的 pH 值等于 5.6,所以,pH 值等于 5.6 便被定为未受人为活动影响的自然降水的 pH 值而成为酸雨判别标准。

把大气二氧化碳与纯水处在平衡态时的溶液当作衡量雨水酸碱度的参考液从理论角度来看并无不可,因为参考液的选择本来就带有任意性。但是,把 pH 值等于 5.6 作为酸雨的判别标准在实践上至少存在两方面的问题。首先,pH 值等于 5.6 不是中性溶液,不能说 pH 值小于 5.6 的雨水是酸的,而 pH 值大于等于 5.6 的雨水是不酸的。更重要的是 pH 值等于 5.6 并不是自然的、未受人为活动污染的降水的 pH 值。在自然干净的大气中除了二氧化碳外还有二氧化硫、氨气等微量气体,它们能被水吸收发生化学反应而影响降水的 pH 值。如果取大气二氧化碳浓度为 330×10^{-6} 体积分数,二氧化硫的浓度为 8×10^{-9},氨气的浓度为 6×10^{-9},而且不考虑硫酸盐等凝结核的作用,那么,在 0 ℃时,纯水与上述大气微量成分达到平衡时雨水的 pH 值应当是 4.9。考虑到现代干净大陆地区测量的大气二氧化硫浓度可能并不代表未被污染的大气,或者说,未被污染的大气中二氧化硫浓度应低于 8×10^{-9},那么,未被污染的大气中降水的 pH 值应比 4.9 略高一些。另外,大气二氧化碳浓度在过去几十年中一直呈上升趋势,当前干净的大气二氧化碳浓度已不再是 330×10^{-6} 体积分数,而是 363×10^{-6} 体积分数。但由上面的讨论可知,未被污染的大气降水的 pH 值可能会高于 4.9,而且随着干净大气的二氧化碳浓度继续升高,未被污染的大气降水的 pH 值可能会高于 5.6。从以上分析可以看出,未被污染的大气降水的 pH 值是变化的,以其作为降水是否是酸的判别标准显然是不合适的。

如果以中性溶液为标准来衡量,很显然,酸性降水是自然现象,全球大部分地区降水本来就是酸性的,只是在有些地区大气污染物使降水进一步酸化,而在另一些地区,大气污染物可能中和了降水中的酸,使实际降水更接近中性,甚至变成碱性。

另一方面,降水对生态环境的影响并不完全取决于降水的 pH 值,或者说降水的 pH 值并不是降水的特别重要的参数。因此,随着酸雨研究的深入发展,人们已不再特别关注 pH 值为多少时才算酸雨,而是在给出了降水的 pH 值以后,更着重研究降水中的酸性物质含量,研究酸性物质的沉积量。

四、观测到的降水酸度地理分布

前面已经讲过,从 20 世纪 50 年代起,世界各国相继开展了降水化学成分观测。但是,至今还没形成有组织的、全球范围的统一观测,没有制定统一的观测规范。因此,各地的观测结果之间的可比性比较差,这给酸雨地理分布的讨论带来了很大困难。

从中国、日本、欧洲、美国和加拿大长期观测结果来看,酸雨在世界各地分布相当普遍。如果用 pH 值等于 7 为标准,则全世界各地区的降水几乎都是酸的,即使以 pH 值等于 5 为标准,酸雨在许多地方出现的频率也相当高。对于多年观测结果的平均值而言,降水低 pH 值区的地理分布大致如下:欧洲西部和北部大部分地区降水 pH 值在 4 到 5 之间;前苏联大部分地区和东欧的 pH 值在 5 以上;美国东北部有一个降水的低 pH 值中心,降水 pH 值在 4.0 左右,向南、向西降水 pH 值逐步增加。英格兰和西威尔士降水 pH 值平均为 4.2;日本东京附近 70 年代的降水 pH 值为 4.52;澳大利亚悉尼地区雨水的 pH 值为 4.5,悉尼西北部地区降水 pH 值为 4.8;加拿大东部也经常观测到 pH 值低于 5 的降水;中国 pH 值低于 5 的降水基本上只出现在长江以南。重庆是中国降水低 pH 值中心,80 年代中期重庆市区的降水 pH 值平均为 4.06,郊区测得的降水 pH 值为 4.31。贵阳、昆明、广州等地也经常观测到 pH 值低于 5 的降水。中国北方大部分地区,包括空气污染严重的大工业城市,降水平均 pH 值多大于 6。

应当指出,上面所介绍的降水低 pH 值地区的情况是平均而言,任何地点降水 pH 值都会因降水条件的不同、季节的变化而有很大的变化范围。例如,在降水 pH 平均值很低的美国伊利诺州仍然会观测到 pH 值等于 6.4 的降水;在降水 pH 值平均值很高的美国中部科罗拉多州却出现 pH 值等于 4.99 的酸雨;在平均 pH 值为 4.06 的中国重庆市区,有时也会出现 pH 值大于 6 的降水;在很少出现酸雨,降水平均 pH 值大于 6 的中国北京,曾观测到 pH 值为 4.77 的大雨。同一地点的降水 pH 值的变化除与降水天气系统有关外,还与雨强和降雨量有关。因为雨强和雨量直接决定大气中微量成分浓度的变化。

五、影响降水酸度的主要化学过程

几十年来,普遍认为酸雨的形成和发展是由于人为向大气排放的二氧化硫和氮氧化物逐年增加的结果。从前面对云水和雨水化学过程的分析来看,大气二氧化硫增加确实使降水酸度增加,但是单用二氧化硫和氮氧化物的污染不能解释为什么中国南方一些城市降水 pH 值很低而北方一些大气二氧化硫浓度同样很高的城市降水却接近中性这一现象。实际上,大气气溶胶对降水酸度有重大影响。

云水和雨水中收集的气溶胶物质主要是硫酸盐、硝酸盐、金属氯化物和地壳矿物成分。硝酸盐和大部分硫酸盐易溶于水,但它们对降水的酸度却贡献较小,金属氯化物在酸性水溶液中可能与水中的酸发生反应,这一过程生成的氯化氢可能有一部分以气体形式逃逸出水溶液,从而降低降水的酸度。气溶胶中的重要地壳矿物是氧化钙,它被酸性溶液吸收后容易发生一系列化学反应,最终将硫酸转化为硫酸钙而沉淀,从而中和了降水的酸性。

(一)北京的非酸性降水和气溶胶中的钙

在北京地区,燃煤排放二氧化硫相当多,大气中二氧化硫的浓度可达 $50 \ \mu g \cdot m^{-3}$ 以上。如果取地面大气二氧化硫浓度为 $50 \ \mu g \cdot m^{-3}$,氨气的浓度取为 $6 \ \mu g \cdot m^{-3}$,二氧化碳浓度取为 330×10^{-6} 体积分数,在不考虑气溶胶的作用时,降水的 pH 值应为 4.6 左右。然而,实际观测到的北京降水却十分接近酸碱中性 6.0。

据观测,北京地面气溶胶中氯元素和钙元素的平均浓度分别为 $1.27 \ \mu g \cdot m^{-3}$ 和 $10.4 \ \mu g \cdot m^{-3}$,其中 90% 的钙元素存在于氧化钙中。假定气溶胶浓度随高度增加而递减,则夏季积云高度上气溶胶中氯元素和钙元素的平均浓度分别为 $0.1 \ \mu g \cdot m^{-3}$ 和 $0.8 \ \mu g \cdot m^{-3}$。如果取云中含水量为 $1 \ g \cdot m^{-3}$,降水量为 10 mm,则可以计算出北京雨量为 10 mm 时的降水 pH 值应为 7.5 左右。雨量越小,云中含水量越低,降水 pH 值越高,最高可达 8.0 以上;雨量越大,云中含水量越高,降水 pH 值就越低,最低可到气溶胶完全不起作用时的 4.6 左右。这一结论与

1982 年在北京的观测结果很一致。当然,具体每一次降水的 pH 值应根据当时的云高、云中含水量、大气中二氧化硫等微量气体和气溶胶的浓度及其随着降雨进程的变化来具体计算。根据观测结果,北京地区绝大多数降水的 pH 值在 5～7.8 之间,一次降水的降雨量在 3～10 mm 之间。pH 值最小的一次降水是在大雨之后紧接着的一次较小降水,其 pH 值为 5.23,非常接近含水量为 1 g·m^{-3} 的积雨云的云水 pH 值 5.24,这是因为连续两天的大雨把云下空气中的气溶胶几乎完全冲刷干净后,再降下的雨水的化学成分主要取决于云中过程。

当然,降水也会对二氧化硫等微量气体起冲刷作用,这种作用使大气二氧化硫等成分浓度下降,降水 pH 值应随雨量增大而上升,与气溶胶的作用相反,但是实际观测发现降水过程中大气二氧化硫浓度的变化没有气溶胶明显。因此,北京降水的 pH 值变化主要取决于气溶胶的冲刷过程。

（二）重庆的酸性降水与气溶胶

重庆市二氧化硫污染相当严重,大气二氧化硫浓度经常达到 50～100 μg·m^{-3},但是,重庆的气溶胶浓度要比北京低得多,特别是钙元素的浓度,北京是重庆的 4 倍。重庆气溶胶中钙元素浓度与其水溶液中的钙离子浓度大致相当,这是因为重庆气溶胶中的钙多以可溶性钙盐而不是氧化钙的形式存在。因此,重庆气溶胶的水溶液偏酸性,它不仅不能中和降水中微量气体形成的酸,反而使降水酸度更高。据观测,重庆气溶胶的水溶液是酸性的,特别是小粒子气溶胶的酸度相当高。重庆气溶胶水溶液中除了较大浓度的硫酸根离子外,还有硝酸根和氯离子,特别值得注意的是还有浓度相当高的氟离子。其阳离子主要是铵离子,钙离子浓度要比北京气溶胶低得多。

如果取重庆二氧化硫浓度为 50 μg·m^{-3},二氧化碳浓度为 330×10^{-6} 体积分数,氨气浓度为 5 μg·m^{-3},云中含水量取为 1 g·m^{-3},则雨量为 10 mm 时,若不考虑气溶胶的作用,降水 pH 值应是 4.4。由于降水进一步吸收了酸性气溶胶,降水 pH 值进一步下降。因此,重庆降水的酸度与雨量和雨强的关系应与北京相反,即雨量大时,由于降水对气溶胶和微量气体的冲刷及稀释作用,降水 pH 值应当升高;雨量越小,云中含水量越低,降水中微量气体和气溶胶物质浓度越高,降水的 pH 值也就越低。这些结论已被观测事实充分证明。观测实验还表明,重庆降水的 pH 值随降水进程的变化也没有北京显著,因为对降水 pH 值起决定作用的二氧化硫等微量气体的浓度在降水进程中的变化不太明显。

更有意义的是比较空中云水和地面雨水的酸度,在北京,云水 pH 值与重庆差不多,但由于雨滴收集碱性气溶胶而使地面雨水 pH 值升高。在重庆,雨滴进一步收集二氧化硫,而且雨滴中的二氧化硫在云下继续氧化转化成硫酸,收集的气溶胶又是偏酸性的,所以地面雨水 pH 值比云水的 pH 值更低。据观测,大多数情况下,重庆的雨水 pH 值均比云水低,后者的总平均 pH 值为 4.16,而前者则为 4.06。这一事实清楚地说明,在重庆地区,云下过程使降水进一步酸化。另外,重庆市区与郊区比较起来,云水的 pH 值相差不多,但市区雨水的 pH 值却明显低于郊区,原因是市区地表大气的二氧化硫浓度明显高于郊区。地面降水 pH 值与地表大气二氧化硫浓度的同步观测发现,当地表二氧化硫浓度高时,地面降水 pH 值就低,这说明二氧化硫对降水酸度起决定作用。另一方面,降水的 pH 值与地表气溶胶浓度之间不存在这种相关性。这也就是说,尽管重庆地区气溶胶的作用可能是使雨水进一步酸化的因素,但与大气二氧化硫比较起来,气溶胶的作用是第二位的。

应该看到,区域性酸雨的形成是诸多自然和人为因素综合作用的结果。区域性酸雨形成,一定量的排放源是必要的,但仅有排放源还是不够的。例如,我国二氧化硫和氮氧化物的最大排放源出现在黄海和渤海沿岸地区,而我国酸雨区主要分布在长江以南、四川及其以东地区,这说明,中国的酸雨区并不出现在排放强度最大的地区,而是出现在有一定排放源,并且各种自然条件都有利于酸雨形成的地区。我国长江以南地区的大气颗粒物酸化缓冲能力小,土壤呈酸性,湿度大,气温高,太阳辐射强度大,并有一定的前体物排放强度,这些因素都有助于降水酸化,所以该地区出现了区域性严重酸雨。北方地区虽然酸雨前体物排放强度大,但上述其他因素均不利于酸雨的形成,所以北方地区尚未出现区域性酸雨。但若排放强度仍高速度增长,北方地区夏季也可能出现酸性降水。

六、酸雨的危害及其防治

就世界范围而言,酸性降水是一种自然现象,而且分布面相当广。因此,要判定酸雨对大范围生态系统的影响不是一件容易的事。事实上,酸雨对生态环境的影响本身是非常复杂的,而生态环境的因子又是多方面的,其中有许多还是长效因子。根据对生态系统的直接观测所得到的结果很难判断酸雨所起的作用。在过去 30 多年里,人们也在可控制的小环境里或实验室里进行过一些模拟实验,就酸雨对生态环境的影响得出了一些有益的启示,概括起来有下列几个方面:

(1) 使淡水湖泊的水酸化,使湖水中的鱼类数量减少,有些鱼种甚至消失。据美国一些文献报导,美国纽约州的阿迪龙达克山脉的 214 个湖泊中,1975 年尚有一半以上湖水 pH 值低于 5.0,其中 82 个湖无鱼,至 1979 年,无鱼湖泊增至 200 个,而在 20 世纪 30 年代,这些湖泊中只有 4% 没有鱼。但问题在于,把湖泊中的鱼类减少归因于湖水酸化的证据显然不足。首先 30 年代有鱼时湖水的 pH 值是不知道的,1975—1979 年无鱼湖个数显著增多,但在此期间大多数湖水的 pH 值并无明显变化。近年来一些实验室研究表明,在 pH 值为 5 左右时,有些淡水鱼类的幼苗会受到损害,发育缓慢,而有些鱼类在 pH 值低到 4 左右时仍能正常生长发育。在 pH 为 5 左右时,大多数成鱼的生长不受影响。对鱼类生长威胁更大的环境条件是水中缺氧。淡水湖泊被有机物严重污染后,有机物的腐败造成水中二氧化碳过饱和而氧气严重不足,这将杀死大部分鱼类。这一机制已被证明是英国泰晤士河下游无鱼的主要原因。英国泰晤士河下游在明显治理了有机物的污染以后,一些失踪 30 多年的鱼类又回到伦敦地区水面。

(2) 影响土壤的理化特性,从而影响土壤中小动物和陆地绿色植物的生长发育。酸雨能够影响土壤中一些小动物和微生物家族的生长发育,从而改变了土壤的物理结构。酸性降水还可能使土壤释放出某些有害的化学成分,例如,2 价铝离子,从而危害植物根系的生长发育。从土壤中溶出的这种有害物质还会随径流流入河水、湖水,危及水生生物。酸性降水还能使某些植物生长所必须的养分溶出流走,降低土壤的肥力,影响农作物生长。当然,酸性土壤对土壤的影响首先取决于土壤原有的酸碱度。本来是酸性的土壤可能经不起酸雨的冲击,而本来是碱性的土壤却可能不怕酸雨对某些作物产生不利影响,而有些作物本身可能比较喜欢酸性土壤环境。还有人提出,酸雨中的主要成分硫酸铵和硝酸盐是有用的化学肥料。

酸雨还可能直接危害植物的叶子,影响农作物产量。有报导说,pH 值平均为 4.0 左右的降水可能对小麦和大豆的叶子造成危害。

(3) 影响森林生长。酸雨对森林生长的影响实际上是通过两条途径产生的,一是对土壤的影响,二是直接影响树木的叶子。酸雨本身可能并不会使乔木受损,但酸雨可能增加树木受病虫害袭击的机会。曾有报导说,1956—1965 年 10 a 间,酸雨使瑞典森林的生产能力降低了 2%～7%,使原西德南部森林大面积死亡。但是,最近几年的研究指出,欧洲森林生长率下降和部分地区森林死亡的主要原因可能不是酸雨,而是对流层大气臭氧浓度增加。

总之,关于酸雨对森林、农作物及其他陆地植物的危害至今尚无明确的结论,更没有定量的实验结果。

（4）对建筑物、文物金属材料的腐蚀作用。酸雨对大理石建筑物和大理石石雕文物的腐蚀作用有充分科学论据和确凿证据的事实。理论研究和实验都证明,含硫酸和硝酸的降水可使大理石迅速风化。酸雨使欧洲许多大理石建筑物和石雕迅速风化,近几十年的破坏超过了过去了几百年。威尼斯的大理石石造文物崩坏的主要原因也是大气污染和酸雨。据报载,美国自由女神的铜板表面也受到酸雨的侵蚀。被酸雨侵蚀变得不光滑的大理石表面容易吸附灰尘和二氧化硫等酸性气体,它们在空气湿度较大或有霜、露时会和大理石发生反应,使创面扩大,加速风化。

酸雨中的硫酸和硝酸可以与许多金属发生化学反应,例如铁、锌、铝等,酸雨对这些金属材料和建筑物的侵蚀是显而易见的。

（5）对人体健康的危害。酸雨中可能存在一些对人体有害的有机化合物。例如,日本发现酸雨中存在甲醛、丙烯醛等有机物。这些物质会刺激人的眼睛和皮肤。

酸雨中的酸性物质主要来自大气中的气相二氧化硫和氮氧化物。大气二氧化硫除自然来源外,与人为活动有关的源主要是煤燃烧。氮氧化物的人为来源主要是汽车和其他化石燃料的高温燃烧源。基于这样的认识,当前提出的防治酸雨的主要措施是控制二氧化硫和氮氧化物的人为排放。具体控制措施包括:节约能源,减少煤和其他化石燃料的使用量;对煤进行脱硫处理;采用新型燃烧器,改善燃烧条件;使用低硫燃料,或开发新能源以减少含硫量高的煤碳的燃烧;在汽车发动机上安装催化转化器以减少氮氧化物排放,等等。

第六节 降水中的放射性同位素

一、大气中的放射性同位素

大气中的放射性同位素包括两大类,一类是自然的,另一类是人为活动(主要是核爆炸)产生的。

大气中自然产生的放射性同位素主要是地壳释放的氡和钍、宇宙射线与大气成分相互作用产生的放射性同位素和氚。氡和钍是地壳中的产物。它们在地壳中形成以后,储积在岩层和土壤中,然后经过分子扩散或其他过程进入大气层。氡进入大气后立即衰变放射 α 粒子产生重金属元素。这些重金属元素可能仍然有放射性,它们可继续衰变。衰变产物很快粘附于大气气溶胶粒子上,最后连同气溶胶粒子一起被干、湿沉降过程带回地表。土壤空气中氡的浓度变化范围很大,平均每立方厘米的空气中有 2 300 个原子。从土壤向大气的氡排放率也有很大范围,平均每秒钟从每平方厘米的土壤表面排放 0.71 个原子。在近面大气中,氡的浓度因土壤排放率的不同和大气环境条件的差异而存在巨大的地区差异。一般来说,陆地上空的浓度比海洋上空高,北半球浓度比南半球高。在北半球大陆上空,每立方厘米的近地面大气中有 1.23～5.88 个氡原子,而北半球海洋上空,每立方厘米的大气中只有 0.0088～0.053 个氡原子,不足北半球大陆上空的 1/100。在南美大陆上,每立方厘米的大气有 0.53~1.23 个氡原子,而极地大陆上却只有 0.0035~0.035 个。

宇宙射线与大气成分进行核反应可产生放射性同位素。宇宙射线与大气成分的核反应过程非常复杂,与大气中的氮和氧进行核反应主要形成氚、铍-7、铍-10 和碳-14,与大气中的氩反应主要形成硅-32、磷-32 和硫-35。宇宙射线实际上是高能粒子流,到达地球大气的高能粒子主要是质子,另外还有少量中子、氦及其他较重的原子核。这些粒子与大气中的气体分子或气溶胶粒子相碰撞有可能发生核反应产生放射性同位素。例如,中子流与大气氮分子碰撞,可能生成放射性碳原子和质子,氦核(α 粒子)与大气氮分子和气溶胶粒子碰撞可生成氧同位素、质子、中子、硅同位素等。实际大气中,发生的宇宙射线与大气成分的核反应还很多,这里不一一介绍。

除了上述自然产生的放射性同位素外,大气中还存在许多人为造成的放射性同位素,这主要是与原子能利用有关的核反应所产生的放射性尘埃。20 世纪 50 年代和 60 年代,在大气层中的核实验以及近几年发生的一些核反应堆事故是其中两项最主要的来源。

放射性同位素是很危险的大气污染物之一。浓度很低的放射性同位素就能造成严重的危害。例如,每立方米大气中的放射性铅含量超过百万分之一微克时,就会对人体造成危害,而大气中稳定性铅的含量却允许达到 $100~\mu g \cdot m^{-3}$。

二、降水中的放射性同位素

大气中的许多放射性同位素可能很快附着于气溶胶粒子上或本身原来就存在于气溶胶粒子之中。它们在大气中自发放射逐渐转变为稳定同位素。但大部分将被雨滴吸收带到地面。因此,降水中存在许多放射性同位素。

氡在大气中衰变较快。所以它在降水中的含量较低,但氡的衰变产物,如铅-210、铋-210 和钋-210 却有较长的寿命,是降水中的重要放射性物质。这些物质一般都附着在气溶胶上,被雨滴清除以前在大气中随气流运动。从氡的释放源开始,测量这些物质的水平和垂直浓度分布是追踪大气运动的行之有效的方法,为此,需要知道它们的衰变过程。铅-210 放射 β 射线而衰变,半衰期为 21.4 a,铋-210 也放射 β 线,半衰期 5d(天),钋-210 放射 β 射线,半衰期 138.4 d。

降水中铅-210 的浓度与氡的来源有密切关系。北半球降水中铅-210 浓度较高,大约是每升 0.0888 βq(βq 是放射强度单位,常用来度量放射性物质的浓度,1 βq 等于每秒钟衰变 1 次),南半球浓度较低。

氚是重要的放射性同位素,其半衰期为 12.26 a。通常以重水形式存在,参与自然界的水循环。自然界的氚是宇宙射线与大气氮和氧反应的产物。大气中的核实验大大增加了降水中氚的浓度,大气层中的核实验停止以后,降水中氚的浓度又逐渐下降。据有关测量资料,20 世纪 60 年代初期降水中氚的浓度大约是现在浓度的 20 倍。当然,降水中氚的浓度也有明显的空间变化,高纬度地区的浓度比低纬度地区高,陆地上比海洋上高。

第八章 地球系统科学和全球大气化学

第一节 地球系统科学

一、地球系统科学的产生

20 世纪 80 年代是人类历史上科学技术发展最迅速的年代。人类关于大自然的知识可以说是日新月异。科学家们已有能力探索物质的基本粒子的结构,即将揭开生命的奥秘和宇宙的起源。

在 80 年代,人类对于地球的物理、化学和生物过程的认识有了长足的进步。已经基本认识了地球的历史,掌握了地球内部结构及其各部分发展变化的基本规律,已有可能探索人类活动对地球的影响及其未来的发展趋势。

在此以前,人类对于地球的研究可以化分为两个方面,一方面是把地球作为一个行星来加以研究,另一方面是为了人类生活的实际需要而研究地球的各个不同侧面,这就逐渐形成了地学的各个分支学科,如气象学、地理学、地质学、海洋学、地球物理和地球化学以及天文学等。

80 年代,有三个重大的发展使我们以一种全新的观点来看待地球,并把它当作一个完整的系统来研究。第一个重大发展是地学许多学科已相继成熟,使人们认识到各分支学科之间的紧密联系和相互依赖。任何一个分支学科的进一步发展都需要其他分支学科的科学家的贡献。例如,海洋学的继续发展需要对海-气相互作用、极冰的影响以及海洋生物的分布和生产力等方面有更完整的知识;大气科学某些方面前进的关键在于更好地认识全球生物圈(包括人类自身)在地球生物化学循环中的作用以及火山喷发对大气的扰动,而对火山喷发活动的深入认识只能靠对地壳运动和地幔波动的深入研究来实现;要进一步了解气候,实际上需要有对地学所有分支的进一步的知识。第二个重大发展是空间观测技术被广泛地应用于地学的各个领域,以至现在能够从空间观测地球的全貌。第三项重大发展是逐渐认识到人类自身的活动对人类居住的行星的巨大影响。人类自身已经不是地球演化的旁观者,而已经变成了地球系统的一部分,成了地球系统变化的一个推动力。诚然,千年、万年以上时间尺度的变化是自然力造成的地球自身的演变,但在 $10 \sim 100$ a 时间尺度上,人类活动却成了全球变化的原动力之一。已经和正在改变着全球的气候,改变着全球生物圈。为了认识我们自己行为的后果,必须首先认识地球系统本身的变化规律。

由地学各学科的成熟,空间观测地球全貌以及认识到人类活动能够引起全球尺度的变化三者结合起来产生了研究地球的一个新方法,即地球系统科学。地球系统科学研究的内容是一组紧密联系在一起的相互影响、相互依赖的过程。也就是说,地球系统科学强调对各个部分之间相互作用的深入认识。地球系统科学将利用全球观测技术、概念模型、过程模型和数值模式来研究地球的历史演化和全球尺度的未来变化。

从地球系统科学的观点来看,地球的各个部分是以一定方式联结在一起的一个整体,各个部分统一协调地一起运动。海洋、冰层、大气、陆地以及生物圈之间的相互作用是非常明显、非常复杂的,它们在地球的整体行为中的作用是巨大的。这些子系统内部及它们之间的能量和物质的输送和转化是全球尺度的过程,而且有各种不同的时间尺度。

地球系统的复杂性要求各领域的专家们通力合作。全球尺度的变化要求各国科学家们的合作研究。地球系统科学研究势必涉及传统的地学各学科,并且将会创造出一些新的学科。地球系统科学并不排斥地学各领域的专题研究,而是要把各专题研究的成果组织成为一个整体。

从根本上说,地球可以被认为是由两个巨大的机器组成的:一个是内部机器,它由辐射过程和地心内部的热力驱动,产生全球的复杂地形,保持着这个运动的星体;另一个是外部机器,它由太阳能驱动,保持着地表的风化和沉降过程、大气和生物圈的运动以及海洋内部的运动。但是,内部的和外部的系统之间也存在着很复杂的相互作用。例如,在岩石圈板块交界处地球内部运动形成山脊的过程以及其后的风化侵蚀引起的沉积物再循环过程就体现了地球内部运动和大气运动之间的相互作用,地球上的径流系统看起来好像只涉及江、河、湖、海和土壤,但它实际上包含了固体地球、大气、海洋的交界处及它们内部的复杂过程,而且生物过程也是不容忽视的。

全球尺度变化有很宽的时间跨度。首先,固体地球结构的演化、大气和海洋的形成和它们的化学组成演化,以及生命的起源等都是由百万年甚至更长时间尺度的过程决定的。这类过程还包括地壳的运动和冰期波动。数十到数百年时间尺度的变化主要表现在物理气候系统的变化及其与生物圈及地球生物化学循环过程的相互作用。这包括养分的再循环过程,大气中影响气候的微量成分的平衡和变化过程,生物的全球分布及温度和水分在决定这种分布中所起的作用。在这一时间尺度上,自然的变化对人类有重大影响,人类活动也可能明显影响全球尺度的过程。更短时间尺度的过程(10 a甚至更短)也对地球的演化有贡献。这类过程包括大气和海洋内部的能流、动量流和物质流以及这些流对陆地表面和植被的影响。这些过程能够产生日、月、季和数年时间尺度的气候和生物化学变化。这些流的变化所造成的大气和海洋的运动和热力结构的不规则年际波动可能对地球的较长时间尺度的演变有贡献。

地球系统的各个部分之间的关系以及不同时间尺度的过程之间的联系都是非线性的。因此,每一个部分的各种时间尺度的变化都将逐渐影响到其他部分和其他时间尺度的变化。比如说,在一个板块边界上,给定部位的地震能的重复释放将造成数秒时间尺度的地震。火山爆发的局地影响是在数小时到几天的时间尺度上发生的,它的大范围影响可能在数月、甚至几年以后才起作用。但是,地震和火山爆发这类短时间的猛烈突发事件是地球系统内部许多很长时间尺度的过程长期作用的结果。

很显然,要彻底认识这样一个复杂的地球,必须综合研究地球上发生的各种时间尺度的过程。这就需要一门把地学各学科集中在一起的新学问——地球系统科学。

二、几千年到几百万年时间尺度的全球变化

在几千年到几百万年的时间尺度上,地球是在内应力和外应力的共同作用下变动的。内能驱动的系统有两个,一个是在固体地球深处的地心-地幔系统,一个是在地壳浅层的板块系统。这两个系统的相互作用主要是通过物质转换过程,地幔产生板块材料,这些材料又在板块的辐合边界上转化回地幔,这一过程及其他类似的过程从地球生成起就一直起作用。但是在地球发展史的最初阶段内,是另外一些过程建立了地球的基本框架,它们对其后的发展也存在重大影响。在这一时期,地球系统的基本组成部分(包括地核、地幔、地壳、海洋和大气及生物圈)已经初步形成。

地球的内部驱动系统产生了地球的地形、地貌,包括海底山脊和盆地、陆地的山脉和平原。通过地形的改变可看出地球系统的内部驱动系统和外部驱动系统的相互作用。此过程可以分为两类,在海面以上主要是风化和侵蚀过程,这主要是岩石与大气和地表水的相互作用;在海面以下主要发生在海洋内部。海洋内部完整地记录了 2 亿年以来的地球发展史,而陆地上的记录可延伸到 3.8 亿年以前,但不像海洋记录那么清楚。通过对海床上的一些特定地点的钻探可以研究地球轨道参数的变化对气候的影响;通过对大陆上岩石分布的勘察能够确定历史上冰帽、沙漠和植被的分布范围。上述这种地质记录的研究是了解地球的历史,认识地球系统的长时间尺度过程的主要方法。化石记录揭示出,生物演化过程并非是连续的平稳的,而是经历了许多突发的猛烈事变。关于这些突发事变的起因至今仍有争议。不管事变的起因是什么,一些物种因经受不住事变的袭击而消失了,另一些新的物种在事变后的新环境中产生了。研究和认识这些事变的原因有助于认识地球上生命的发展史和制约因素。

(一)地球形成之初的过程

在地球形成之初的几亿年里,变化是相当剧烈的。在这一阶段,地球取得了其基本的化学组成,分成了地核、地幔、岩石圈、水圈、生物圈和大气圈等主要的子系统。这些子系统仍然保留了地球早期的组分印记。因此,关于它们现在的动力学的概念必须考虑它们形成时的条件。就是说,为了认识地球系统的总体特征,特别是它的几个主要子系统之间的相互作用,必须认识这些子系统从地球形成之初直到子系统完全确立这整个过程的发展史。

地球最早产生于太阳的星云。太阳星云崩溃的不同物理化学条件导致了不同行星的产生。不同行星的化学组分和同位素成分是差别很大的,必须把这种差别区分为行星形成之初就有的和在以后的发展演化中产生的。与地球早期形成过程有关的重要问题是星云崩溃和聚合的速率,这决定于其形成时的温度。这个问题很关键,因为它与后来的物质挥发、大气的早期变化以及表面上的氧化状态等问题密切相关。它还涉及到地核的形成过程,地核可能在地球形成的最初阶段和行星最早的化学分离时就已形成。

月球的产生也与地球早期的分离和发展问题紧密相联。如果月球是由地球产生的,那末月球是怎样携带密度较小的物质离开地球的呢?研究回答这一问题无疑将有助于认识地球系统的全貌。

地球化学研究已经证明,大陆物质的大部分是在地球演化的早期由地幔物质分离出来的。但是,这种分离经历了多长时间仍然是一个问题。这一问题的存在导致了其他一系列问题。比如,地幔物质分离在多大程度上现在仍在发生?大陆的化学、物理演化如何随着时间的推移而变化?早期海盆是怎样形成的?它们的范围有多大?等等。所有这些问题显然都与地球早期的历史这一基本课题有关。这一课题的基本研究内容是大气圈、水圈和生物圈的形成过程。已经知道生物圈在其长期演化过程中发生了巨大的变化,对生物圈的起源也有相当深入的认识。但关于水圈和气圈最初是怎样由构成地球的浓缩的物质中产生出来以及它们在演化过程中发生过多大程度的变化这样两个问题却还认识不够。初期的挥发性气体是否在目前仍由地幔不断产生并影响大气圈和水圈呢?这些都是非常重要的亟待回答的问题。只有解决了这些问题才有可能深刻认识地球系统的过去和现在。

（二）地核和地幔中的过程

地球的准固体地幔与地球的三个流体系统接壤，这三个流体系统是大陆上的空气、海床上的水和地核-地幔交界处的熔融态离子合金。地核-地幔交界处恰好是地球中心到地表的中点，因此，地核因离地表太远而难以对地表和生物圈产生直接影响，但是，地核能够通过各种方式影响地球系统的其他部分。地核对地球其他部分的影响主要是通过其磁场和热力过程起作用。地核的磁场很容易穿过地幔进入海洋、大气甚至外部空间；地核的热通过对流和传导过程向地幔的下层输送；地核中的流体存在涌升流和下沉流，这种流动产生电流和磁场，并造成热量的对流输送。

地核对地幔的直接影响有两种方式。首先是它向地幔输送热量，其次是对地幔施加一个机械扭力。前者驱动地幔深处的热对流，后者影响地球自转速率，即 1 d 的时间长度。当然大气的运动也对日长度有一定影响。

尽管对地核内磁场和热对流与其中流体的对流运动的关系已有大体的认识，但是还不清楚流体动能转化成磁能的物理机制，也不知道地核深处的流体流动状态和磁场分布状态。

地幔中发生的过程主要是热量输送、对流运动以及化学组成变异和物质重新混合。地震观测已经证实，上述这些物理过程只有少部分是由于地幔物质密度的分布不均驱动的。地幔中物质密度的分布不均可能造成时间尺度为数千万年到 1 亿年的热量流和物质流。地幔中物质密度也会随时间变化，这种变化可能是地幔温度和化学组成变化的反映，也可能起因于部分物质融化造成的物理状态变化。地幔物质密度的变化可造成地球重力场的变化和地幔内部应力的变化，这将引起地幔局部形变和流动。

地幔内部对流流动的范围仍然是一个问题。这种流可能局限于某些特定化学成分的地层中。这些分离的层可能成为某些化学成分或同位素成分的贮库。这一分层对流系统的稳定性取决于热力和化学物质密度变化的相对幅度、变化自身的幅度以及它们与特定物质的关系。地幔应力与形变之间的关系能够提供一些关于引起流动的驱动力与流动和形变速率之间的关系的某些信息。这种关系随深度的变化及其对应力、压力、温度、化学组成以及物态的依从性决定了流动的速率和流型以及引起地壳构造形变力的大小。

（三）板块构造——地球表面层的过程

根据板块构造理论，地球的表层是由少数几块准刚性的"板块"组成的，这些"板块"在不停地相对运动。大陆板块与海洋板块明显不同，海洋板块是由地幔涌升的熔岩冷却形成的，它们由海洋中的某一中心散布开来，最终又潜没在地幔之中。这种全球尺度的物理过程是板块交界处的大量地震火山喷发的成因。板块运动的另一结果是大陆的衔接和分离。板块相对运动的速率变化很大，变化范围是每年 0～20 cm。板块运动的平均速率可以由海床上的磁场异常和地磁场极化率的变化间接推算出来。但是，这样得到的是过去几百万年的运动速率的平均值。实际上运动是阵发性的。现在已能通过卫星直接测量板块的即时运动，这就有可能判断板块运动速率随时间的变化。

为了进一步了解全球地表的构造过程，必须直接测量地球板块构造的稳定部分之间的相对运动速率，检验板块的短期运动速率与长期运动速率是否相等，还需要确定板块边界上突发断裂的影响消失并产生稳定运动所需的时间。

地表层的变形和运动可能与地幔中的运动有一定关系。为了建立这种关系，需要在地球的几个主要地震带（板块边界）上测量地壳形变随时间的变化速率。大地震发生以后往往在一定范围内产生持续数年的地壳形变。这种震后形变可能与地壳和地幔的粘滞特性有关。

由较轻的岩石构成、在密度较大的地幔上"漂浮"的大陆,其构成和破坏的时间尺度可能比地壳形成的时间尺度还要长。为了了解大陆的形成过程,需要解决几个板块边界结构的基本问题,例如岛弧结构的基本特征问题,在辐合边界上的山脉形成问题以及大陆地壳的增长问题,等等。

板块内部的形变是固体地球动力学中的一个重要过程。大陆的某些部分大范围缓慢隆起形成高原,有些部分下沉形成内陆盆地。板块内这种缓慢而长时间的连续垂直运动的起因以及它们与板块边界上力的关系至今尚未被认识清楚。

断裂带是地球表面的另一种基本的构造,但对断裂动力学也知之甚少。断裂带的成因、发展变化的驱动力及其对断裂带演化的作用等都有待进一步研究。

(四)太阳能驱动的过程

固体地球的大部分被沉积岩所覆盖。对人类生活的实际需要来说,这一层是最重要的。沉积岩层记录了地壳的变迁和影响地表植物区系、动物区系、大气、海洋及气候变迁的一系列重大事件。沉积岩层的所有部分都曾经历过重大的变化,如热带丛林变成了煤沉积层,山脉边缘逐步形成砾石,在深海形成石灰石以及简单有机体演化成复杂生物等。所有这些都记录着太阳驱动的侵蚀、沉积过程及大气和海洋的变化。

了解沉积盆地的成因和演化对于认识石油形成过程、蓄水层的水贮量和水转化以及地面上发生的其他过程都很重要。地球内部的过程是产生地表复杂地形的主要原因之一。这种复杂的地形又对沉积岩的侵蚀和沉积有重要影响。沉积矿床的大小和种类及其物理、化学特性都与地形有关。全球气候分布型、植被分布、土壤的形成和发展及其深度和种类等都受地形的影响,地形对气候的影响又间接地影响地表的其他过程。例如,山脉的冰蚀产生冰碛沉积,在沙漠的下风方向产生黄土,热带雨林产生红壤等过程都与气候有关。为了认识这些过程以及它们的相互作用,必须研究过去和现在的地貌、气候和沉积物之间的关系,在这方面,第四纪侵蚀和沉积记录可能是很有用的,它反映了上述过程的复杂相互作用和非线性响应。上述这些地核中的、地幔中的、地球表层的和与太阳活动有关的过程都是全球尺度的缓慢变化过程。它们曾经是地学各相关领域的研究对象。新的地球系统科学的任务就是要用整体地球的观点认识这些过程,并着重研究它们之间的相互作用。

三、几十到几百年时间尺度的全球变化

为了认识这类较短时间尺度的全球变化,需要一种系统学方法。这里着重研究的是整个系统的两个重要组成部分之间的相互作用。这两个部分是物理气候系统和生物地球化学循环系统。这两个系统被全球的水分(以水汽、液态水和冰的形式存在)和微量气体紧紧地联系在一起。几十到几百年时间尺度的全球变化实际上是由更短时间尺度的过程及其相互作用产生的,而且它们可能导致更长时间尺度的过程及其相互作用。对于更长时间尺度的过程,几十到几百年时间尺度的变化可以看成是初始条件或边界条件。

物理气候系统把大气过程和海洋过程联结在一起,它控制着温度和降水在地球表面的分布以及太阳加热和冰雪覆盖的变化所产生的运动。生物地球化学循环实质上是重要元素(如碳、氮、硫、磷等)通过全球环境的流动及其对全球生物和气候的影响。这一子系统通过各种方式与物理气候系统联系起来,例如,大气、河流和海洋是许多化学成分在不同地区、不同生态系

统之间输送的媒介,它们控制着生物生活的环境。另一方面,大气中的某些成分(尽管其含量甚微)对通过大气的辐射具有非常大的作用,并且对物理气候系统有巨大的反馈作用。此外,植被的变化对水的贮存和地面太阳辐射的吸收有重要影响,也构成对气候系统的反馈过程。对过去的气候、植被分布和海洋浮游生物的研究将有助于对物理气候系统和生物地球化学循环的认识。

(一)物理气候系统

大气是整个物理气候系统的主机。太阳辐射穿过大气加热地表(陆地和海洋),产生空气对流,对流又把热量向上输送到 $10\sim20$ km 高度的对流层顶。赤道附近的热平衡温度要比两极地区高,所以从赤道到两极的温度梯度将会产生一个环流将热能从赤道向两极输送,这将使温度梯度减小,极地温度升高。对这一过程的重要修正是周期性季节变化,它造成陆地和浅海热量贮存的暂时差异。另一项修正是海流,海流对热量的极向输送和全球重新分布起着重要作用。入射太阳辐射被云、冰和雪反射回外部空间也对能量重新分配起重要作用。上述这些过程的平衡及影响气候的一些反馈机制构成了物理气候系统。

在讨论物理气候系统时,有必要区分由上述过程的内部动力产生波动的那些变量以及可当做外部参数处理的变量。对地表温度起决定性作用的因子是大气微量气体(主要是水汽、二氧化碳、甲烷、氧化亚氮、臭氧等)对地表长波辐射的吸收。通常都把水汽的吸收作为内部变量,二氧化碳、甲烷和氧化亚氮的吸收作为外部变量,臭氧的吸收可作为内部变量,也可作为外部变量。对流层中水汽的分布主要受物理过程控制。二氧化碳、甲烷和氧化亚氮常被称为温室效应气体,它们寿命很长,在大气中可以被认为是均匀分布的,其浓度取决于地-气交换过程和全球尺度的化学反应。臭氧的主要源是在平流层大气中太阳紫外辐射与氧气的相互作用,其汇主要是较低层大气中的复杂化学过程。因而臭氧在平流层中的浓度取决于光化学平衡,而在较低层大气中还取决于大气环流。物理气候系统的其他重要外部变量还有太阳辐射和气溶胶注入(如火山喷发)。温度、风向和风速、云量、海冰和海洋环流参数都是内部变量。

陆地上大范围的冰被和冰川的生长与消失需要几千年的时间,所以,对于短时间尺度的问题,它们可以被当做恒定的输入变量。但是,在全球变暖的条件下某些陆冰有可能变得不稳定。

(二)生物地球化学循环

生物地球化学循环过程发生在地球表面的薄薄一层中,这一层常被称为生物圈。整个过程中最重要的是水份循环。生物体吸收大气二氧化碳产生有机体,而后有机体(活的和死的)连续不断地被氧化产生二氧化碳和能量。但是,物质在生物体中的运动还包括许多其他元素,如氮、磷、硫等。在地球上的任一特定地点,可能有一种或几种元素是生态系统发展的限制因子。例如,氮的补给可限制海洋生物过程的发展;在陆地上的干旱地带,水份供给量决定了生物的发展;在陆地土壤、湖泊和近海海域中,氮和钾常成为限制因子,氮和钾除了小量被贮存在长寿植物、土壤有机物和深水及海底沉淀物中以外,生态系统中的生产和分解过程很快地使这些养分循环。一个生态系统中物种构成的变化和每一物种的生长速率取决于养分的供给,并受到外部变量影响。这里所说的外部变量主要是与太阳辐射强度和物理气候系统有关的温度、降水、风和大气二氧化碳浓度等。

上述生物地球化学系统综合了地球上的物理过程、化学过程、地质过程和生物过程,成为地球系统科学的核心。

与生物地球化学循环过程的变化有密切关系的是生物数量的变化,以及生态系统中物种构成的变化。尽管生态系统的这种变化并非是新事物,但是最近几十年的变化加速了,而且这种加速变化显然与人类活动有关。如果想要保持地球的这一独一无二的环境,必须首先认识自然生物体系在保持全球环境平衡中所起的作用,然后再去认识为了保持适合人类生活的环境,自然的和人为的生态系统所必须具有的基本结构和功能。

人类利用科学和技术相当成功地增加了食品产量以满足人口急剧增长的需要。但是现在面临的严重问题是,如果世界人口继续快速增长下去,人类是否有能力既满足自己对食品和能源的需要又能不破坏地球系统的微妙平衡以保持这个适于人类生存的环境。为了回答这个问题,对生物地球化学循环过程的深入研究是至关重要的。主要研究课题是:生物地球化学循环过程的现状,这些过程在人类影响以前的自然状态,这些过程的未来发展趋势以及人类如何才能保证这些循环朝着人们希望的方向发展。

综上所述,地球从几十到几百年时间尺度的变化与人类自身的活动有密切关系。工业革命以来,人类活动大大加速了这种变化的进程或改变了自然变化的速率甚至方向。人类正面临着严重的挑战,人口增长和社会发展与保护环境之间已经形成了尖锐的矛盾。人类对自己赖以生存的环境的破坏已经从局地和区域范围扩大到全球范围。人类迫切需要知道未来几十年到几百年以后的环境将会是什么样子,人类是否可能对环境造成不可挽救的破坏。鉴于全球变化问题的重要性和迫切性,国际科联于 1986 年组织了一个国际全球变化研究计划。因为这个计划的重点是了解人类活动对全球变化的影响,研究的重点是地球表层和生物圈,所以这个研究计划被定名为国际地圈-生物圈计划(IGBP)。计划的重点是与几十到几百年时间尺度的全球变化有关的所有物理过程和生物地球化学反馈。因为从地球系统科学的观点来看,几十到几百年时间尺度的全球变化与更长时间尺度的变化是密切相关的,国际地圈-生物圈计划也将研究更长时间尺度的过程,特别是根据地质和历史记录研究整个地球系统的现在状态在其长期演变过程中的位置。

国际地圈-生物圈计划的一个最重要的内容是研究物理气候系统与生物地球化学循环之间的关系。大气是这整个链条上最活跃的一环,对于几十到几百年时间尺度的全球变化又是最重要的一环,全球大气化学研究计划成了国际地圈-生物圈计划的核心计划和最早成熟并优先发展的计划。

第二节 大气化学研究的进展与展望

一、美国的全球大气化学研究计划

(一)计划的产生过程

对大气化学过程的深入研究使我们了解到地球大气是一个不断变化的复杂化学体系。由于大气是一个超级流体,大气自身的一切变化显然都与全球尺度过程有关,人类活动的贡献也很容易越过国界成为全球范围的问题。因此,对大气化学来说,把整个地球大气作为一个整体加以研究比地学其他领域显得更为重要。因此,早在 1982 年初,美国的一些大气化学家就向美国国家科学研究委员会提出了制定全球大气化学研究计划的必要性和可能性。响应科学家的呼吁,美国国家科学研究委员会于 1982 年夏天组建了"全球对流层大气化学小组委员会",其任务是:

(1)评价进行全球性对流层大气化学研究的必要性；

(2)充分考虑到现行的和将要执行的与大气化学研究有关的国家级计划,研究制定综合性研究计划的宏观策略；

(3)评价执行一个全球性研究计划所需要的理论知识、数值模拟能力、地面观测技术、空间观测技术、观测仪器和观测平台等；

(4)提出能有效地利用现有人力、财力、设备的组织协调方式。

这个小组从成立之日起立即投入工作,经过两年多的时间于 1984 年 10 月写出了一个题名为"全球对流层化学——一个行动计划"的报告。这个报告分成两部分,第一部分全面评价了现有的大气化学知识,认为一个综合性的全球性研究计划对于大气化学的发展是十分必要的,条件也已成熟；第二部分提出了全球对流层大气化学研究计划的要点。这个报告在世界各国大气科学界引起了强烈反响。于是,美国国家科学研究委员会决定研究制定更详细的计划,确定优先研究的课题、概算费用、评估现有的技术力量和研究条件以及使这个计划成为国际计划的可能性。为此,成立了"全球对流层大气化学研究计划专家委员会",下设 5 个专家工作组,以美国专家为主吸收其他各国著名专家参加。

专家工作组的任务是：

(1)重新审查 1984 年 10 月报告中提出的研究目的和研究内容；

(2)确定各主要研究领域内近期所必须进行的和可能进行的研究课题；

(3)估计每一研究课题所必须的费用和仪器设备；

(4)估计阻碍计划进行的不利因素,包括资金、仪器和人才贮备等；

(5)制定各课题的初步实施计划。

1985 年 4 月在美国召开了一次有 100 多位著名大气科学家参加的大型国际会议。会议讨论了 5 个专家工作组提出的计划草案和有关的调查报告,会后各专家组又分别对自己提出的草案进行了修改,向专家委员会提交了分报告。最后于 1986 年底提出了一个"全球对流层大气化学——美国的研究计划"。

(二)研究计划的最终目标

美国研究计划最近 6～10 年的总目标是：观测、研究、认识从而能够预测全球大气化学成分在下世纪的变化,特别是那些能影响大气的氧化能力和辐射特征的变化和影响生物地球化学循环的大气成分的变化。

确定这样一个目标的原因是,观测事实已经证明有几种对辐射过程和化学过程非常重要的大气化学成分正在发生全球尺度的变化,这种变化将导致全球气候变化和地表紫外辐射强度的变化。为了能预测下世纪全球大气成分的变化,必须在 2000 年以前充分认识控制大气成分浓度变化的生物过程和化学过程以及人类活动的影响。

为了达到这样一个总目标,需要在下列 5 个不同的但又相互关联的领域进行深入的研究：

(1)大气微量成分的全球分布和浓度变化；

(2)大气成分的源,包括生物源、非生物源和人为源；

(3)大气中的气相均相化学和光化学过程；

(4)大气中的非均相化学过程；

(5)生物地球化学循环概念模型、过程模型和数值模式的研究。

除了上述 5 个领域外,对流层大气化学过程还通过各种方式与陆地、海洋的化学过程和生物过程紧密相联,通过能量和物质交换过程与平流层大气联系在一起。

(三)研究内容和要解决的科学问题

研究计划总报告中详细列举了 5 个研究领域中的主要科学问题以及为解决这些问题所必须进行的研究工作,并根据各研究领域的主要科学问题提出了全球对流层大气化学优先发展的总体计划,确定了重点研究课题。这组重点研究课题是各领域提出的重要研究课题中的一部分,代表着总体规划中需要优先考虑的部分。在选择确定这组重点研究课题时优先考虑了那些与全球尺度研究直接有关的和可望在最近 10 年内取得成果的课题,同时也考虑到了 5 个研究领域的平衡发展。

1. 大气微量成分的全球分布和浓度变化

根据正在进行的"观测大气成分全球分布和浓度变化趋势"研究计划,并考虑到预期在不久的将来就能付诸使用的观测技术(包括空间观测技术),在这一领域优先进行的重点课题是:

(1)维持并扩充美国已有的两个实时、高重复频率的地面监测网,以取得全球大气化学成分浓度分布和变化的长期监测资料。这两个监测网应当相互独立,要有一个共同的站经常进行相互比较观测。各监测站监测的化学成分应包括二氧化碳(CO_2)、甲烷(CH_4)、氧化亚氮(N_2O)、氟利昂($CFCl_3$,CF_2Cl_2,CH_3CCl_3,CCl_4)和气溶胶。所有监测站除连续进行地面观测外,还应定时进行大气成分浓度垂直分布的观测。

(2)维持并扩充已有的几个由一些气体和气溶胶采样点组成的监测网,以取得各种微量气体和气溶胶粒子的全球分布资料。现有的气体采样网点应扩大到南半球,并应在前面的连续监测站网中的某些站进行采样以作比较。还要在海洋上建立一些船载采样站,以弥补海岛采样站的分布不均和密度不够,对采样站收集的样品应尽量多分析一些化学成分,至少应包括第一类连续监测站网观测的所有成分。现有的气溶胶采样网点应当增加,以扩大覆盖的地理区域,并且要适当地增加采样频率。应当尽量采取气体采样和气溶胶采样在同一地点、同一时间同步进行,并且把资料放在一起分析以最大限度地抽取有用的科学信息。

(3)研制能测量全球对流层一氧化碳浓度的卫星观测仪器,其垂直分辨率至少应达到 3 km。这种仪器应争取安装在 90 年代初期发射的 NOAA 极轨卫星上。更长远的目标是研制能测量对流层 O_3、对流层上部的水汽、以及大陆烟羽区和强雷暴活动区的氮氧化物的卫星观测仪器。

2. 大气成分的源

许多大气微量成分都有地表源(包括生物圈和人为活动),它们的大气浓度变化在很大程度上取决于这些源的变化。因此,地-气交换过程的研究是大气化学研究的核心。在研究交换过程时,应当特别注意那些决定大气成分浓度和地-气交换通量的生物过程和地表过程。这一领域的重点研究课题是:

(1)观测研究特定地区关键化学成分的地-气交换通量。这些地区包括热带干、湿陆地,某些特定的农业地区,海洋,大面积砍伐和燃烧植被的地区以及极地附近的大陆。关键化学成分包括甲烷(CH_4)及其他碳氢化合物(即非甲烷烃 NMHC)、一氧化碳(CO)、二氧化碳(CO_2)、重要的醛类和酮类、氮氧化物(NO_x)、有机硝酸盐、硝酸盐、酸类、氧化亚氮(N_2O)、氨(NH_3)、硫化氢(H_2S)、二氧化硫(SO_2)、氧硫化碳(COS)、二硫化碳(CS_2)、臭氧(O_3)和双氧水(H_2O_2)等等。

(2)确定典型地区(包括热带森林、草原、苔原和海洋)控制上述化学成分生物排放和吸收的环境因子,进而确定其控制过程和控制机制。

3. 大气中的气相均相化学和光化学过程

这一领域的主要科学问题是要更好地认识对流层大气中的基本氧化过程。现代气相光化学理论指出,氢氧自由基(OH)、臭氧(O₃)及其他单氢过氧自由基(如 HO₂)在氧化过程中起着核心作用,这一结论尚待进一步通过广泛的野外测量和实验室实验来验证,以求证实、否定或修改。这一领域的重点研究课题是:

(1)通过野外观测确定在对流层大气中大气微量成分被短寿命自由基氧化的大气氧化速率。其中最重要的是与 OH 自由基有关的氧化过程。

(2)通过野外观测认识臭氧(O₃)产生和清除的关键过程。为了验证现有的理论,需要观测的关键化学成分是臭氧、二氧化氮(NO₂)、硝酸气(HNO₃)、过氧乙酰硝酸酯(PAN)、氨(NH₃)、有机胺、一氧化碳(CO)、甲烷(CH₄)及其他碳氢化合物。

(3)通过实验室研究认识饱和烃、未饱和烃(烯类、萜烯类)的氧化机制和氧化的化学反应动力学。此外,还要通过实验确定氯自由基和过氧自由基以及三氧化氮(NO₃)等成分的有关化学反应的化学动力学因子。

4. 大气中的非均相化学过程

大气中的液体或固体粒子在大气的总体氧化过程中起着重要作用,这些粒子可能是发生化学反应的场所,也可能是某些气体的源或汇。大气中的粒子还在干、湿沉降过程和云的形成过程中起重要作用。粒子还对地球系统的辐射收支起着重要作用。这一多相体系的研究领域中的重点课题是:

(1)通过野外观测和实验室实验确定重要氧化反应的机制和反应动力学因子。这里的氧化反应是指那些产生气溶胶粒子的反应、在液滴中发生的反应以及在粒子表面上发生的反应。其中特别重要的是液滴中溶解的二氧化硫的氧化以及溶于液滴的无机氮化物和一些有机物的氧化过程。

(2)通过野外观测和实验室实验确定不同尺度、不同成分的大气气溶胶粒子作为云凝结核的可能性,确定核化速率并认识这种过程的化学效应。

(3)通过野外观测和实验室实验确定化学活性大气成分被气溶胶粒子、云滴、植被以及其他表面吸收的机制及其吸收速率。关键化学成分包括氢氧根自由基(OH)、过氧化氢自由基(HO₂)、双氧水(H₂O₂)、二氧化硫(SO₂)、二氧化氮(NO₂)、氨(NH₃)、臭氧(O₃)、甲醛(CH₂O)和甲酸(HCOOH)。

5. 生物地球化学循环模式研究

上述几个领域的研究主要是通过野外观测和实验室实验来完成,这反应了当前大气化学研究的总体水平。但是,要使实验研究卓有成效,需要理论的指导。把实验研究结果理论化、模式化应当是大气化学研究的最终目标。最终需要有一个全球尺度的三维数值模式来描述全球对流层大气,并能利用这个模式来预测其未来变化。为了达到这一个总目标,需要首先发展子系统的过程模式和总体概念模型。这一领域近期的重点研究课题是:

(1)研究设计一些大气化学成分全球输送模式,这些模式应能模拟全球尺度和区域尺度的动力输送过程和化学转化过程。模式要有足够的空间和时间分辨率以保证对小尺度、快速过程的恰当处理。这种小尺度、快速过程可能造成大尺度范围内的物质分布不均一性。

(2)发展用于解释野外观测和实验室实验结果的过程理论和物理化学理论以及数学模式。

重点应放在认识生物-大气交换过程、表面交换过程、均相光化学过程、气溶胶形成过程、云和降水形成过程。发展降水化学和解释大气成分全球分布和长期变化趋势观测资料的理论和模式。

（3）发展设计对流层大气化学各子系统的数学模式。

二、国际全球大气化学研究计划(IGAC)

（一）计划的产生过程

美国的全球对流层大气化学研究计划应当说是在国际全球变化研究的呼声日益高涨的形势下产生的,它是国际上一系列科学研究计划(如 1957—1958 年国际地球物理年开始的大气化学成分的综合观测,特别是大气二氧化碳(CO_2)、臭氧(O_3)、降水化学成分、气溶胶和放射性成分等大气本底浓度的连续观测,全球臭氧观测网的建立,世界气象组织的区域性大气本底浓度监测站网的建立等等)执行和发展的结果。另一方面,美国的全球对流层大气化学研究计划的公布又进一步推动了国际学术界对全球大气的研究。

20 世纪 80 年代初,国际科联制定了国际地圈-生物圈计划。与此同时国际气象和大气物理协会的大气化学和全球污染委员会(以下简写为 CACGP)开始考虑制定一个全球大气化学协调研究计划。1985 年 CACGP 正式决定制定这样一个计划,并成立了一个特别委员会。1986 年 9 月,这个委员会在瑞典斯德哥尔摩召开了第一次会议。会上深入讨论了制定一个国际全球大气化学研究计划(简写为 IGAC)的问题。接着,1987 年 8 月,CACGP 在加拿大多伦多召开了第六次国际全球对流层化学讨论会,会上又进一步讨论了制定 IGAC 的问题,着重研究了需要进行的科研活动,特别是适宜于国际合作的科研活动,确定了计划制定专门会议的组织问题和指导思想。1988 年 11 月,CACGP 在澳大利亚的维多利亚召开了一次规模较大的 IGAC 计划工作会议,提出了 IGAC 初步计划草案。这一计划草案经 IGAC 科学指导委员会修改,并经国际气象和大气物理协会审定,最后成为全球变化研究计划的一个核心项目。

（二）IGAC 的目标

观测到的地球大气化学成分的变化以及预测的全球大气的未来变化引起了世界各国科学界和社会各界的普遍关注,迫切需要了解这种变化的规律、原因及其对生存环境的影响。IGAC 正是响应这种强烈的要求而产生的。大气化学在大气、海洋、陆地和生物系统构成的人类赖以生存的环境中起着非常重要的作用。因此,IGAC 的目的是为国际科联的国际地圈-生物圈计划(IGBP)做出贡献。其研究目标是:

（1）推进对决定大气化学成分的基本化学过程的认识;

（2）认识大气化学组成与生物过程和气候过程之间的关系;

（3）预测自然力和人为活动对大气化学组成的影响;

（4）为保护生物圈和气候提供必要的知识。

在这些目标中涉及到几个对生物圈造成压力的人为活动,它们是:

（1）降水酸度增加;

（2）表面层大气氧化物浓度增加;

（3）温室效应气体浓度增加引起气候变暖;

（4）土地利用变化和气候变化造成生物圈交换过程的变化。

为了达到上述目标,基本研究计划应在下列方面进行观测和研究:

(1)全球分布和长期变化趋势；

(2)地表交换过程；

(3)气相化学反应；

(4)多相过程。

此外,还需要研究发展能预测对流层化学系统的变化及其与海洋和生态系统相互作用的全球模式和区域模式。

(三)IGAC 的主要研究内容

1. 海洋大气的自然变化和人为扰动

为了对全球大气化学有正确的认识,必须注意到这样一个事实,即地球表面大约 70% 是海洋环境。海洋是许多大气微量成分的源或汇。海洋和大气之间的气态硫化物、碳化合物和氮化合物的动态交换调节着大气的氧化能力、云的特性和气候的变化。大陆上自然和人为过程产生的许多大气成分也可通过长距离大气输送而对海洋大气的化学产生重大影响。这些物质在洋面上沉积可增加海水中的营养成分(氮、磷和其他必要的微量元素)或污染物,从而影响海水环境。因此,对海洋大气的研究是很重要的,这一项目的目标是:

(1)评价大陆上人为排放和自然过程产生的微量成分对海洋大气的影响;

(2)确定海洋的气体排放在海洋大气的化学过程、云过程和气候变化中的作用;

(3)评价大陆上输送来的物质在洋面上沉积对海洋化学和海洋生物系统的影响。

为了达到上述目标,计划开展以下研究课题:

(1)北大西洋的区域性研究

北大西洋周围的工业化地区是影响地球大气氧化能力成分的主要源地。在北大西洋地区,污染成分从沿海大陆源地排放,输送到没有污染源的大洋上,并在那里发生化学变化。这样一个完全确定的源区和一个无污染源的广阔大气环境,为研究污染物在海洋大气中的化学转化机制、污染物在大气中的存留时间和输送过程提供了良好的条件。在这一课题中,将研究光化学活性物质及其反应产物在大气中的长距离输送和这种输送对北半球大气质量的影响,研究这类大气成分在洋面上的沉积速率和沉积量以及这种沉积对表层海水和海洋生物的影响。

通过这一课题的研究将能认识到:大陆排放的物质在海洋上空输送所发生的变化;大陆排放的污染物质对大西洋大气的氧化能力的影响;污染物在洋面上的沉积过程及其对海洋水体的影响。

(2)海洋-大气之间气溶胶和微量气体的交换,大气化学和气候

海洋排放多种气体,包括还原态硫化物、碳氢化合物、卤代有机物和氮化合物。同时,海洋又是大气气溶胶的重要来源。海洋排放气体和气溶胶与海洋生物过程、海洋化学和大气状态有关。另一方面,向海洋的沉积又是许多大气成分的重要汇,沉积速率也将在很大程度上影响大气的化学组成。而且,大气成分的沉积又是海洋生物所需要的养分的重要来源。大气成分沉积影响海洋生物,海洋生物反过来影响海洋向大气的物质排放,这就构成了很复杂的连锁体系。为了深入认识海洋-大气交换对全球大气化学和气候的影响,在此课题中将开展下列研究:

①认识开阔洋面与大气之间微量气体和气溶胶的交换过程和机制,包括控制交换速率的化学的、物理的和生物的过程;

②认识海-气交换过程的规律,以求在全球尺度大气化学模式和气候模式中能够定量地写进海-气交换过程;

③把海-气交换的实验结果推广到不易进行实验的海区。

（3）东亚和北太平洋区域研究

东亚地区包括中国、日本和朝鲜。这一地区的特点是人口密度大、人为排放正在高速增长。

东亚地区的人为排放可能已经影响了太平洋大气的化学成份。例如通过东亚地区的高压大气系统中的臭氧浓度比太平洋中部大气中要高得多，在夏威夷经常观测到大陆输送来的气溶胶。

东亚地区的污染物组成与大西洋地区有很大不同，因此，在东亚和北太平洋地区开展大气化学区域性研究十分必要。需要开展的研究内容是：

①评价大气污染物在东亚陆地上和北太平洋海面上的输送和化学转化过程；

②确定污染物及其化学反应产物在东亚陆地上及北太平洋海面上的沉积速率。

2. 热带大气化学的自然变化和人为扰动

世界生物质净产量大约 50% 来自热带森林和热带大草原。热带雨林和草原地区的植物生长和有机质腐败以及大量的生物质燃烧向大气排放大量的气体和颗粒物。这种排放被对流运动输送到自由对流层大气中再输送到世界其他地区。

热带地区的土地利用状况正在发生巨大的变化，有些地区正在加速工业化。随着这些地区的人口持续增长和工业发展，热带环境将受到越来越严重的影响并引起各种热带生态系统的生物地球化学循环发生很大的变化。没有对热带地区的生物-大气系统的化学和物理状态的深刻认识，便不可能正确认识全球气候的变化。因此，IGAC 决定对热带地区开展下列 5 个方面的研究，以求认识热带大气化学的现状以及现在的人为扰动和未来发展趋势：

（1）热带地区生物圈-气圈微量气体交换

热带地区的生物排放对全球大气的氮氧化物（NO_x）、甲烷（CH_4）、氧化亚氮（N_2O）、一氧化碳（CO）和非甲烷烃（NMHC）均有重要影响，而这些成分对大气化学和气候都有重要作用。这一课题的研究内容在国际地圈-生物圈计划中占有很重要的地位。国际环境问题科学委员会也组织了"陆地生态系统与大气微量气体交换"研究课题，其任务是：评价控制微量气体交换的生物过程方面已有的知识和测量技术现状；发展描述不同时间尺度和空间尺度的气体交换过程的概念模型。IGAC 中的这一研究课题将集中进行微量气体排放的测量和模式开发，其主要研究内容是：

①确定不同类型热带生态系统与大气之间化学成分的交换通量；

②确定控制这些交换通量的因子；

③发展预测土地利用的变化和气候变化对这些排放通量的影响的能力。

（2）重要微量气体的沉降过程

向地球表面的沉降过程，是在生物地球化学循环过程中有重要意义的过程，也是控制微量成分在大气中的浓度和寿命的重要因子。由于这种沉积过程的作用，植物体内的营养成分和有毒成分将在生物圈内重新分布。因此，要定量地认识微量成分的生物地球化学循环过程，必须仔细研究它们的干、湿沉降过程。这在热带地区尤为重要，因为这些地区对全球大气化学有重要意义，而过去的观测研究又很少。

这一课题的主要研究内容是：

①确定在生物地球化学循环过程中有重要意义的微量成分从大气向地表沉降的速率；

②识别控制沉降通量的物理、化学和生物因子。

（3）热带生物质燃烧对全球大气的影响

热带地区的生物质燃烧不仅对热带区域大气的物理和化学状态构成了极大的扰动,而且严重影响了植被的发展和退化。由于热带地区经常出现强对流,而且大火也经常把许多微量气体直接排放进自由对流层,所以主要发生在热带地区的这种燃烧过程很可能对全球大气有重要影响。因此,IGAC 非常重视这一课题的研究,当前的主要研究内容是:

①定量生物质燃烧排放的微量气体(主要是一氧化碳(CO)、氮氧化物(NO_x)、甲烷(CH_4)和非甲烷烃($NMHC_s$))的排放通量;

②评价生物质燃烧排放对全球大气的化学状态和物理气候系统的影响,特别强调生物质燃烧对热带对流层臭氧的光化学形成过程和大气的氧化特性的影响。

（4）热带大气中的化学转化及其与生物圈的关系

热带大气的化学成分及其中的光化学转化过程受生物圈排放的影响很大,在干季受生物质燃烧的影响也很大。由于该地区人口急剧增长,土地利用发生了很大变化,大片森林变成了耕地和工业区。这种变化一方面减少了向大气的还原态气体的排放,另一方面又增加了一氧化氮(NO)和一氧化碳(CO)等氧化物的排放。这将在很大程度上改变热带大气的总体光化学状态。这一课题的研究内容是:认识热带大气中的光化学过程,并评价土地利用变化引起的地表排放变化对这种光化学过程的影响。

（5）稻田的甲烷(CH_4)和其他微量气体的排放

稻田是大气甲烷的重要源之一,它还可能排放其他微量气体。在中纬度稻田中进行了较多的实际测量,发现稻田甲烷和其他微量气体的排放与土壤种类、土壤物理和化学状态、大气状况和水稻种类之间存在着非常复杂的非线性关系。为了定量地认识稻田的甲烷和其他微量气体的排放通量,必须在主要水稻产区(主要是亚洲)的不同类型稻田上进行长期连续观测。因此,本课题的研究内容是:

①确定不同类型水稻产区稻田甲烷和其他微量气体的排放通量及其变化规律;

②认识控制稻田甲烷排放通量的土壤微生物过程、氧化过程、输送过程和其他过程及其与土壤和大气环境条件及水稻生长状况的关系;

③研究不同地区农业生产措施的变化对稻田甲烷排放的影响;

④评价稻田对大气甲烷和其他微量气体浓度增加的贡献,并估计其未来发展趋势。

3. 极区在大气化学组成变化中的作用

地球的南北两极在全球大气化学组成和气候变化中起着重要作用。这些地区在全球气候系统中将是重要反馈机制的主要贡献者。这是由它们在地表反照率和水体对大气二氧化碳吸收中的重要地位决定的。两极积冰中贮存的大量古代大气化学组成的信息,对于认识大气化学组成的演化及其与气候变化的关系具有特别重要的意义。为了充分利用这一宝贵资料,必须正确认识化学成分向冰川中转化的复杂过程,并重建古气候。其主要研究课题是:

（1）极区大气化学

为了充分利用冰川化学记录来重建地球大气的历史状态(物理的和化学的),并评价人类活动对极区和全球大气的影响,必须研究极区大气的化学特征,必须了解冰川中化学成分的空间分布和季节变化,认识这些化学成分的来源,认识极区大气和降水中关键化学成分的化学转化过程。

在极区太阳升起时,极区大气会发生许多重要的化学变化。对这一现象的研究将进一步深刻认识与全球变化有关的大气化学过程。极区空气污染物主要来自中纬度地区,因此,极区大气化学的研究也是认识大气污染物长距离输送的重要途径。本课题的主要研究内容是:

①认识极区大气和冰雪中的关键化学成分的局地来源,特别是无冰雪的洋面;

②研究大气化学成分由中纬度向极区输送的过程;

③研究决定极区大气化学组成的化学转化过程;

④研究极区大气成分对气候的影响。

(2)极区气-雪实验

前面已经提到,为了由极区冰岩蕊的分析获取过去的大气化学组成的信息,必须知道大气成分向冰、雪转移的机制。对于化学稳定的永久性微量气体,这一问题可以认为是解决了,但对于在极区低温($-20\sim-50$ ℃)条件下气溶胶和反应性气体向冰、雪表面沉积的机制却知之不多。因此,需要进一步研究大气和冰、雪之间的物质交换过程。本课题的研究内容是:

①研究极区大气成分进入降雪的过程及在积冰形成之前大气和雪之间的粒子和微量气体交换过程;

②冰、雪表面上的化学反应过程;

③建立极区大气成分和冰中化学成分之间的关系。

4. 北半球中高纬度地区在大气化学组成变化中所起的作用

北半球中高纬度地区(包括森林、湿地和湖泊),是地球上的重要生态类型地区。现有的气候模式预测表明,温室效应气体增加引起的全球变暖在两极地区更为明显。在这种情景下,北部湿地的甲烷排放将是全球气候系统的正反馈机制的重要贡献者。天然湿地甲烷排放的一半来自北方湿地。北半球中高纬度地区生态系统中存在广阔的厌氧环境,它们也是其他还原态气体的重要产地。确定这些地区微量气体的排放通量以及这些排放通量在全球变暖条件下的变化,对于全球大气化学研究具有特别重要的意义。本项目的许多研究内容过去已有很多研究,而且许多国际研究计划都涉及到这一领域,所以 IGAC 只确定了一个研究课题,即北方湿地研究。

北方湿地范围很大,但对这一生态系统对大气的影响了解得很少,因此需要对包括北美、北欧和前苏联的广大地区进行研究。这一课题将与在加拿大进行的有关研究课题结合起来。其主要研究内容是:

①定量北方湿地地区大气微量成分的源和汇;

②估价在预测的全球变暖的情景下,北方湿地对辐射活性微量气体的生物地球化学循环过程的影响;

③建立气体交换模式,以定量估计北方湿地的源和汇的强度,以及评价北方湿地对未来气候变化的响应;

④湿地过程模式与全球大气化学模式的联系。

5. 全球分布、转化、变化趋势和数值模拟

大气化学成分在全球的分布及其短期的和长期的变化是大气中一系列过程(排放、输送、转化和清除)的综合效果。自然的和人为的源向大气排放各种微量成分,大气中这些成分的浓度及时间变率是大气成分收支和一系列过程的定量指标。为了对大气有系统的认识,必须了解全部过程。为此,在该项目中确定了下列 4 个课题。

(1)全球对流层臭氧观测网

臭氧在对流层大气中的许多物理、化学和辐射过程中起着核心作用。因此,急需详细了解臭氧浓度的水平和垂直分布以及其长期的变化趋势。为此急需建立一个覆盖全球的对流层臭氧观测网。

建立这样一个观测网应以现存的臭氧探空站、臭氧激光观测站和多普森臭氧站为基础。在这些站上增加对流层臭氧观测,同时增设一些新站改善现有站网的空间覆盖率和增加站网密度。

对流层臭氧的观测频率需要高于平流层臭氧的观测。仪器要有较高的准确度和良好的稳定性。各观测站的仪器应以适当方式定期统一标定,资料应以统一格式记录、用统一的方法处理。

课题还应有适当的理论和模式研究。理论和模式研究应与观测站网的建设和观测规范的制定协调进行。站网的布局和观测频率应能满足建立模式的需要。

(2)全球大气化学调查

本课题主要关心的是大气中的氧化过程。与大气中的氧化过程有关的微量气体主要是:臭氧(O_3)、一氧化碳(CO)、一氧化氮(NO)、二氧化氮(NO_2)、化学活性碳氢化合物以及水汽。这些气体的全球三维分布资料有助于确定大气的氧化能力以及大气中的长寿命气体的破坏速率。现有的关于这些气体分布的资料是远远不够的,需要进一步对这些大气成分的分布和季节变化进行调查。与此同时,还要测量与这些气体的光化学反应有密切关系的太阳紫外辐射强度的空间分布和变化。

这一课题的执行方式是协调世界各国正在进行的区域性综合观测计划。

(3)云凝结核的物理、化学变化过程

云凝结核的物理、化学变化过程控制云的特性。云的性质和覆盖范围在很大程度上决定了全球地表反照率,并且影响太阳和地球辐射的传输过程。所以,云是影响气候的最重要因子之一。反过来,气候变化也将引起云的种类、性质和覆盖范围的变化。云中的化学转化过程在许多大气成分的循环过程中起重要作用。当然,水循环过程在很大程度上依赖于云能否形成雨或雪。为从冰岩蕊记录中追溯古气候信息,也需要详细了解云中的过程。在云的特性和云中过程的研究中,最关键的是认识云凝结核的物理、化学特点。

大多数云凝结核是通过大气中的化学反应和物理转化过程由气相物质形成的。认识云凝结核的物理、化学变化过程对于云和气候的模拟是至关重要的,但是对此却几乎是一无所知。因此,本课题确定了以下研究内容:

①全面表征在不同气候带上作为云凝结核的粒子的物理、化学特征;

②认识产生云凝结核的物理、化学过程和控制云凝结核演化的物理、化学因子;

③把控制云凝结核的因子转变成气候模式中使用的大尺度变量;

④研究利用遥感技术获取云凝结核浓度的方法。

(4)编制全球排放率清单

详细的、准确的全球排放率资料的重要性是显而易见的。这是建立全球大气化学模式的最基本资料,我们急需有一套完整的辐射活性和化学活性大气成分的自然源和人为源的排放率资料。为此,本课题急需进行的研究是:

①建立编制全球排放率清单的基本框架;

②开展为编制关键成分全球排放率清单所必须的调查或补充观测;

③收集、编排排放率资料；

④编制二氧化碳、甲烷、氧化亚氮、非甲烷烃、一氧化碳、氮氧化物、二氧化硫、氨和气溶胶的全球排放率清单。

6. IGAC 研究的内容和课题设置的修改

在 IGAC 执行 10 a 之后，其科学指导委员会于 1996 年起重新审议 IGAC 的研究内容和课题设置，到 1998 年底，历时 3 a，最后将上述研究内容重新组合成 3 个研究课题和两个基础性项目。

（1）大气氧化物和光化学

此课题的重要研究内容是认识对流层臭氧的全球分布和变化规律，对流层臭氧前体物的排放、转化、输送和分布规律，大气光化学过程，特别是与对流层臭氧有关的光化学过程。

（2）生物圈和大气的相互作用

此课题的主要研究内容是生物圈排放、吸收大气痕量成分（特别是那些与大气环境和地球气候有关的痕量成分）的有关机理和过程。

（3）大气气溶胶

此课题的主要研究内容是大气气溶胶的物理化学特性，特别是辐射特性，气溶胶的时空变化规律，以及气溶胶对气候和环境的影响。

（4）基础研究

此项目主要包括一些化学反应机理的实验室研究和反应速率常数的实验测量及外场观测仪器的标定和相互对比。

（5）能力建设

此项目主要是全球大气化学教育活动，包括专业人才的培养和提高全人类对大气化学的认识。

7. IGAC 的结构及其与 IGBP 的关系

要制定一个大区域的或全球范围的研究计划需要世界各国科学家连同他们的观测实验设备一起参加。IGAC 的总体计划由其科学指导委员会负责，下设的每一个项目都有一个专家委员会负责协调本项目的研究，项目召集人由总体计划的科学指导委员会委员担任。项目下面设研究专题，每一专题成立一个专家小组负责编制具体实施计划并组织实施。

IGBP（国际地圈-生物圈计划，即全球变化研究计划）的最终目标是提高预测全球环境的未来变化的能力，为此，需要认识和描述调控地球系统的物理的、化学的和生物的过程，认识和描述地球系统的变化以及这些变化与人类活动的关系。地球系统的几十到几百年时间尺度的变化表现在物理气候系统的变化及其与生物地球化学循环过程的相互作用。这正是 IGAC 的基本研究领域。IGBP 的特别指导委员会认识到全球变化计划的范围过于庞大，不可能全部组织在一个统一的计划内。IGBP 自身计划内的项目与计划外的一些项目同样重要。因此，IGBP 的指导委员会要求制定一个全球大气化学研究计划（IGAC）作为 IGBP 计划的一个核心计划。

美国的全球对流层化学计划与国际全球大气化学研究计划有许多共同之处，但这两个计划的着眼点和指导思想显然不同。前者着重于基本过程的研究，着眼于大气化学自身的发展，后者是为完成 IGBP 的要求，着重于区域性的综合观测。

三、21 世纪的大气化学研究展望

根据 IGAC 最近修改后的研究内容和课题设置,21 世纪初 10～20 a 内,大气化学的研究将在生物圈和大气的相互作用、大气光化学和氧化能力、大气气溶胶与大气污染化学等领域全面深入地进行。

(一)生物圈和大气相互作用

生物圈和大气相互作用的研究内容主要集中在以下几个方面:

(1)农田、森林、草原生态系统、水体等主要生态系统的温室气体及其他大气微量成分的陆-气交换过程:通过外场观测研究这些气体的陆-气交换通量、交换过程和环境控制机制,研究其控制机制、控制途径与控制技术;

(2)区域陆-气交换模式:建立具有高分辨能力的区域碳、氮循环模式,用于准确预测区域微量气体陆-气交换在几十至几百年时间尺度上的变化,进行各种条件模拟实验,研究有害气体的减排途径与控制对策,编制各级温室气体排放清单;

(3)地球系统的生物地球化学循环:发展由物理气候模式的输出结果驱动的全球地球系统生物地球化学循环模式,用于研究地球关键生命元素(氧、碳、氮、硫)如何通过大气进行循环以及人类活动如何扰动这些循环,模拟大气化学组成与地表生物环境的相互作用在几十年至几百年时间尺度上的演变;

(4)大气中的温室气体及与臭氧有关的微量气体的中小尺度、中尺度及全球尺度的大气化学转化与传输机理,这些气体的大气浓度、时空分布和变化趋势的预测及其对气溶胶的形成与大气辐射平衡的作用;

(5)对平流层臭氧减少极其重要的大气微量成分的地面源、大气分布、化学寿命和地球化学收支平衡。

(二)大气光化学和大气的氧化能力

(1)对流层臭氧及其前体物的变化规律:研究内容涉及区域臭氧光化学模式,对流层臭氧及其前体物(OH、NO_x、CO、CH_4、$NMHC$)浓度的时空变化特征,臭氧、氢氧自由基和氮氧化物对有机氧化物(如醛类、有机酸类)的浓度及其变化的影响,丙酮,异戊二烯及其他生物源挥发性有机物(VOC_s)的自然和人为排放变化对对流层臭氧和其他氧化剂的影响机制,区域大气氧化容量的变化等。

(2)大气污染化学过程:区域光化学污染的重要化学和动力学过程,大气有机污染物的来源、转化规律及清除机制,生物源挥发性有机物及其氧化产物的光氧化机制和动力学,挥发性氧化产物的大气分布等。

(3)卤素气体的自然和人为源排放对大气对流层和平流层化学的影响机制。

(4)平流层臭氧及地面紫外线辐射的变化及其影响因素。

(三)气溶胶

(1)亚洲沙尘气溶胶的特性、起源、输送及其气候环境影响,主要内容包括:沙尘气溶胶的特性及其时空分布,起沙机制和参数化方案,输送和沉降机制,对全球和东亚区域气候及中国环境的影响。

(2)挥发性有机物的自然和人为排放对大气有机气溶胶的贡献及对大气辐射平衡的影响。

(3)人为排放硫形成气溶胶的速率及其对大气辐射平衡的作用。

(4)在对流层上部及平流层下部,飞机排放对气溶胶产生的影响。

(5)识别控制粒子核化的参数及其控制机制。

(6)气溶胶对大气氧化剂、硫和氮收支平衡的影响。

(7)气溶胶在云形成和云反射中的作用。

过去10年来,国际全球大气化学(IGAC)组织进行了一系列的气溶胶特性实验(Aeroso Characterization Experiment,简称ACE),其目的是减小计算气溶胶对气候强迫影响的不确定性,增加对多相大气化学系统的理解,为未来辐射强迫和气候效应提供诊断性分析。为达到这些目标需要进行实验室实验、长期连续的和短期强度的野外研究、卫星观测和模式分析。其中第一次实验(ACE-1,1995年)在澳大利亚南部海域;第二次实验(ACE-2,1998年)在大西洋北部地区。2000~2001年之间,IGAC优先执行的最重要实验观测计划是"亚洲气溶胶特性实验(AEC-Asia)",其主要内容是"亚洲地区气溶胶的特性"。

ACE-Asia的观测实验是依照以下三个目标设计的:(1)确定主要类型气溶胶的物理、化学、辐射、云凝结核特性,以及这些特性的相互关系的研究;(2)定量化研究控制主要气溶胶的形成、发展、清除的物理化学过程以及这些过程怎样影响气溶胶的粒度分布、化学组成、辐射和凝结核特性;(3)进一步改进提高气溶胶过程、辐射效应及全球气候的模型。2001年春季该项目利用地面(包括海、陆站点)定位观测、飞机取样观测、卫星遥感等观测手段,在中国大陆和西太平洋地区对亚洲气溶胶的特征(物理化学及光学)、来源、输送、气候和环境效应进行了综合观测研究,开始取得了一系列研究成果。2001年春季在西太平洋举行的大型国际外场观测计划还有"观测探测从亚洲大陆出流的大气微量组分及其对全球的贡献"(TRACE-P),其中也包括了气溶胶的观测内容。

1995—1999年间,大型国际合作科研计划Indian Ocean Experiment(INDOEX)在对印度洋上空进行监测时发现,一层3 km厚,相当于美国大陆面积的棕色云团笼罩在印度洋、南亚、东南亚和中国上空。棕色云团中含有大量硫酸盐、硝酸盐、有机物、黑碳及其他污染物颗粒,被专家形象地称为亚洲棕色云,后改称为大气棕色云(Atmospheric Brown Clouds,简称ABC)。ABC的影响甚至可以在印度以南1500 km的印度洋中监测到,导致洋面上能见度经常小于10 km,这是国际上首次在远离大陆的大洋上空发现污染物的大范围聚集。

ABC的存在将对大气辐射通量产生显著影响,从而直接和间接地影响气候、水循环等,进而对农业、生态系统和经济产生重大影响。ABC问题的发现表明亚洲地区的大气污染已成为全球迫切需要解决的问题。国际社会对此给予了极大关注,诺贝尔奖获得者P.Cruzan教授甚至断言"亚洲棕色云"的重要性不亚于臭氧层损耗。

为此,在联合国环境署(UNEP)支持下,在美国加州大学圣迭戈分校云、化学和气候研究中心和德国马普化学研究所的科学家带领下,由中国、日本、印度等其他亚洲国家共同参与的国际ABC项目于2002年8月正式启动。UNEP为研究计划的组织实施提供为期5年经费支持。该项目已经在亚洲建立地面监测网,研究大气棕色云团的组成和季节变化。

参 考 文 献

第一章

[1] 王明星,1999. 大气化学[M]. 北京:气象出版社.

[2] HOUGHTON J T,1981. 大气物理学. 中国科学院大气物理研究所译[M]. 北京:科学出版社.

[3] BERKNER L V,MARSHALL L C,1965. On the Orgin and rise of Oxygen in the earth's atmosphere [J]. J Atmospheric Sciences,22:225-261.

[4] BERKNER L V,MARSHALL L C,1967. The Rise of Oxygen in the Earth's Atmosphere with Notes on the Martian Atmosphere[J]. Adv Geophys,12:309-331.

[5] BOLIN B,1977. Changes of land biota and their importance for the carbon cycle[J]. Science,196:613-615.

[6] JUNGE C E,1963. Air Chemistry and Radioactivity[M]. New York,London:Academic Press.

[7] LENTON T M,1998. Gaia and natural selection[J]. Nature,394:439-447.

[8] LOVELOCK J E,MARGULIS L,1974. Atmospheric homeostasis by and for the biosphere:The Gaia hypothesis[J]. Tellus,26:2-10.

[9] MESZAROS E,1981. Atmospheric Chemistry[M]. Akademia Kiado,Budapest.

[10] SZADECZKY Kardoss E,1968. Formation and Evolution of the Earth [M]. Akademia Kiado. Budapest.

[11] Sillen L G,1966. Regulation of O_2,N_2,and CO_2 in the atmosphere,Thoughts of a laboratory chemist[J]. Tellus,18:198-206.

[12] Urey H C,1952. The Planets,Their Origin and Development[M]. New Haven:Yale Univ Press.

第二章

[1] AHRENS L H,1979. Origin and Distribution of the Elements[M]. New York:Pergamon.

[2] ATKING D H F,GARLAND J A,1974. The Measurements of Deposition Velocity for Sulphur Dioxide and Particulate Material by Gradient Method[R]. WMO Special Environmental Report,3:579-594.

[3] ATKINSON R,DARNALL K R,LLOYD A C,et al,1979. Kinetics and Mechanism of the Reaction of the Hydroxyl Radical with Organic Compounds in the Gas Phase[J]. Adv Photochem,11:375-488.

[4] BEIKE S,GRAVENHORST G,1978. Heterogeneous SO_2 oxidation in the droplet phase[J]. Atmospheric Environment,12:231-239.

[5] BROECKER W S,PENG T H,1982. Tracers in the Sea,Lamont-Doherty Geological[M]. New York:Observatory,Columbia University.

[6] COMMITTEE ON NATIONAL STATIATICS,1977. Environmental Monitoring[M]. Washington D C: National Academy Press.

[7] CRUTZEN P J,1983. Atmospheric Interactions-Homogeneous Gas Reactions of C,N,and S Containing Compounds[M]// Bolin B,Cook R. The Major Biogeochemical Cycles and Their Interactions,SCOPE 21. Willey New York.

[8] DENMEAD O T,1983. Micrometeorological Methods for Measuring Gaseous Losses of Nitrogen in the Field[R]// Freney J R,Simpson J R. Gaseous Loss of Nitrogen from Plant-soil Systems. Martinus Nijhoff/Dr. W. Junk,The Hague:133-157.

[9] DENMEAD O T,RAUPACH M R,1993. Methods for Measuring Atmospheric Gas Transport in Agri-

cultural and Forest Systems[R]// Harper L A et al. Agricultural Ecosystem Effects on Trace Gases and Global Climate Change. ASA Spec. Publ. 55. ASA，CSSA，and SSSA，Madison，WI：19-43.

[10] FRICKE W，1978. Some Ploblems of Cloud Physics[R]. Gidrometeoizdat，Leningrad.

[11] GARLAND J A，1978. Dry and Wet Removal of Sulfur from the Atmosphere[J]. Atmospheric Environment，12：349-362.

[12] HOLLAND H D，1978. The Chemistry of the Atmosphere and Oceans. Willey，New York.

[13] JUDEILIS H S，WREN A G，1978. Laboratory Measurement of NO and NO_2 Depositions onto Soil and Cement Surfaces[J]. Atmospheric Environment，12：2315-2319.

[14] LOGAN J A，PRATHER M J，WOFSY S C，et al，1981. Tropospheric Chemistry：A Global Perspective [J]. J Geophys Res，86：7210-7254.

[15] MESZAROS E，1981. Atmospheric Chemistry[R]Akademlal Klado，Budapest.

[16] MABIMAN J D，MOXIM W J，1978. Tracer Simulations Using a Global General Circulation Model，Results from a Midlatitude Instantaneous Source Experiment[J]. J Atmos Sci，35：1340-1374.

[17] NATIONAL RESEARCH COUNCIL，1984 . Global Tropospheric Chemistry[M]. National Academy Press.

[18] PETRONCHUK O P，DROZDOVA V M，1966. On the chemical composition of cloud water[J]. Tellus，18：280-286.

[19] PRUPPACHER H R，KLETT J D，1978. Microphysics of Clouds and Precipitation[R]. Reidel Boston Mass.

[20] WORLD METEOROLOGICAL ORGANIZATION，1981. Environmental Pollution Montiroing Program [R]. Summary Report on the Status of the WMO Background Air Pollution Monitoring Network.

第三章

[1] 王明星，曾庆存，1986. 大气中的二氧化碳[J]. 大气科学，10：212-219.

[2] 朱兆良，文启孝，1992. 中国土壤氮素[M]. 南京：江苏科学技术出版社：171-194.

[3] ANDREAS M O，RAEMDONCK H，1983. Dimethyl sulfide in the surface ocean and the marine atmosphere：A global view[J]. Science，221：744-747.

[4] ANEJA V P，ANEJA A P，ADMAS D F，1982. Biogenic Sulfur compounds and the Global Sulfur Cycle [J]. J Air Pollut Control Assoc，32：803-807.

[5] BATJES N H，BRIDGES E M，1992. World inventory of soil emissions，No. 92/4[J]. Working Paper and Preprint：1-79.

[6] BOUWMAN B F，1990. Exchange of Greenhouse Gases between Terrestrial Ecosystems and the Atmosphere[M]// Bouwman A F. Soils and the Greenhouse Effect. John Wiley & Sons，Chichester：61-127.

[7] BOLIN B，JAGER J，DOOS B R，1986. The Greenhouse Effect，Climatic Change and Ecosystem. A Synthesis of Present Knowledge[M]// Bolin B，et al. The Greenhouse Effect，Climatic Change and Ecosystems. SCOPE 29. John Wiley & Sons，New York：1-32.

[8] BROWN K A，1982. Sulfur in the environment：A review[J]. Environ Pollut，3：47-80.

[9] CRUTZEN P J，1979. The Role of NO and NO_2 in the Chemistry of the Troposphere and Stratosphere [J]. Annu Rev Earth Planet Sci，7：443-472.

[10] DUXBURY J M，HARPER L A，MOSIER A R，1993. Contributions of Agroecosystems to Global Climate Change[M]// Harper L A et al. Agricultural Ecosystem Effects on Trace Gases and Global Climate Change. ASA Spec. Publ. 55. ASA，CSSA，and SSSA，Madison，WI：1-18.

[11] EHHALT D H，DRUMMOND J W，1982. The Tropospheric Cycle of NO_x，In The Proceedings of Nato

Advanced Study Institute on the Chemistry of the Polluted and Unpolluted Atmospheres Reidel Hingham Mass[R].

[12] FAO & IAEA,1992. Measurement of Methane and Nitrous Oxide Emissions from Agriculture[R]. A Joint Undertaking by the Food and Agriculture Organization of the United Nations and the International Atomic Energy Agency. International Atomic Energy Agency,Vienna,136.

[13] GRAEDEL T E,1977. The homogeneous chemistry of atmospheric Sulfur[J]. Rev Geophys Space Phys, 15:421-428.

[14] HAO W M,WOFSY S C ,McElroy M B,et al,1987. Sources of Atmospheric Nitrous Oxide from Combustion[J]. J Geophys Res,92:3098-3104.

[15] HUSAR R B,LODGE J P,MOORE D J,1978. Sulfur in the Atmosphere[M]. Pergamon New York.

[16] INGVORSEN K,JORGENSEN B B,1982. Seasonal variation in H2S emission to the atmosphere from sediments in Denmark[J]. Atmos Environ,16:855-864.

[17] IPCC,1990. Global Change:The Initial Core Projects[R]. Report No. 12. International Geosphere and Biosphere Programme.

[18] IPCC,1992. IPCC Supplement:Full Scientific Report[R]. Working Group 1:Scientific Assessment of Climate Change. Intergovernmental Panel on Climate Change. WMO/UNEP.

[19] IPCC,1995. Climate Change 1995. Summary for the Science of Climate Change[R]//IPCC Second Assessment Report:21-24.

[20] KHALIL M A K,RASMUSSEN R A,1994. Global Decrease of Atmospheric Carbon Monoxide[J]. Nature,370:639-641.

[21] KEELING C D,BACASTOW R B,1977. Carbon Dioxide Cycle,In Energy and Climate[M]. National Academy Press,72-96.

[22] KEELING C D,1978. Record and Analysis of Atmospheric CO_2 in Mauna Loa Observatory 20th Anniversary Report[R]:36-55.

[23] KHALIL M A K,RASMUSSEN R A,1983. Sources,sinks,and seasonal cycles of atmospheric methane [J]. J Geophys Res,88:5131-5144.

[24] LOGAN J A,BRATHER W J,WOFSY S C,et al,1981. Tropospheric Chemistry:A Global Perspective [J]. J Geophys Res,86:7210-7254.

[25] LOGAN J,1983. Nitrogen Oxides in the troposphere:Global and regional budgets[J]. J Geophys Res,88: 10785-10808.

[26] MESZAROS E,1981. Atmospheric Chemistry[R]. Akademia Kiado,Budapest.

[27] NATIONAL RESEARCH COUNCIL,1984. Global Tropospheric Chemistry,A Plan for Action[M]. National Academy Press.

[28] NATIONAL RESEARCH COUNCIL,1981. Atmosphere-Biosphere Interactions:Toward a Better Understanding of the Ecological Consequences of Fossil Fuel Combustion[R]. Washington D C:Commission on Natural Resources. National Academy of Sciences.

[29] NOVELLI P C,MASARIO K A,TANS P P,et al,1994. Recent changes in atmospheric carbon monoxide [J]. Science,263:1587-1590.

[30] PEARMAN G I,1977. Carbon Dioxide and Climate[R]. WCP-14:178-186.

[31] PYTKOWICZ R M,SMALL L F,1977. Fate of CO_2 in the ocean[J]. Marine Science,6:7-22.

[32] RASMUSSEN R A,KHALIL M A K,HOYT S D,1982. The oceanic source of carbonyl sulfide[J]. Atm Environ,16,1591-1594.

[33] SADERLUND R,SVENSSON B H,1976. The Global Nitrogen Cycle[R]//Nitrogen,Phosphorus and

Sulfur:Global Cycles. SCOPE Report 7,Ecol. Bull. (Stockholm),22:23-74.

[34] ZANDER R,DEMOULIN Ph,EHHALT D H,et al,1989. Secular increase of the total vertical column a-bundance of carbon monoxide above Central Europe since 1950[J]. J Geophys Res,44:11021-11028.

[35] IPCC,2001. Climbe change 2001,The Scientific Basis[M]. Cambridge:Cambridge University Press.

第四章

[1] 弗里德兰德 S K,1993. 烟、尘和霾——气溶胶性能基本原理[M]. 常乐丰,译. 北京:科学出版社.

[2] 图梅 S,1984. 大气气溶胶[M]. 王明星,等,译. 北京:科学出版社.

[3] 王明星,1985. 用因子分析法研究大气气溶胶的来源[J]. 大气科学,9:73-81.

[4] BOLIN B,COOK R B,1983. The Major Biogeochemical Cycles and Their Interactions[M]. Wiley,New York.

[5] CHARJSON R J,et al,1992. Climate forcing by anthropogenic aerosols[J]. Science,255:423-430.

[6] HINDS W C,1982. Aerosol Technology[M]. Wiley,New York.

[7] IPCC,1994. Radiative Forcing of Climate -IPCC Special Report[R].

[8] IPCC,1995. Radiative Forcing of Climate Change[R]:103-131.

[9] KNEIP T J,LIOV de P J,1981. Aerosols:Anthropogenic and Natural Sources and Transport[R]. Annals of the New York Academy of Sciences 338.

[10] MACIAS E S,1981. Atmospheric aerosols:Sources and transport[J]. ACS Symposium Series,167.

[11] MALISSA H,1978. Analysis of Airbone Particles by Physical Methods[M]. CRC Press.

[12] MASON B,MOORE C B,1982. Principles of Geochemistry:4th ed[M]. Wiley,New York.

[13] PODZIMEK J,1980. Advances in marine aerosol research[J]. J Res Atmos,14:35-61.

[14] PROSPERO J M,CHARLSON R J,MONNEN V,et al,1983. Atmospheric aerosol system-an overview, review of geophysics and space[J]. Physics,21:1607-1629.

[15] SCHRYER D R,1982. Heterogeneous Atmospheric Chemistry[R]. Geophysical Monograph 26,American Geopgysical Union.

[16] SHAW D T,1978. Recent Development in Aerosol Science[M]. Wiley,New York.

[17] SLINN W G N,LISS P,1984. The Air-Sea Exchange of Gases and Particles[R]. D. Reidel. Boston.

[18] TURNER D B,1979. Atmospheric dispersion modelling,a critical review[J]. J Air Pollut Control Assoc, 29:502-519.

[19] WANG Mingxing,WINCHESTER J W,LI Shao Meng,1987. Aerosol Composition in the Drylands of Northwestern China,Nuclear Instruments and Methods,B22[R]:275-282.

第五章

[1] 孔琴心,刘广仁,王庚辰,1996. 华北兴隆地区地面 O_3 浓度及其变化特征[M]//王庚辰,温玉璞. 温室气体浓度和排放监测及相关过程. 北京:中国环境科学出版社:66-71.

[2] 王木林,程红兵,温玉璞,等,1996. 我国部分清洁地区大气中 N_2O 浓度[M]//王庚辰,温玉璞. 温室气体浓度和排放监测及相关过程. 北京:中国环境科学出版社:53-59.

[3] 王明星,等,1989. 大气 CH_4 浓度长期变化趋势的观测研究[J]. 科学通报,34:684-687.

[4] 王明星,1988. 大气 O_3 光化学研究评述[J]. 大气科学,12:216-224.

[5] 王明星,曾庆存,1986. 大气中的 CO_2 含量[J]. 大气科学,9:212-219.

[6] 王明星,等,1989. 大气 CH_4 浓度长期变化趋势的观测研究[J]. 科学通报,34:684-687.

[7] 王跃思,王明星,郑循华,等,1992. 北京大气 CH_4 浓度及其变化[J]. 科学通报,39:1306-1309.

[8] 王跃思,郑循华,王明星,等,1994.气相色谱法检测大气中 N_2O 浓度[J].分析测试技术与仪器(2):19-24.

[9] 熊效振,王庚辰,温玉璞,等,1996.我国主要温室气体大气背景浓度的初步监测结果[M]//王庚辰,温玉璞.温室气体浓度和排放监测及相关过程.北京:中国环境科学出版社:40-44.

[10] 张仁健,1997.全球二维大气化学模式和甲烷的增长[D].北京:中国科学院大气物理研究所.

[11] 郑循华,1996. N_2O 产生与排放过程研究[D].北京:中国科学院大气物理研究所.

[12] BATJES N H,BRIDGES E M,1992. World Inventory of Soil Emissions(4):2-205.

[13] BEKKI S,LAW K S,PYLE J A,1994. Effect of Ozone depletion on atmospheric CH_4 and CO concentrations[J]. Nature,371:595-602.

[14] CRUTZEN Zimmermann,1991. The changing photochemistry of the troposphere[J]. Tellus,43:136-151.

[15] COAKLEY J A JR,CESS R D,1985. The effect of atmospheric aerosols on climate change[J]. J Atmos Sciences,42:1677-1692.

[16] HOUGHTON J T,MEIRA FILHO L G,BRUCE J,et al,1994. Climate Change 1994:Radiative Forcing of Climate Change and an Evaluation of the IPCC IS92 Emission Scenarios[M]. IPCC,Cambridge University Press.

[17] CRUTREN P J,1971. Ozone production rates in an Oxygen Hydrogen-Nitrogen Oxide atmosphere[J]. J Geophys Res,76:7311-7327.

[18] DLUGOKENKY E J,STEELE L P,LANG P M,et al,1994. The growth rate and distribution of atmospheric methane[J]. J G R,99:17021-17043.

[19] HOUGHTON R A,HOBBLE J E,MELILLO J M,1983. Changes in the carbon content of terrestrial biota and soils between 1860 and 1980:A Net Release of CO_2 to the atmosphere[J]. Ecological Monographs,53:235-262.

[20] IPCC,1995. Rediative Forcing of Climate Change[R]. The 1994 Report of the Scientific Assessment Working Group of IPCC,Summary for Policymakers.

[21] JOHNSTON H S,PODOLSKE J,1978. Interpretations of stratospheric photochemistry[J]. Rev Geophys Space Phys,16:491-519.

[22] KHALIL M A K,RASMUSSEN R A,1994. Global decrease of atmospheric carbon monoxide[J]. Nature,370:639-641.

[23] KNOX F,MCELROY M B,198. Changes in atmospheric CO_2 influence of the marine biota at high latitude[J]. J Geophys Res,3(89):4629-4637.

[24] MCCORMICK M P,LARRY W Thomason,CHARLES R,1995. Trepte,atmospheric effects of the mt pinatubo eruption[J]. Nature,373:399-404.

[25] NORTH G R,CAHALAN R F,COAKLEY J A,1981. Energy-balance climate models[J]. Rev Geophys Sapce Phys,19:91-122.

[26] RAMANATHAN V,COAKLEY J A,1978. Climate modeling through radiative-convective models[J]. Rev Geophys Space Phys,16:465-489.

[27] RAMANATHAN V,1981. The Role of Ocean-Atmosphere Interactions in the CO_2 Climate Problem[J]. Atmos Sci,38:918-930.

[28] RAMANATHAN V,CICERONE R J,SINGH H B,et al,1985. Trace Gas Trends and Their Potential Role in Climate Change[J]. J Geophys Res,90:5547-5566.

[29] REIMER E M,HASSELMANNK,1987. Transport and storage of CO_2 in the ocean-an inorganic ocean-circulation carbon cycle model[J]. Climate Dynamics,2:63-90.

[30] ROSE D J,MILLER M M,AGNEW C,1983. Global Energy Futures and CO_2-induced Climate Change

[R]. Mitel:83-85.

[31] STEELE L P,FRASER P J,RASMUSSEN R A,et al,1987. The global distribution of methane in the troposphere[J]. J Atmos Chem,5:125-171.

[32] SEILER W,CONRAD R,et al,1984. Field studies of CH_4 emission from termite nest into the atmosphere and measurements of CH_4 up-take by tropical soils[J]. Atmos Chem,1:171-186.

[33] STEELE L P,DLUGOKENCKY E J,LANG P M,et al,1992. Slowing down of the Global Accumulation of Atmospheric Methane during 1980s[J]. Nature,358:313-316.

[34] WOFY S C,MCELROY M B,SZE N O,1975. Freon consumption:Implications for atmospheric Ozone [J]. Science,187:535-537.

[35] ZANDER R,DEMOULIN PH,EHHALT D H,et al,1989. Secular increase of the total vertical column abundance of Carbon Monoxide above Central Europe since 1950[J]. J Geophys Res,44:11021-11028.

第六章

[1] 季国良,陈有虞,1985.青藏高原的紫外辐射[J].高原气象,4(4):112-121.

[2] 田国良,林振耀,吴祥定,1982.西藏高原东部农作物生长季(5—10 月)紫外、可见和红外辐射的特征初步分析[J].气象学报,40(3):344-352.

[3] 王贵勤,等,1985.大气臭氧研究[M].北京:科学出版社.

[4] 汪宏七,1983.不同地区和季节的紫外辐射强度[J].环境科学,4(5):13-17.

[5] 赵柏林,张霭琛,1987.大气探测原理[M].北京:气象出版社.

[6] 周淑贞,邵建民,1987.上海城市对太阳辐射的影响[J].地理学报,42(4):319-327.

[7] 周允华,1986.中国地区的太阳紫外辐射[J].地理学报,41(2):132-143.

[8] CUTCHIS P,1974. Stratospheric Ozone depletion and solar ultraviolet radiation on earth[J]. Science, 184:13-19.

[9] DAVE J V,HALPEM P,1976. Effects of changes in Ozone amount on the ultraviolet radiation received at sea level of a model atmosphere[J]. Atmos Environ,10:547-555.

[10] DOBSON G M B,1976. Selected Papers of G. M. B. Dobson[M]. Oxford:Oxford University Press.

[11] GTCP (The Global Tropospheric Chemistry Panel) ,1984. Global Tropospheric Chemistry,A Plan for Action[M]. Washington D C:National Academy Press.

[12] HENRIKSEN K,STAMNES K,STENSEN P,1989. Measurements of Solar U. V. Visible and near I. R. Irradiance at 78°N[J]. Atmospheric Environment,23(7):1573-1579.

[13] HOUGHTON J T,1976. The Physics of Atmospheres[M]. Cambridge:Cambridge University Press.

[14] MESZAROS E,1981. Atmospheric Chemistry[M]. Budapest:Akademiai Kiado Press.

[15] NACK M L,GREEN A E S,1974. Influence of clouds,haze and smog on the middle ultraviolet reaching the ground[J]. Appl Opt,13:2405-2415.

[16] NAGARAJA Rao C R,et al,1984. Near ultraviolet radiation at the earth's surface:measurements and model comparison[J]. Tellus,36B:286-293.

[17] WEBB A,STEVEN M D,1984. Measurement of solar URB radiation in the English Midlands[J]. Arch Met Geoph Biod,Ser,B(35):221-231.

[18] WEBB A R,STEVEN M D,1986. Daily totals of solar UVB radiation estimated from routine meteorological measurements[J]. Journal of Climatology,6:405-411.

第七章

[1] 刘帅仁,黄美元,1988.云下雨水酸化过程数值模拟及重庆酸雨形成机理的探讨[J].大气科学(特刊)：245-257.

[2] 莫天麟,1988.大气化学基础[M].北京：气象出版社.

[3] 任丽新,王明星,等,1988.重庆地区大气气溶胶的物理化学特性及其对酸雨形成的作用[J].大气科学(特刊)：236-244.

[4] 王彬华,1983.海雾[M].北京：海洋出版社.

[5] 王明星,1985.北京地区的非酸性降水和气溶胶[J].气象学报,43:44-52.

[6] 王文兴,张婉华,等,1993.中国环境科学[J],13(6):401-406.

[7] 王文兴,1994.中国酸雨成因研究[J].中国环境科学,14(5):323-329.

[8] 梅森 B J,1978.云物理学[M].中国科学院大气物理研究所,译.北京：科学出版社.

[9] BARRY R G,CHORLEY R J,1977. Atmosphere,Weather and Climate:Third Edition[M]. Methuen and CO Ltd.

[10] BUBENNLCK D U,1984. Acid Rain Information Book:Second Edition[M]. NOYES Publications.

[11] HUEBERT B, WANG Mingxing,LU Weixiu,1988. Nitrate,Sulfate,Ammonuium and Calcium concentrations in China[J]. Tellus,40,B:260-269.

[12] Houghton J T,1977. The Physics of Atmosphers[M]. Cambidge:Cambidge University Press.

[13] Meszaros E,1981. Atmospheric Chemistry[M]. Akademiai Kiado,Budapest.

[14] Petrenchuk O P,1970. Chemical composition of precipitation in Regions the Soviet Union[J]. J GeoPhys Res,75:3629-3634.

[15] Petrenchuk O P,1966. On the chemical composition of cloud water[J]. Tellus,18:280-286.

第八章

[1] DONALD H L,BRUCE B H,1989. Global Tropospheric Chemistry,Chemical Fluxes in the Global Atmosphere[M]. National Academy Press.

[2] EARTH SYSTEM SCIENCE COMMITTEE,NASA ADVISORY COUNCIL,1988. Earth System Science,A Closer View[R]. National Aeronautics and Space Administration ,Washington D C.

[3] IAN E Galbally,1989. The International Global Atmospheric Chemistry (IGAC) Program,A Core Project of the International Geosphere-Biosphere Program[M].

[4] NAS/NRC,1984. Global Tropospheric Chemistry,A Plan for Action[M]. National Academy Press.

[5] NAS/NRC,1986. Global Tropospheric Chemistry. Plans for the US Research Effort[M]. National Academy Press.

[6] 王明星,2000.气溶胶与气候[J].气候与环境研究,5(1):1-5.

[7] 王明星,张仁健,2001.大气气溶胶研究的前沿问题[J].气候与环境研究,6(1):119-124.

[8] 张仁健,徐永福,韩志伟,2003.ACE-Asia 期间北京 $PM_{2.5}$ 的化学特征及其来源分析[J].科学通报,48(7):730-733.

[9] 张仁健,王明星,2001.沙尘暴的气象分析[J].科学中国人,77(5):12-13.

[10] TRACE-P,Transport and chemical evolution over the Pacific [R/OL]. http://code916. gsfc. nasa. gov/Missions/TRACEP/.

[11] ACE-Asia,International Global Atmospheric Chemistry (IGAC)Project-Asia Pacific regional aerosol characterization experimetn[R/OL]. http://saga. pmel. noaa. gov/ACE-Asia/.

[12] INDOEX,the Indian Ocean Experiment[R/OL]. http://www-indoex. ucsd. edu/.